普通高等院校土木专业"十一五"规划精品教材

土木工程事故分析与处理

The Analysis and Treatment of Accidents in Civil Engineering

丛书审定委员会

王思敬　彭少民　石永久　白国良
李　杰　姜忻良　吴瑞麟　张智慧

本书主审　王永维
本书主编　雷宏刚
本书副主编　赵更歧
本书编写委员会

雷宏刚　赵更歧　朱　虹　李红星　焦晋峰

华中科技大学出版社
中国·武汉

图书在版编目(CIP)数据

土木工程事故分析与处理/雷宏刚 主编.—武汉:华中科技大学出版社,2009.1(2023.8重印)
ISBN 978-7-5609-5001-3

Ⅰ.土… Ⅱ.雷… Ⅲ.①土木工程-工程事故-事故分析 ②土木工程-工程事故-处理
Ⅳ.TU712

中国版本图书馆 CIP 数据核字(2008)第 180026 号

土木工程事故分析与处理	雷宏刚 主编

责任编辑:许闻闻
封面设计:张　璐
责任校对:金　紫
责任监印:张贵君

出版发行:华中科技大学出版社(中国·武汉)　　电话:(027)81321913
　　　　　武汉市东湖新技术开发区华工科技园　　邮编:430223
录　　排:华中科技大学惠友文印中心
印　　刷:武汉邮科印务有限公司
开　　本:850mm×1065mm　1/16
印　　张:13.5
字　　数:262 千字
印　　次:2023 年 8 月第 1 版第 7 次印刷
定　　价:49.80 元

本书若有印装质量问题,请向出版社营销中心调换
全国免费服务热线:400-6679-118　竭诚为您服务
版权所有　侵权必究

内 容 提 要

本书以土木工程中的砌体结构、混凝土结构、钢结构及特种结构为对象,详细介绍了各类土木工程事故的特点、影响因素、原因分析、检测技术以及处理方法。

本书篇幅适中、内容精练、图文并茂、实用性强。注重基本原理和工程实践的紧密结合,大量工程事故的事例丰富了本书的内容。

本书是为高等院校土木工程专业编写的选修课教材,也可供广大的土木工程技术人员参考使用。

普通高等院校土木专业"十一五"规划精品教材

总　序

　　教育可理解为教书与育人。所谓教书,不外乎是教给学生科学知识、技术方法和运作技能等,教学生以安身之本。所谓育人,则要教给学生做人道理,提升学生的人文素质和科学精神,教学生以立命之本。我们教育工作者应该从中华民族振兴的历史使命出发,来从事教书与育人工作。作为教育本源之一的教材,必然要承载教书和育人的双重责任,体现两者的高度结合。

　　中国经济建设高速持续发展,国家对各类建筑人才需求日增,对高校土建类高素质人才培养提出了新的要求,从而对土建类教材建设也提出了新的要求。这套教材正是为了适应当今时代对高层次建设人才培养的需求而编写的。

　　一部好的教材应该把人文素质和科学精神的培养放在重要位置。教材中不仅要从内容上体现人文素质教育和科学精神教育,而且还要从科学严谨性、法规权威性、工程技术创新性来启发和促进学生科学世界观的形成。简而言之,这套教材有以下特点。

　　一方面,从指导思想来讲,这套教材注意到"六个面向",即面向社会需求、面向建筑实践、面向人才市场、面向教学改革、面向学生现状、面向新兴技术。

　　二方面,教材编写体系有所创新。结合具有土建类学科特色的教学理论、教学方法和教学模式,这套教材进行了许多新的教学方式的探索,如引入案例式教学、研讨式教学等。

　　三方面,这套教材适应现在教学改革发展的要求,提倡所谓"宽口径、少学时"的人才培养模式。在教学体系、教材编写内容和数量等方面也做了相应改变,而且教学起点也可随着学生水平做相应调整。同时,在这套教材编写中,特别重视人才的能力培养和基本技能培养,适应土建专业特别强调实践性的要求。

　　我们希望这套教材能有助于培养适应社会发展需要的、素质全面的新型工程建设人才。我们也相信这套教材能达到这个目标,从形式到内容都成为精品,为教师和学生,以及专业人士所喜爱。

中国工程院院士　王思敬
2006 年 6 月于北京

前　言

四川汶川大地震的发生，是我国土木工程领域的一场灾难。本书恰逢此时出版，愿能表达对死难者的哀悼，对幸存者的告慰和对土木工程人员的警示。

土木工程与国家的发展和人们的生活息息相关。众所周知，目前在我国960万平方公里的土地上正在进行着世界上最大规模的基本建设，土木工程领域的建设成就举世瞩目。与此同时，由于自然灾害和人为错误等原因，土木工程事故接连发生、屡禁不止，尤其是我国的工程质量现状令人堪忧！

近年来，我国陆续出版了一些有关土木工程事故的书籍。但适合作为高等院校土木工程专业选修课教材的则为数不多，本教材力求篇幅短小而内容精炼，以满足少学时的教学要求；注重基本概念、基本原理与大量典型工程事故事例相结合，图文并茂，实用性强。

本书共分7章，每章自成体系。编写分工如下：第1、4章和第7章的第7.1节、7.4节由太原理工大学雷宏刚编写；第3章和第7章的第7.3节由郑州大学赵更歧编写；第2章和第7章的第7.2节由西北电力设计院李红星编写；第5章由太原理工大学焦晋峰编写；第6章由东南大学朱虹编写。本书由太原理工大学雷宏刚担任主编，并负责全书的统稿和整理工作，由郑州大学赵更歧担任副主编。四川省建筑科学研究院教授级高工王永维担任本书主审。

本书的工程事例及部分内容，来自书末所列的参考文献以及同行朋友们提供的宝贵资料。在此一并表示衷心感谢！

由于土木工程事故内容繁多，再加上编者的水平有限，书中肯定有不少的缺憾和不妥，敬请读者批评指正。

雷宏刚
2008年5月

目　　录

第1章　绪论 …………………………………………………………………… (1)
  1.1　土木工程事故的现状 ………………………………………………… (1)
  1.2　土木工程事故的定义及类型 ………………………………………… (4)
  1.3　土木工程事故的分析方法 …………………………………………… (6)
  1.4　土木工程事故课程的学习建议 ……………………………………… (7)
  【思考与练习】 …………………………………………………………… (7)

第2章　砌体结构事故分析 …………………………………………………… (8)
  2.1　概述 …………………………………………………………………… (8)
  2.2　砌体结构中的缺陷 …………………………………………………… (8)
  2.3　砌体结构的材料事故 ………………………………………………… (9)
  2.4　砌体结构的构件事故 ………………………………………………… (11)
  2.5　砌体结构的连接事故 ………………………………………………… (13)
  2.6　砌体结构的倒塌事故 ………………………………………………… (19)
  【思考与练习】 …………………………………………………………… (20)

第3章　混凝土结构事故分析 ………………………………………………… (21)
  3.1　概述 …………………………………………………………………… (21)
  3.2　混凝土结构中的缺陷 ………………………………………………… (21)
  3.3　因设计失误引起的事故分析 ………………………………………… (30)
  3.4　因施工不当引起的事故分析 ………………………………………… (37)
  3.5　因使用不当引起的事故分析 ………………………………………… (45)
  【思考与练习】 …………………………………………………………… (48)

第4章　钢结构事故分析 ……………………………………………………… (49)
  4.1　概述 …………………………………………………………………… (49)
  4.2　钢结构中的缺陷 ……………………………………………………… (49)
  4.3　钢结构的材料事故 …………………………………………………… (55)
  4.4　钢结构的变形事故 …………………………………………………… (58)
  4.5　钢结构的脆性断裂事故 ……………………………………………… (60)
  4.6　钢结构的疲劳破坏事故 ……………………………………………… (65)
  4.7　钢结构的失稳事故 …………………………………………………… (70)
  4.8　钢结构锈蚀事故 ……………………………………………………… (77)
  4.9　钢结构火灾事故 ……………………………………………………… (87)

【思考与练习】……………………………………………………………… (93)

第 5 章 特种结构事故分析 ……………………………………………… (94)
5.1 概述 ……………………………………………………………… (94)
5.2 特种结构事故分析实例 ………………………………………… (94)
【思考与练习】……………………………………………………… (104)

第 6 章 土木工程的检测技术 …………………………………………… (105)
6.1 概述 ……………………………………………………………… (105)
6.2 砌体结构的检测技术 …………………………………………… (105)
6.3 混凝土结构的检测技术 ………………………………………… (123)
6.4 钢结构的检测技术 ……………………………………………… (130)
【思考与练习】……………………………………………………… (136)

第 7 章 土木工程事故处理 ……………………………………………… (137)
7.1 概述 ……………………………………………………………… (137)
7.2 砌体结构的事故处理 …………………………………………… (139)
7.3 混凝土结构的事故处理 ………………………………………… (150)
7.4 钢结构事故处理 ………………………………………………… (184)
【思考与练习】……………………………………………………… (205)

参考文献 ………………………………………………………………… (206)

第1章 绪 论

1.1 土木工程事故的现状

何为土木工程？中国国务院学位委员会在学科简介中定义为："土木工程是建造各类工程设施的科学技术的总称，它既指工程建设的对象，即建在地上、地下、水中的各类工程设施，也指所应用的材料、设备和所进行的勘测设计、施工、保养、维修等技术。"由此可见，土木工程的范围十分广泛，它包括房屋建筑工程、公路与城市道路工程、铁路工程、桥梁工程、隧道工程、机场工程、地下工程、给水排水工程、港口、码头工程等。国际上，运河、水库、大坝、水渠等水利工程也包括在土木工程之中。

自从地球上有了人类，就有了土木工程，它的发展伴随着人类的进步和文明，经历了古代、近代和现代三个阶段。我国古代的土木工程成就辉煌，近代的土木工程进展缓慢，而现代的土木工程则举世瞩目！尤其是20世纪80年代以来，我国的土木工程得到了飞速发展，当前在中国960万平方公里的土地上正在进行着全世界最大规模的基本建设。

与此同时，由于自然灾害和人为错误等原因，世界范围内的各种土木工程质量事故时有发生，屡禁不止，给国家财产和人们的生命安全造成重大损失。以下列举四例建筑事故和建筑灾难。

美国纽约世贸大楼，为超高层钢结构建筑姊妹楼，地下6层，地上110层，高度分别为415 m和417 m。在2001年9月11日的恐怖分子袭击中轰然倒塌，47个国家成千上万的公民遇难（见图1-1、图1-2）。

图1-1 纽约世贸大楼撞击后的惨状

图1-2 死里逃生的幸存者

法国戴高乐机场,是巴黎最大的国际机场,每年接待往返约 5 000 万人次的乘客。戴高乐机场 2E 候机厅造价 7.5 亿欧元,能够同时处理 17 架飞机的飞行和升降。2004 年 05 月 23 日,由于候机厅顶棚上的一个穿孔导致候机厅顶棚坍塌事故,造成 6 人死亡,两名中国公民遇难(见图 1-3)。

图 1-3 法国戴高乐机场坍塌后的惨状

1976 年 7 月 28 日,中国唐山 7.8 级的大地震,相当于 400 枚广岛原子弹在距地面 16 km 的地壳中猛然爆炸,这座百万人口的城市顷刻间被夷为平地。24 万人死亡,16 万人重伤,直接经济损失 100 亿元以上(见图 1-4、图 1-5)。

图 1-4 唐山大地震裂开的地面　　　　图 1-5 唐山大地震扭曲的铁轨

2008年5月12日14点28分中国四川汶川大地震,8.0级。截至5月27日12时,已造成67183人遇难,361822人受伤,失踪20790人。汶川震区共发生余震8616次。其中:4.0~4.9级154次,5.0~5.9级23次,6.0~6.1级5次。最大余震6.4级。汶川县八个镇被夷为平地,房屋损坏坍塌严重(见图1-6~图1-8)。

图1-6　汶川大地震发生后的废墟惨状

图1-7　汶川大地震后破损的建筑

面对上述土木工程灾难,心情无比沉重的同时,作为土木工程人,是否已感到肩上神圣的责任?就现状而言,我们应清楚地认识到四个问题:一是不可抗力等自然灾害随时可能发生,土木工程的灾难在所难免;二是已建的土木工程是否存在严重的先天性缺陷,是否潜在着极大的事故隐患;三是未来的大兴土木工程,如果不重视解决

图 1-8 汶川大地震后毁坏的建筑群

设计、施工和使用等一系列技术和质量问题,土木工程事故发生的概率必将大大增加;四是土木工程教育存在的问题。目前,高等院校开设的土木工程专业课程,绝大部分是让学生从正面学习,不利于培养学生的危机感和责任感。因此,应将土木工程事故作为一门专门的学科开展系统的研究,这也正是本教材编写的目的。

1.2 土木工程事故的定义及类型

1.2.1 土木工程事故定义

"事故"一词,至今尚无统一的解释。牛津字典中,则把事故解释为"意外的、特别有害的事件"。美国安全工程师海因里希(Heinrich)认为,事故是"非计划的、失去控制的事件"。A.向帕尼斯作为公理提出:"事故是多重因素决定的。"还有的学者从能量观点出发来解释事故。捷不森曾说过,"生物体的损伤只能由某种能量的交换而产生",并提出了"根据有关能量对伤害进行分类"的方法。也有人将事故简单地定义为"异常状态的典型现象";还有人认为,"事故是物质条件、环境、行为和管理以及意外事件的处理状况等众多因素的组合结果"。上述种种观点都是从不同角度或侧面来理解事故的内涵。本书将事故定义为:"事故是违背或超越人们的意愿并产生损害的不幸事件。"

1.2.2 土木工程事故分类

按照建筑结构可靠度设计统一标准(GB 50068—2001),建筑物结构必须满足以下各项功能的要求。

① 能承受正常施工和正常使用时可能出现的各种作用。

② 在正常使用时具有良好的工作性能。
③ 在正常维护条件下具有足够的耐久性。
④ 在偶然作用发生时及发生后,结构仍能保持必要的整体稳定性。

房屋建筑工程是土木工程的重要内容,当建筑结构不能满足上述要求时,统称为质量事故。小的质量事故,影响建筑物的使用性能和耐久性,造成浪费；严重的质量事故会使构件破坏,甚至引起房屋倒塌,造成人员伤亡和严重的财产损失。因此,建筑工程质量的好坏,关系重大,必须十分重视。为了保证建筑工程质量,我国有关部门颁布了一系列的规范、规程等法规性文件,对建筑工程勘测、设计、施工、验收和维修等各个建设阶段都有明确的质量保证要求。只要我们严格遵守这些规定,一般不会出现质量事故。新中国成立以来,特别是改革开放后,我国建筑业得到了很大的发展,建筑工程的质量基本上是好的。但是,建筑工程质量事故还时有发生,严重的建筑物倒塌事故年年不断,不得不引起重视。

质量事故的分类方法很多,就土木工程而言,事故的分类方法有以下四种方式。

1. 按事故发生时间分类
① 施工期。
② 使用期。

2. 按事故性质分类
① 倒塌事故。建筑物整体或局部倒塌。
② 开裂事故。承重结构或围护结构等出现裂缝。
③ 错位事故。建筑物上浮或下沉,平面位置错误,地基及结构构件尺寸、位置偏差过大以及预埋洞(槽)等错位偏差事故。
④ 变形事故。建筑物倾斜、扭曲或过大变形等事故。
⑤ 材料、半成品、构件不合格事故。
⑥ 承载力不足事故。主要指因承载力不足而留下的隐患性事故,地基、构件和结构都可能出现。
⑦ 建筑功能事故。指房屋漏雨、渗水、隔热、隔声功能不良等。
⑧ 其他事故。塌方、滑坡、火灾、天灾等。

3. 按事故原因分类
① 自然事故。自然事故即人们常说的"天灾",又称之为"不可抗力"。如地震、洪水、火山爆发、台风、海啸、滑坡、陷落、冰雹等。
② 人为事故。人为事故就是除天灾以外的事故。该类事故发生的主要原因在"人",不在"天"。

4. 按事故后果分类
① 一般事故。
② 重大事故。

以上是土木工程事故的四种不同的分类方式。目前,国内学者大多将土木工程事故分为两大类。一类是整体事故,包括结构整体或局部倒塌。另一类是局部事故,包括出现不允许的变形和位移、构件偏离设计位置、构件腐蚀丧失承载能力、构件或连接开裂、松动和分层等。在本书中,以承重结构体系将土木工程事故分类为砌体结构事故、混凝土结构事故、钢结构事故、特种结构事故等,并分章进行详细论述。

1.3 土木工程事故的分析方法

分析建筑结构事故的原因,可以从不同的角度入手。本书从建筑结构的生命周期入手进行分析。就生命周期而言,即建造阶段、正常使用阶段和老化阶段。建造阶段的风险多来自设计、施工的失误和疏忽;正常使用阶段的风险主要来自非正常的外界活动,特别是自然和人为的灾害;而老化阶段的风险则主要来自各种损伤的累计和正常抗力的丧失。具体分析如下。

1.3.1 建造阶段的事故原因

建筑结构建造阶段具体分为设计、制作、施工三个阶段。建造阶段事故原因主要出现在以下几个方面。

① 管理不善。无证设计,无证施工,有章不依,违章不纠,或纠正不力;长官意志,违反基建程序和规律,盲目赶工,造成隐患;层层承包,层层克扣,监督不力,不认真检查,马马乎乎盖"合格"章;申报建筑规划,设计、施工手续不全,设计、施工人员临时拼凑,借用执照,出了事故之后分析、处理极困难等。

② 勘测失误,地基处理不当。常见的勘测问题有未勘探即设计;盲目套用邻区勘测资料;钻孔布置不足,且未能查出;地基处理不当,如饱和土用强夯法,打桩未打到好的持力层,深基坑支护不当,地基土受干扰又未重新夯实;软弱地基加固方法不对,基底未验收即进行施工等。

③ 设计失误。设计失误常见的情况有任务急,时间紧,结构未计算即出图;套用已有图纸而未结合具体情况校核;计算模型取得不合适,设计方案欠妥,未考虑施工过程会遇到的意外情况;重计算,轻构造,构造不合理;计算中漏算荷载,截面取得过小,未考虑重要荷载组合的不利情况;盲目相信电算;不懂得制表原理,套用了不适用的图表,造成计算书失误等。

④ 施工质量差,不达标。主要问题是以为"安全度很高",因而施工马虎,甚至有意偷工减料;技术人员素质差,不熟悉设计意图,为方便施工而擅自修改设计;施工管理不严,不遵守操作规程,达不到质量控制要求;原材料进场控制不严,采用过期水泥及不合格材料;对工程虽有质量要求,但技术措施未跟上;计量仪器未校准,使材料配合比有误;技术工人未经培训,大量采用壮工顶替;各工种不协调,尤其是管工,为图方便,在乱开洞口施工中出现了偏差也不予纠正等。

⑤ 使用、改建不当。使用中任意增大载荷,如阳台当库房,住宅变办公楼,办公室变生产车间,一般民房改为娱乐场所等。随意拆除承重隔墙,盲目在承重墙上开洞。在未进行可靠性鉴定的情况下盲目加层改造。

恶性重大事故的发生,往往是多种因素综合在一起而引起的。

1.3.2 正常使用阶段的事故原因

土木工程领域大量的理论研究工作集中在建筑结构的正常使用阶段,国家颁布的有关规范证实了这一点。但与建筑阶段及老化阶段相比,该阶段的平均风险往往最低,这是结构领域研究的一大误区。该阶段存在的问题如下。

① 使用不当引发过大的地基下沉。
② 超载使用。
③ 任意开洞、局部改造削弱了构件截面和结构整体性。
④ 生产条件改变,但未进行必要的鉴定与加固。
⑤ 生产操作不当,造成构件或结构损坏未及时修复。
⑥ 使用条件恶劣,不认真执行结构定期检查维修规定。
⑦ 不可抗力。如战争、火灾、地震、爆炸等。

1.3.3 老化阶段的事故原因

建筑物和人一样,历经几十年风雨沧桑,疾病缠身,甚至患上顽症,病入膏肓。建筑结构工程在以上各种缺陷的累积下,其寿命将受到严重威胁,该阶段结构事故出现的可能性较大,究其原因,可归为"老年病"或耐久性问题。为避免该阶段事故发生,应大力开展结构残余可靠度理论以及鉴定与加固的研究工作。

1.4 土木工程事故课程的学习建议

作为土木工程专业的选修课,如何学好土木工程事故课程,对同学们提出以下建议。

① 应把选修课当做必修课对待。习惯了正面学习,换一种反面学习方式对拓展思维大有益处。
② 改变以往死记硬背的学习方法。把学习的重点放在如何综合应用以往掌握的基本概念和基本原理分析事故的原因上;重点培养自己全面分析事故原因和处理事故的综合能力。
③ 培养自己的职业道德。专业知识和能力固然重要,但作为土木工程事故的鉴定人,职业道德尤为重要。只有做到公平、公正,方能让责任方绳之以法,让受害者得到宽慰。

【思考与练习】

1-1 面对我国事故现状,反思结构工程师的责任和悲哀。
1-2 土木工程事故如何定义分类?
1-3 如何开展土木工程事故的原因分析?

第 2 章 砌体结构事故分析

2.1 概述

砌体结构的应用在我国有着悠久的历史,比如举世闻名的万里长城,河北赵县的安济桥(赵州桥)等。

到目前为止,虽然钢筋混凝土结构和钢结构的应用越来越普遍,但砌体结构建(构)筑物在我国建筑结构中仍占有相当大的比例。从历史角度看,解放后,我国砖的产量逐年增长,1980 年全国年产量为 1600 亿块,1996 年增至 6200 亿块,为世界其他国家砖每年产量的总和。在乡镇和中小城市中,以砖砌体作为墙体材料约占 80%,也有大量结构采用砖作为承重材料。20 世纪 50 年代砖砌体房屋一般为 3~4 层,现在一般多为 5~6 层,有些城市还建到 7~8 层。

在中小型工业厂房和多层轻型工业厂房中,一些公共建筑如库房、食堂等也大量采用砖墙承重。另外砖砌体还大量应用于各种构筑物,如砖烟囱、水塔、粮仓等。

随着技术的发展和生产工艺的改进,各种砌块砌体也得到了普遍应用。目前常用的砌块有烧结多孔砖、蒸压灰砂砖、蒸压粉煤灰砖砌体、轻骨料混凝土砌块、加气混凝土块等。砌块砌体既可用于填充墙,也可应用于承重墙。一般来说,砌块具有比砖更小的比重,能减小结构物的自重;砌块也具有比砖更好的保温性能,并能应用一些工业废料,是一种节能环保材料。

因为砌体是一种具有良好抗压性能而抗拉性能较差的材料,为扩大应用范围,配筋砖砌体和配筋砌块砌体随之出现,并在受压区和结构受力较大部位得到良好应用。

我国目前关于砌体结构的现状是,大量的已有砌体结构物服役时间超出设计年限,结构老化问题严重。20 世纪 50~60 年代建造的砌体房屋有些仍在使用,造成极大的安全隐患。由于砌体材料本身的不均匀性,砌体结构就存在一些安全隐患;随着规范的变迁和人们对抗震的理解更加深入,原有的大量砌体结构已不能满足现行有关规范和技术标准的要求;由于施工、地基、温度作用等各种外界作用,很多砌体结构已存在不同程度的质量问题。

所以,研究砌体结构的事故类型并分析其原因,有着重要的现实意义。

2.2 砌体结构中的缺陷

由于砌体结构所使用材料的特点和施工工艺的特殊性,砌体结构中存在一些内在的缺陷,主要表现在以下几个方面。

1. 砌体结构的结构性能较差

一般来讲,砌体结构的强度较低,比普通混凝土的强度要低很多,所以需要的柱、墙表面尺寸大;又因为材料用量增多,导致结构自重增大,随之而来的后果就是结构承担的地震作用要增加。由于结构构件的抗剪能力相对较差,所以结构的抗震性能差,这一特点对无筋砌体而言尤为明显。

2. 砌体结构对地基变形比较敏感

砌体结构属于整体刚性较大的结构,因为砌块与砌块之间依靠砂浆黏结在一起,整体抗剪、抗拉、抗弯性能差,当地基有不均匀沉降时,上部结构极易产生裂缝。

3. 砌体结构对施工质量比较敏感

砌体结构的施工主要依靠手工方式完成,一般民用的砖混住宅楼,砌筑工作量要占整个施工工作量的25%以上,工作量较大。所以结构的质量和施工人员的素质、材料的选择有极大关系。

4. 砌体结构对温度作用比较敏感

在砌体结构中,根据构造要求,应设置多道钢筋混凝土圈梁和钢筋混凝土构造柱,这样在结构中就存在两种不同材料。由于两种材料的温度线膨胀系数不同,所以在温度作用下就会产生不同的伸缩变形,造成结构墙体开裂。

5. 砌体结构本身存在大量微裂缝

砌体结构是由砂浆(水泥砂浆或混合砂浆)将砌块黏结在一起构成的结构,砂浆在固化过程中要蒸发水分,砂浆体要收缩,而砌块限制其收缩,就容易产生微裂缝。

2.3 砌体结构的材料事故

砌体结构的材料事故主要是指设计施工时选材不当引起的工程事故,砌体结构的主材为砌体和砂浆,以下主要介绍这两种材料选择不合适时引起的事故。

2.3.1 砌体选择不当

砌体主要有砖砌体、砌块砌体、石砌体三种,其中用于承重构件的以砖砌体居多,砖砌体包括烧结普通砖、烧结多孔砖、蒸压灰砂砖、蒸压粉煤灰砖等,也有根据当地材料烧结而成的其他形式的砖。

新疆某库房,砖混结构,房屋长 60.5 m,宽 15.5 m,墙体高度 4.32 m。前后墙上每隔 6 m 有一朝外壁柱,两壁柱间墙上离地面 3.12 m 处设有两个高窗,上有一道圈梁。圈梁顶标高 4.5 m,前墙上开有两个 2.1 m×2.4 m 的大门,屋盖为钢筋混凝土 V 形折板。地基土为戈壁土,地基承载力 180 kN/m^2,基础设计为 C10 毛石混凝土。

工程于 3 月份开工,3 月底基础施工完毕,然后开始砌筑墙体。因采购问题,将原设计的 MU7.5 黏土砖改为 MU10 灰砂砖,8 月份施工完成。施工完成后不久,就发现墙体出现大面积裂缝,裂缝基本都是从窗下口开始,沿基本垂直状向下发展,清水墙面顶砖被拉断,370 mm 厚墙由外向里开裂,但基础无裂缝。后墙(朝阳面)和前墙大门的上角沿处裂缝较严重。到 10 月份,发现每两壁柱间有一道裂缝,山墙上也有一至二道裂缝,裂缝宽度随时间推移不断增大,11 月底裂缝基本稳定,最大裂缝宽度 21 mm,大多在 1 mm 左右。

在施工期间,建设单位与施工单位根据设计及验收规范,选择符合国家有关标准的灰砂砖,是无可非议的;但灰砂砖干燥收缩率大这一特殊物理特性却常常被忽略。经调查研究,认为灰砂砖是引起裂缝的主要原因。分析如下。

根据湖南大学的研究成果,蒸压灰砂砖具有以下一些基本特点。

① 灰砂砖砌体的抗压性能,当砂浆底模为灰砂砖时与普通黏土砖砌体相当。

② 灰砂砖砌体的抗剪强度平均值是普通黏土砖的 80% 左右。

③ 灰砂砖的收缩率随含水量的增加而减少,从含水量为 3% 到完全干燥状态的收缩值占整个收缩量的 80% 左右。

④ 灰砂砖出窑后含水量随时间增加而减少,25 天后趋于稳定。为减少灰砖砌体房屋的收缩裂缝,建议灰砂砖出窑一个月后再使用。

实际施工时,所用灰砂砖出窑不到一周就投入使用;4 月份新疆地区尚较寒冷,施工时按规定对砖浇水,使砖的干燥时间延长。但新疆也属于干燥地区,7—8 月份,气温干燥且炎热,此时灰砂砖的干燥接近完成,砌体内部收缩力突增,产生很大的收缩拉力,而砂浆对砖有约束作用,限制砖的自由收缩,所以砖和砂浆竖缝处将产生拉力,会出现裂缝。如图 2-1 所示。

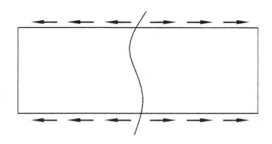

图 2-1　砌体收缩应力

2.3.2　砂浆材料选择不当

砂浆材料有水泥、石灰、砂子构成。砂浆配比及强度应符合有关规范的要求。

不宜采用早强快硬水泥。这种水泥早期强度高,但收缩大,会在砌体内部产生不均匀内力。

石灰应采用充分熟化的石灰。未充分熟化的石灰,当遇水后,CaO 要转变成 $Ca(OH)_2$,体积膨胀,会造成砌体开裂,也使砌体表面泛白,影响美观。

砂子应级配良好。砂子中含泥量过大,会影响砌体的整体强度,并降低抗剪强度;砂子中细颗粒过多,会引起水泥用量的增加,后期砂浆收缩应力加大。

西安某20世纪50年代修建的砖混结构建筑,因办公楼重新装修,荷载增加,需进行检测。检测过程中发现,砌体的原位抗压强度基本满足要求,但抗剪能力远远不足。凿去砌体两侧粉刷层后,用锤子击打墙体,有些砖竟能直接从另一侧飞出。经调查原始资料得知,该建筑施工时因国家短缺水泥,选用的是石灰砂浆,其黏结力太差所致。

2.4 砌体结构的构件事故

构件事故指结构中个别部分丧失其预先功能而引发的事故。因为砌体结构属于整体刚性较大但构件连接性能较差的结构,个别重要构件的破坏将导致整体结构的较大破坏。

2.4.1 强度不足引发的事故

某多层砖混住宅楼,与阳台相连墙设置门连窗(见图2-2)。楼板为现浇钢筋混凝土板,这样横墙与纵墙都成为承重墙。

门连窗间的墙仅有500 mm宽,按设计该段墙体能够满足要求,但在施工时,因为在该段墙上留了一个240 mm的脚手眼,施工完成后没有进行良好的封堵,使该段墙体的截面削弱了近1/2,承载能力严重不足。

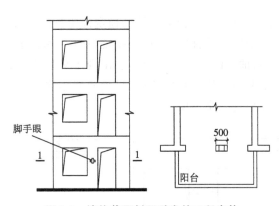

图 2-2 墙体截面削弱引发的工程事故

图2-3所示为一轻型砖混工业厂房,预制楼板。承重构件为外砖墙内砖柱,砖柱截面为490 mm×490 mm,采用MU10砖,M10混和砂浆砌筑,房屋主体施工完成后,底层砖柱发现严重的竖向裂缝。

事后分析认为,砖柱承担了过大的集中荷载,超出了设计承载能力,加之施工质量不高,建成后就出现竖向裂缝。这种情况是很少出现的,一般只有建筑没有经过良好设计或施工时擅自更改原有设计方案时才可能出现。

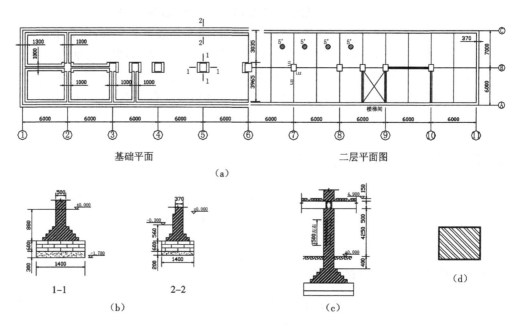

图 2-3 砖柱承载过大引发的工程事故
(a)结构平面图;(b)墙柱剖面;(c)⑧轴线柱裂缝示意图;(d)包钢加固

2.4.2 刚度不足引起的事故

在钢结构设计中,设计师是比较重视结构稳定性验算的。实际上,对砖混结构而言同样应重视稳定性验算,当构件(尤其是长度较小的一字墙)长细比较大时,砌体会产生弯矩作用平面内弯曲,在弯曲段的中点,会出现水平裂缝(见图 2-4)。所以对砌体结构而言,高厚比的验算同样是重要的;应尽量使墙体构成 L 形墙、十字形墙或平面外有约束的墙,避免出现一字形墙。

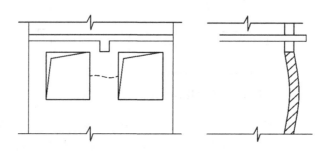

图 2-4 刚度不足引发的工程事故

2.4.3 局部受压引起的事故

当砌体上作用有较大的集中荷载时(一般由梁传来),应验算局部受压。若局部压力验算不满足且没有设置梁垫,则在下部砌体上易产生竖向裂缝(见图 2-5)。

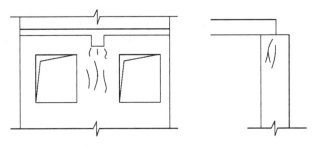

图 2-5 局部变压引起的裂缝

当砌体结构中有较大的梁直接作用在墙上时,应在梁下设置梁垫,分散压应力,避免应力集中。也可以在有梁的位置设置构造柱。

2.5 砌体结构的连接事故

2.5.1 因地基不均匀沉降引起的工程事故

前几节讲述的材料事故和构件事故在实际工程中出现的频次并不是很高。实际上,因为砌体结构的特点是整体刚性大,而材料抗拉性能差,结构往往对地基不均匀沉降最为敏感,工程中常见的也大多是这类工程事故,严重者威胁结构的安全。所以一般来讲,若砌体结构上出现大面积大范围的裂缝时,首先分析地基基础的安全性是十分必要的。

图 2-6 所示为一类比较常见的裂缝形式。

这类裂缝一般出现在结构的底层窗口下,这是因为窗口两侧墙体承担的荷重大,对地基的压力也大,当基础刚度不足够强,不能很好的调节变形时,窗口两侧墙体产生的下沉量大,而窗下墙体产生的下沉量小,这部分墙就受到"反拱"的作用,导致出现上图所示开裂情况。这种裂缝在建筑物建成后最初几年内有可能出现,后期地基变形稳定后将不再扩展。

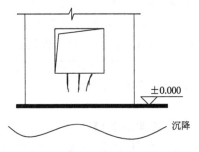

图 2-6 一类比较常见的裂缝形式

下图 2-7 所示为常见的地基不均匀沉降引起的墙体开裂情况。

建筑物建造在地质情况不佳的地基上时,容易引发不均匀沉降。如图 2-7(a)所示的建筑物,角部沉降大于平均沉降。结构设计中,当地基情况不好时,必须进行地基处理,地基处理的范围一般要大于建筑物外轮廓尺寸,但当地基处理范围不够、水管泄漏或雨水大量浸入后,就会产生过大的沉降,而角部的反应最为敏感,所以这种

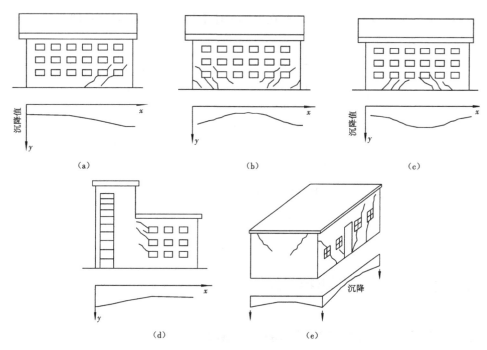

图 2-7 常见的因地基不均匀沉降引起的裂缝

情况是常见的。当角部下沉较大时,就会出现上图所示裂缝。图 2-7(b)表示了两侧都出现较大沉降的情况。

图 2-7(c)所示的建筑物中部沉降过大,在该部位地下水管严重泄漏而端部情况并不严重时经常发生。一般来讲,因为结构的整体拱效应,这种裂缝的分布范围主要集中在底层,而图 2-7(a)、(b)所示的裂缝可能会扩展到较高的楼层。

图 2-7(d)所示的建筑物因为体量的差异较大而产生了不均匀沉降;楼层高的部位荷重大,沉降也大;相反,楼层低的沉降就小。所以设计时,如果结构两个体部的高度差异较大,应设置沉降缝。这种裂缝主要集中在两个部位的相交处,严重者砖砌体会被拉断,影响正常使用。图 2-7(e)从空间上表示了建筑物不均匀沉降引起的裂缝情况。

【工程实例 2-1】

某居民住宅楼,建造于 20 世纪 90 年代,按照《建筑抗震设计规范》(GB J11—1989)进行了设计,设置了构造柱和圈梁。建筑物长 78 m,宽 9.6 m;6 层总高 17.3 m;共有 5 个单元,居住 90 户人家。使用 10 多年后,出现了大量的墙体裂缝。裂缝不但出现在山墙和外墙上,在内墙上也出现了大量的裂缝;有些单元裂缝到较高楼层还能发现,裂缝分布范围较广。居民感到恐慌,部分用户已经搬迁。

经事后检测鉴定,发现该处地基情况并不是很好。属于 Ⅱ 级自重湿陷性黄土。虽设计时进行了地基处理,但施工质量不高。又在多处发现了地下水管泄漏的情况,造成外界水多年浸泡地基土的不利情况。最终导致上部结构出现图 2-8 所示裂缝。

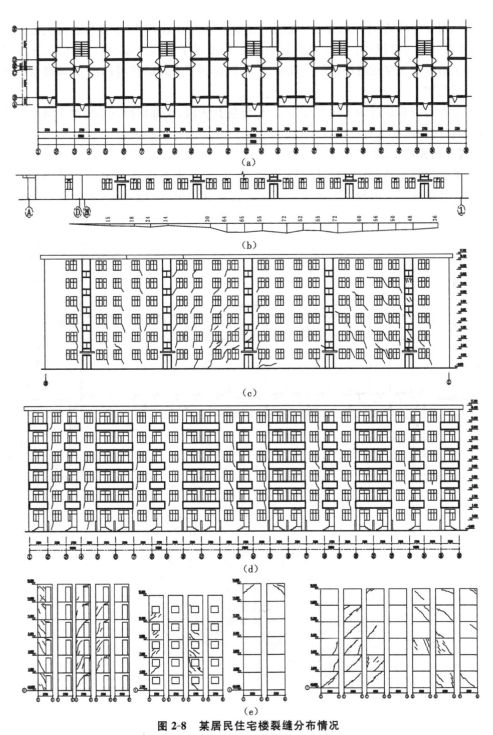

图 2-8 某居民住宅楼裂缝分布情况

(a) 结构平面图;(b) 沉降观测结果(单位/mm);(c)㉖～①外立面裂缝分布;
(d)①～㉖外立面裂缝分布;(e) 内墙裂缝分布(部分)

从图 2-8 可见,建筑物靠近①轴和中部附近下沉比较严重,该部位裂缝也比较严重,并且分布位置很高。另外在建筑物顶层也发现了一些温度裂缝,但情况并不严重。最后采取了基础静压桩的处理方法,下沉得到了良好的控制;对上部墙体裂缝也进行了处理。

读者可以从裂缝的走向及分布情况,分析其成因,反推结构下部何处下沉比较严重,和沉降观测结果进行比较。

【工程实例 2-2】

某教学办公楼,平面图如图 2-9 所示。该建筑建成不到 10 年就在建筑物前侧和两侧大教室墙面上出现了大量裂缝。在大教室部位出现的裂缝最宽有 5~10 mm,建筑物成了危房。

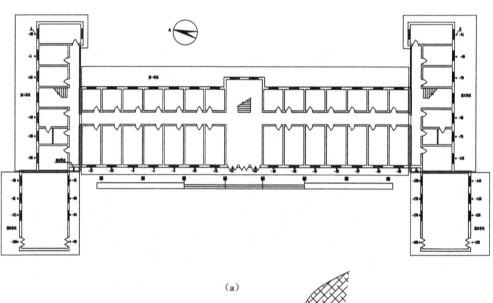

(a)

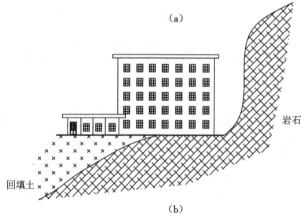

(b)

图 2-9 某教学办公楼事故分析
(a)结构平面图及沉降观测结果;(b)结构侧立面图

经调查分析,该建筑建造在一座山前,后半部分建筑大部分直接坐落在基岩上,前半部分和大教室部位,因高程太低,用碎石和灰土回填。前后两部分地基承载能力和压缩模量差异很大,这是引起事故的根源。引起事故的另一个原因是水。建筑物和后山之间设置有排山洪的排水渠,年久失修,大量的树枝树叶和其他杂物充填了排水渠,造成排水不畅。大雨后山洪和雨水渗入地基,沿着后半部分建筑物下岩石的裂隙向前渗漏,侵入前半部分建筑物下的回填土内,致使回填土浸泡软化。所以,尽管建筑物前侧层数低,重量小,但仍出现了大量的裂缝。

观测结果也证实了上述推断,结构前侧大教室处沉降最大,最大达到了176 mm;而后侧的沉降大多在50 mm左右。因回填土质量不高,压缩模量离散性很大,造成结构相邻部位的沉降差异也较大。

对因地基不均匀沉降引起的工程事故,应首先从设计开始防范。在进行建筑物基础设计前,应对工程地质进行详细勘察,查明地基土质情况、分布情况、承载力大小、地下水位等水文地质条件,对周边环境进行地质差异考察;然后进行全面分析,确定合理的建筑布局和结构类型,并正确选用基础形式;以使上部结构与地基相互影响,共同作用。遇到不良地基时,地基处理方法要得当,严格遵守规范并要重视已有工程实践。合理布置建筑体型。建筑的平面形状应力求简单、合理,纵墙应尽量拉通并避免转折多变、凹凸复杂;建筑方面应尽量避免高低参差,荷载差异大。应尽量增强建筑物的整体刚度;控制建筑物的长高比,设置沉降缝;在基础和楼盖下的墙顶上设置平面闭合的钢筋混凝土圈梁。有条件时合理调整荷载分布,选用较小的基底反力。施工时合理安排施工顺序,对立面高低悬殊、荷载变化较大的房屋,应分期分阶段组织施工。一般应先建荷载大的高层,后建荷载较小的低层;先建深基础,后建浅基础,避免增加新的附加应力。

在建筑物使用期间,要经常维修并经常检查排水设施;要定期检查地下水管和暖气管道等隐蔽的有水管道的密封情况,出现问题及时处理。

2.5.2 温度作用引起的工程事故

在砌体结构中,一般均要设置钢筋混凝土圈梁和钢筋混凝土构造柱。结构实际上是由两种不同材料构成的。混凝土在温度作用下的线膨胀系数为 $1.0 \times 10^{-5} \sim 1.5 \times 10^{-5}$;而普通烧结黏土砖的线膨胀系数为 0.5×10^{-5},两者相差2倍左右。所以当结构升温时,因为两者变形的差异将在结构中产生温度应力。当作用于构件的温度应力超过钢筋混凝土与砖砌体的抗拉强度时,将出现裂缝。

所以,在楼梯间圈梁与砌体交接处,混凝土屋盖与墙体交接处,水平裂缝比较多。对于墙体来说,门、窗洞口是应力较集中的部位。当温度变化时,混凝土和砌体之间产生温度应力,而顶层砌体门、窗洞口的角部又是正应力、温度应力都比较大的部位,这样,就出现了顶层砌体门、窗洞口的八字裂缝。

图2-10所示为常见的温度裂缝表现形式。

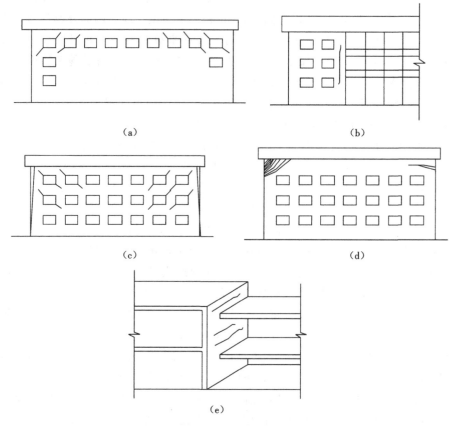

图 2-10 温度裂缝

图 2-10(a)、(c)所示的温度裂缝主要表现在窗口,这是因为窗顶一般有钢筋混凝土过梁或圈梁,混凝土和砌体的膨胀收缩不同引起的,这种裂缝一般出现在端部几个房间。一般砌体结构顶部都会设置圈梁,有些结构的屋盖还采用现浇钢筋混凝土楼板,这样结构顶部的温度应力最为严重,所以在结构顶角部就会出现大量的斜裂缝(图 2-10(d))。图 2-10(b)说明了当结构采用钢筋混凝土结构和砌体结构组合后,在两者交接部位产生的裂缝情况,这时两者之间产生的拉应力将使砌体部分出现大量的竖缝。图 2-10(e)表示了现浇钢筋混凝土板对墙体的约束情况,墙体上出现水平裂缝。

温度应力引起的裂缝在砌体结构上经常出现,是常见病多发病,虽然它不会造成过大的结构事故,但影响美观并使人感到不安全。防范这种裂缝的出现主要有以下一些措施:① 建筑物温度伸缩缝的间距应满足《砌体结构设计规范》的规定;② 屋盖上设置保温层或隔热层;③ 女儿墙与保温层宜软连接(设伸缩缝);④ 屋面应设置分割缝;⑤ 顶层砌体门、窗洞口增加配筋,钢筋间距为 250~300 mm,通长放置;⑥ 顶层砌体门、窗洞口粘贴 L 形钢筋网片,内外敷设;⑦ 加大顶层砌体砌筑砂浆强度;

⑧ 顶层砌体门、窗洞口加小构造柱、小圈梁,与建筑物构造柱、圈梁连接为整体;⑨ 加强施工工艺与施工技术,组砌按规范接槎,严禁用碎砖;⑩ 砌筑砂浆级配合理且必须饱满,加强墙体的整体性。

还有一种方法是主动释放温度应力,即设置控制缝。该缝的构造既能允许建筑物墙体的伸缩变形,又能隔声和防风雨;当需要承受平面外水平力时,可设置附加钢筋。这种控制缝的间距要比砌体结构设计规范规定的伸缩缝区段小得多。还可在砌体中根据材料的干缩性能,配置一定数量的抗裂钢筋;或将砌体设计成配筋砌体,配筋砌体还可使结构具有一定的延性。

2.6 砌体结构的倒塌事故

砌体结构倒塌一般都是因为设计错误、施工质量太差或有突发性灾害等原因造成的。一般的工程常见裂缝经及时处理后不会造成结构的突然倒塌。

某工程为单层三跨砖混结构,外墙采用 490 mm 砖墙,中部为两列 730 mm×730 mm 承重砖柱,屋盖为预制混凝土屋面梁,如图 2-11 所示。

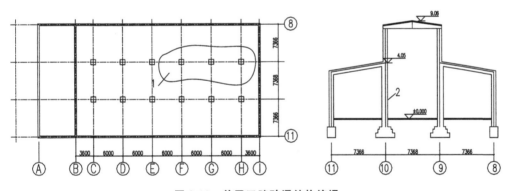

图 2-11 单层三跨砖混结构垮塌

在施工期间,产生局部倒塌,开始是ⒻⒼⒽ与⑨轴相交三个柱垮塌,接着纵向梁、墙及屋盖相继垮塌。

经分析,倒塌事故的原因如下。

① 屋盖施工时局部严重超载。垮塌前⑧~⑨与Ⓔ~Ⓘ之间屋盖上有砌墙用钢脚手架,6 立方木板,7 块混凝土屋面板,一个装满砖和另一个装满陶土饰面板的两个运砖器,砖柱严重超载。

② 施工质量差。设计要求用砖为 MU10,而实际用砖为 MU5,砌体强度严重降低。施工中擅自取消砖柱中钢筋网。本来钢筋网夹在砖中可以构成配筋砌体,有助于拉结砖体使之共同受力并提高砌体承载能力,取消钢筋网后砖柱承载力下降约 50%。

【思考与练习】

2-1 砌体结构本身有哪些缺陷?

2-2 砌体结构主要有哪些事故类型,并举例说明。

2-3 举例说明常见的因地基不均匀沉降引发的墙体裂缝形式。

2-4 砌体局部受压裂缝形式是怎样的?如何避免?

2-5 如何避免因地基不均匀沉降引发的工程事故?

2-6 温度裂缝主要分布在建筑物哪些部位?

2-7 为避免温度裂缝出现,可采取哪些构造措施?

第3章 混凝土结构事故分析

3.1 概述

钢筋混凝土结构是我国目前最常用的一种结构形式,由于其材料来源广阔,成分多样,特别是近年来随着泵送混凝土手段的实施,粉剂用量增大,各种外加剂的使用,使混凝土结构的成分更加复杂;近年来由于设计、施工和使用不当造成的混凝土事故很多,轻微的表现为裂缝和表面缺损,严重的出现结构倒塌。

对事故的处理,首先要对结构现状进行调查和分析,找到造成事故的原因,有针对性地采取措施进行处理。

3.2 混凝土结构中的缺陷

3.2.1 混凝土结构的裂缝分析

钢筋混凝土结构上产生裂缝常见于受弯、受拉等构件中,还出现在预应力钢筋混凝土构件的某些部位。按其产生的原因和性质,主要可分为如下类型:荷载裂缝、温度裂缝、干缩裂缝、张拉裂缝、腐蚀裂缝。

1. 荷载裂缝

钢筋混凝土结构构件在静力或动力作用下,因变形而产生裂缝,称为荷载裂缝。这种裂缝多出现在构件的受拉区、受剪区或受有严重振动的部位。按照不同的受力性质和受力大小,有不同的变形和裂缝规律。

1) 受弯构件的裂缝特征

混凝土结构受弯构件的裂缝,主要有以下两种。

① 垂直裂缝。一般出现在梁、板结构受力最大的横断面上。如简支梁,裂缝在跨中由底面开始向上发展。其数量和宽度与荷载作用形式和大小有关。在集中荷载作用下,裂缝的出现比较集中,在均布荷载作用下,裂缝的出现比较分散。当荷载增大时,随着弯矩的增大,裂缝也增多和扩大。

② 斜裂缝。一般发生在梁、板构件剪力最大的部位以及支座附近。斜裂缝由下部开始,多数沿 45°方向向跨中上方延伸开展,这是弯矩与剪力共同作用的结果,是斜截面受力的标志。因荷载作用形式不同,也有差异,一般随着荷载的增加,裂缝数量也将增多和延伸发展。

对于普通的钢筋混凝土受弯构件,在正常使用条件下,有的是不允许出现裂缝的,有的则允许带裂缝工作,但带裂缝工作的构件是有条件限制的,主要限制裂缝的宽度和数量。所以裂缝的出现并不一定都是危险的,对普通钢筋混凝土受弯构件的裂缝宽度限制在 0.30 mm 以内,对预应力构件的裂缝宽度限制在 0.20 mm 以内。这是为了防止侵蚀性介质的侵入造成钢筋锈蚀,降低构件的承载能力。超过这一限制的应做复核校准,并按规定条件进行处理。

2) 受压构件和局部承压构件的裂缝

① 轴心受压钢筋混凝土柱裂缝。在正常使用条件下是不应出现受压裂缝的。裂缝的出现,将预示混凝土结构构件破坏的开始,一旦发现裂缝必须及时进行加固处理。

小偏心受压构件,其裂缝的发生与发展及破坏性质与轴心受压构件基本相似。

对于大偏心受压构件,其受拉区配筋较多,裂缝的出现和破坏的发生在受压区一侧时,其受力性质与轴心受压构件相似。当受拉区配筋不多时,其裂缝的出现和破坏形式,基本上与受弯构件相似。

② 双肢柱腹杆和肢杆连接处的裂缝。这类裂缝有进入腹杆中的水平裂缝,有进入腹杆的竖向裂缝,有的裂缝贯穿肢杆或腹杆的部分截面。但主要都是由于双肢柱腹杆的节点弯矩所造成的,如图 3-1 所示。

图 3-1 双肢柱节点裂缝分布图

③ 钢筋混凝土柱牛腿上的承压裂缝。试验和调查表明,大约在牛腿所承受极限荷载的 40% 左右,在加载板内侧附近会出现第一条斜裂缝,在达到极限荷载的 80% 时,会突然出现第二条和第三条裂缝,这将预示牛腿临近被破坏(见图 3-2)。

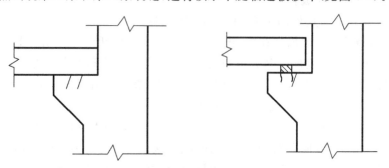

图 3-2 牛腿在装配式结构中常见的裂缝

混凝土局部承压强度较高,因而构件局部承压裂缝较少。但由于设计上考虑不周或失误,会造成如剪切钢筋不足等,或由于施工质量,或由于安装中预压面不平以及轨道偏心等,都可造成抗剪强度不足、过度的应力集中和偏心影响,从而产生裂缝。

3) 受拉、受扭构件和桁架节点裂缝

① 在钢筋混凝土轴心受拉构件中,由于混凝土的抗拉强度很低,破坏使得拉伸极限应变很小,约为 $\varepsilon=0.0001$,所以普通钢筋混凝土构件当承受不大的拉力时,混凝土就发生裂缝,而这时的钢筋应力还是很小的。随着荷载的增大,裂缝不断开展,钢筋应力也将相应加大,达到钢筋屈服时,裂缝将急速开展导致构件破坏。

受拉构件在荷载作用下所产生的裂缝,沿正截面开展,与钢筋拉力轴线相垂直,裂缝和裂缝之间的距离大致相等。

屋架受拉下弦杆承受荷载作用时,常产生与拉力轴心线相垂直的界面裂缝,一般为下大上小,这是因为拉杆还承受自重所产生的弯矩作用的结果。

造成受拉杆件裂缝的原因,除了由于混凝土抗拉强度较低,拉杆截面较小、配筋率较高外,混凝土浇捣质量不好、养护条件不良、施工时模板走动钢筋偏位、安装时屋架歪扭、地基产生不均匀沉降、钢筋在节点处与混凝土锚固性较差等原因均可造成拉力截面裂缝,确定时,应做各种可能因素分析。

② 受纯扭的钢筋混凝土构件较少,一般是扭转和弯曲同时存在。

无筋的矩形混凝土构件在扭矩作用下,先在构件长边方向的最弱处产生一条斜裂缝,然后向两边延伸,最后构件三面开裂,一面受压形成一个空间斜曲面裂缝,随即破坏,呈脆性。当混凝土构件内配有钢筋时,构件破坏将产生近于 45°倾角的螺旋型斜裂缝,绝大部分拉力由钢筋承担,从而使抗扭能力大大增强,在正常配筋条件下,由于外扭矩作用,大多属于塑性破坏。

③ 钢筋混凝土桁架节点裂缝,一般节点受力复杂,弯、扭、拉、压、剪等应力都可能存在,也可能同时发生,由于桁架相关杆件在节点处交汇平衡,又因杆件截面在节点处发生突变,便会产生应力集中,致使节点受力状态更为复杂。有时还由于设计假定和计算假定不符合实际情况,制作或安装偏差以及结构沉降变形作用等多方面因素都可能引发节点裂缝。另外,在桁架设计中,为设计方便,常把节点假定为铰接,而实际工程上并非理想铰接点,铰接点常具有一定刚性,因此会产生次应力。这一次应力仅从乘以一个调整系数来解决是不够的,次应力会随结构刚度变化而变化,使节点实际工作应力与理论分析结果差异较大,由此也会造成节点裂缝。一般情况下,桁架结构在正常使用条件下,整体挠曲变形越大,则次应力越大,引发的裂缝越多,严重时,会造成失稳破坏。

有关桁架节点裂缝的情况和原因分析,如表 3-1 所示,可作参考。

表 3-1 桁架节点裂缝的原因分析

裂缝部位	原因分析
支座附近的垂直裂缝	屋架跨度过短或屋架节点外偏,造成屋架反力对节点产生附加弯矩;屋架支撑面不平,造成屋架底面局部承压过大
支座顶面处的垂直裂缝	预应力过大;混凝土标号未达到设计要求
端节点豁口裂缝	节点处有应力集中现象;钢筋不直或锚固不良;混凝土中水泥用量过多、浇捣养护不良而引起的表面收缩
中间节点裂缝	腹杆主筋没有深入下弦杆中心线以下,钢筋在弦杆中不直或锚固不良;节点构造配筋较少;杆件相交于一点,产生偏心弯矩;节点应力集中作用
块体拼接处下弦底面纵向裂缝	块体中拼接管道不准,加之起拱,在张拉预应力筋时,预应力筋对管壁产生压力;支撑连接钢板构造不良,不能与上下弦起整体作用;焊接质量不佳,因高温作用使混凝土开裂
块体拼接处下弦侧面裂缝	块体拼接预应力管位置不准;拼接钢板弯曲不正;焊接质量不佳,高温作用使混凝土开裂

④ 冲切裂缝。冲切裂缝主要发生在柱下钢筋混凝土基础地板上或无梁钢筋混凝土楼盖上,从柱的周围开始沿 45°斜面拉裂,形成冲切面。主要是由于底板或楼面板厚度不足,或混凝土质量差强度不足,或者荷载变化等,致使冲切面上的剪力超过了钢筋混凝土抗拉强度,一旦出现这类裂缝,结构已临近破坏。在正常使用条件下,结构是不允许出现这类裂缝的。

2. 温度裂缝

钢筋混凝土结构产生的温度裂缝,大多是由于大气温度的变化,使用环境温度的影响,再有是大体积混凝土施工时产生的大量水化热的作用等造成的。

钢筋混凝土结构在温度作用下有如下特征。

① 混凝土当受热温度在 60~100 ℃时,就可能发生发丝裂缝,此时混凝土中游离水将大量蒸发;当温度在 100 ℃以上时,水泥石产生收缩变形,而骨料发生膨胀,这就导致水泥石和骨料之间的黏结强度逐渐破坏而产生破坏裂缝。在受弯、受拉、受压、受扭等构件中,因荷载应力与温度应力的叠加,裂缝将会越发严重,结构强度迅速降低;当温度升至 300~800 ℃时,则水泥石脱水,生成大量氧化钙(CaO),强度降低更快,配置钢筋的强度也随之急剧降低,造成结构破坏。

混凝土与钢筋在温度作用下强度参数的变化如表 3-2、表 3-3 所示。

表 3-2　普通混凝土在不同温度作用下的强度降低系数

温　度/(℃)	20	60	100	150	200	250	300
棱柱及弯矩强度的降低系数	1	0.90	0.85	0.80	0.70	0.60	0.40
抗拉强度的降低系数	1	0.75	0.70	0.60	0.55	0.50	—

表 3-3　钢筋在不同温度作用下的强度降低系数

温　度/(℃)		20	60	100	150	200	250	300
强度极限的降低系数	一般钢筋	1	1	0.95	0.92	0.85	0.75	0.60
	冷拉钢筋	1	1	0.90	0.85	0.80	0.70	—
余变极限的降低系数		1	1	0.95	0.92	0.85	0.75	0.60

② 钢筋和混凝土的黏结力将随温度的升高而降低。其中螺纹钢筋的黏结力由于机械咬合较圆钢钢筋的黏结力强,因此它受到温度的影响也比圆钢小。

具体降低系数如表 3-4 所示。

表 3-4　圆钢筋和螺纹钢筋与混凝土间黏结力在不同温度作用下的降低系数

温　度/(℃)	20	60	100	150	200	250	300	400
圆钢筋降低系数	1	0.82	0.75	0.60	0.48	0.35	0.170	0
螺纹钢筋降低系数	1	1	1	1	1	1	0.99	0.75

在受热作用中,混凝土和钢筋的弹性模量也将有所降低。这是因为混凝土受热后,水泥石和骨料的温度变形加大,再者是水泥石脱水,从而造成微细裂缝,使黏结力降低的同时也使弹性模量降低,如表 3-5、表 3-6 所示。

表 3-5　C20—C35 混凝土在不同温度作用下的弹性模量降低系数

温　度/(℃)	20	60	100	150	200	250
弹性模量降低系数	1	0.852	0.75	0.65	0.55	0.50

表 3-6　钢筋在不同温度作用下的强度降低系数

温　度/(℃)	20	60	100	150	200	250	300
一般钢筋弹性模量降低系数	1	1	1	0.97	0.95	0.90	0.80
冷拉钢筋弹性模量降低系数	1	1	0.90	0.87	0.85	0.75	—

③ 周围温度和湿度出现剧烈变化时,钢筋混凝土结构会出现干缩裂缝。这一现象对梁、板和某些结构部位最易发生干缩裂缝,其特征是在板上多为贯穿裂缝,在梁上多为表面裂缝,裂缝方向多与较长边垂直。

干缩裂缝的发生,还与施工质量,养护质量有关。质量越差,越易发生。一般在浇捣混凝土后的三个月内最易发生,随着时间的推移,裂缝变形才趋于稳定,这时温度急剧变化,干缩裂缝也就不易于发生了。

一般来讲,温度裂缝并不影响承载能力,但影响使用(如会发生渗水、漏水等现象),更严重影响使用寿命。

④ 在冶炼等钢铁行业建筑中,因承受热源高温作用引发的混凝土结构裂缝,比较直观,易于判断。

当钢筋混凝土结构经受200℃以上的高温时,虽然一般都采用耐热混凝土防护,但仍发生裂缝,裂缝的宽度、距离、走向与混凝土质量、结构配筋和配筋率、外形、构造处理和尺寸等情况密切相关。质量好的,裂缝较少;配筋率大的,裂缝间距就小、宽度也小;外形和构造简单的,比复杂的裂缝要少。

在受热源影响中以钢筋混凝土烟囱比较典型,所产生的裂缝也较多,其分布形式与砖砌体烟囱相似,分为竖向裂缝和水平裂缝两种。根据裂缝的形成时间又分为投产前与投产中两类。

投产前,钢筋混凝土烟囱在筒身发生的裂缝主要为烟囱内侧或烟囱外表裂缝,一般较浅,距表面深约 20~30 mm,裂缝宽度多在 0.2~2 mm。这是由于烟囱建成后其内外温差小,裂缝大多产生在混凝土保护层内。因为烟囱入口和烟囱出口空气形成较强的自然流动,使混凝土水分迅速挥发,形成"抽风干缩",从而造成内部表面裂缝。对于烟囱外表面,则是由于所处气温变化剧烈、风速大、混凝土水分蒸发快造成的,且养护困难等,也会造成同样性质的裂缝。

投产前裂缝,一般在施工完成后 3~12 月内陆续发生,并且上部出现裂缝的情况较严重,下部很少。

另一种属于使用中发生的裂缝,这是影响正常使用的主要症害。其产生的原因,可分为两个方面。

一种原因是烟囱内衬隔热层损坏,从而造成筒壁温度升高,导致内部混凝土疏松剥落,从而产生环向裂缝或纵向裂缝。当采用的空气隔热层的通风洞或空气层被堵塞时,同样会使烟囱筒壁温度升高,造成裂缝。若采用矿渣棉等作隔热层时,因矿渣棉等在长期使用条件下,易于下沉,产生间隙,即产生自封闭的空气层,使筒壁温差迅速增加。另外,沉渣棉等又会对筒壁形成环向挤压,会使筒身环向裂缝和纵向裂缝进一步恶化。

另一种原因是由于施工质量不良而造成的。如混凝土质量不符合设计要求,分段浇筑时密实度不均匀,水灰比控制不严,造成粗骨料下沉,砂浆和水分上浮,致使混凝土强度不均匀。在施工缝处理中,应特别慎重,决不可存留有木屑、杂物等,造成接缝不良,或在高温工作状态下引发局部损坏。

钢筋混凝土烟筒的随时检查和防护工作十分重要,尤其是冶炼厂的烟囱,一般废气温度可达到500～800℃,有时还会产生残余煤气在筒身爆炸,使内衬受冲击损坏,因此应注意检查,及时维修、防护是十分重要的,否则多次的损伤累积将会造成严重后果。

钢筋混凝土烟囱筒壁的裂缝与筒壁所遭受的高温有关,按《烟囱设计规范》(GBJ 51—1983)规定,普通混凝土内表面最高受热温度不宜超过150℃,在筒壁顶部的20 m范围内,裂缝宽度不得超过0.15 mm,其余部位的最大裂缝宽度不应超过0.3 mm。对于筒壁内表面需承受150℃以上的高温时,应作防护内衬,隔热层应填充隔热材料,以保证隔热效果。

总的来讲,钢筋混凝土结构建筑物和构筑物产生的裂缝,都是因温度应力超过混凝土抗拉极限强度而引起的。混凝土构件受温度变化影响其变形值可用下式计算

$$\Delta l = l(t_2 - t_1)\alpha \tag{3.1}$$

式中 Δl——钢筋混凝土构件的变形值;

l——构件的原长度;

$(t_2 - t_1)$——温度变化值;

α——材料的线膨胀系数,混凝土为10^{-5}/℃。

当温度变化较大时,构件会产生很大的变形,如果温差为20℃,按3 m构件计算,常会产生0.6 mm的变化,这种变化受到约束,便在混凝土内产生内应力。混凝土热胀变形则产生压应力;混凝土收缩则产生拉应力。

当构件混凝土上下表面温度不一致时,构件便会产生弯曲变形,当此变形受到约束,混凝土截面内部便会产生弯曲内应力,其弯矩值可按下式计算

$$M = \frac{E\alpha I}{h}(t_上 - t_下) \tag{3.2}$$

式中 M——由构件上、下表面温度差产生的温差弯矩;

E——混凝土的弹性模量;

α——材料的线膨胀系数;

I——构件截面惯性矩;

h——构件的高度;

$t_上 - t_下$——构件上、下表面的实测温差。

当构件上、下表面温差很大时,将会产生很大的温差弯矩,若与荷载弯矩叠加,当超过构件所能承受的能力时,便会产生裂缝。

温度应力实际上是一种约束应力,是由于结构物因温度变化而产生变形受到约束时所产生的应力,故又成为温差应力;反之,如果结构物因温度变化而产生变形能自由伸缩时,就不会产生这种温差应力。

约束作用所产生的应力,包括内约束应力和外约束应力。内约束应力是由于结

构物内部某一构件单元因纤维间的温度不同,所产生的应变差受到约束而引起的应力;外约束应力则是因为结构体系内部各构件,所处温度场不同而产生的不同变形受到约束而产生的应力。其特点与一般荷载应力不同,其应力和应变基本上不再符合简单的胡克定律关系,而会出现应变小而应力大,应变大而应力小的情况。再者有明显的非线性和时间性。因此,因温差应力超过混凝土极限抗拉强度而出现的裂缝损害,会有明显的规律,故应从规律中总结经验,从而采取相应的对策和措施。

3. 干缩裂缝

混凝土在水化结硬过程中,由于水泥颗粒不断水化,毛细管及各孔隙间游离水逐渐与水泥矿物水化转化为凝胶及结晶形成的水泥石,因而产生强度。一般在毛细管中的水及凝胶水遗失时,水泥石略有收缩。另外,混凝土内水分的不断蒸发,也使体积产生收缩,这种体积变化量约占总体积收缩量的 80%~90%。上述两种收缩的结果,就形成混凝土干缩变形,由于干缩变形引起的裂缝,称为"干缩裂缝"。

干缩裂缝一般有两种:一种是表面的不规则的发丝裂缝,这种裂缝一般发生在混凝土终凝前。如果发现得早,及时抹平并加以养护,可以消失。另一种是发生在配置钢筋之间并与钢筋平行的中间宽、两头细的裂缝,这种裂缝一般发生在混凝土终凝以后。

除混凝土结构中水化作用和水分蒸发作用而产生收缩变形以外,产生干缩裂缝的另一因素是由于施工养护不良,表面干燥过快,而内部湿度变化小,表面收缩变形受到收缩慢的内部混凝土的约束,因此,在构件表面产生较大的拉应力,即干缩应力,当干缩应力超过混凝土极限抗拉强度时,则表面被拉裂而产生干缩裂缝。

实践工程经验总结说明,干缩裂缝的产生与水泥品种、混凝土中水泥含量、水灰比大小、骨料性质、含泥量等有关。另外,还与气候环境、钢筋布置和含量以及外加剂等都有一定关系。

干缩裂缝对结构的承载能力尚无大的影响,但易于造成钢筋锈蚀,降低结构物的使用寿命。

4. 张拉裂缝

在预应力构件内,由于张拉应力作用而引起的裂缝,称为张拉裂缝。

在通用的预应力大型屋面板、墙板,预应力大梁、吊车梁中,常常在构件表面或端头部位出现裂缝。如图 3-3 所示的实测预应力大型屋面板,统计中发现,板面裂缝多为横向;板角部位裂缝多呈 45°角;端横肋靠近纵肋部位的裂缝,基本平行于肋高;纵肋端头裂缝呈斜向发展。

预应力大梁、吊车梁和桁架等构件的端头锚固区,通常出现沿预应力钢筋方向的纵向裂缝,并延伸到一定的长度范围。桁架端头有时还会出现垂直裂缝。以上特征,对后张法产生的预应力构件显得更为突出。这主要是因为在锚固区有纵向正应力 σ_x,环向正应力 σ_θ,以及径向正应力 σ_r,其相关关系复杂,这种局部应力严重时会造成局部承压压裂,会导致预应力丧失,这是一种危险的征兆。

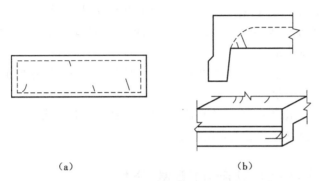

图 3-3 预应力大型屋面板裂缝图
(a)张拉引起的板面裂缝;(b)端头裂缝

5. 腐蚀裂缝

混凝土中钢筋,在正常使用条件下,经过一段时间会产生腐蚀,钢筋受到腐蚀以后会使截面逐渐减小,并造成与混凝土的黏结力降低,致使混凝土结构构件的承载力下降,影响安全性;另外,由于钢筋锈蚀而产生体积膨胀,这是因为铁变成铁锈以后,体积膨胀约 2~3 倍,造成混凝土保护层破裂,从而降低整体结构的受力性能,严重降低使用寿命。对于预应力钢筋混凝土结构构件,如梁、板构件中,一般均采用高强度钢丝,使用应力高,而混凝土构件截面面积小,一旦发生预应力钢丝锈蚀,则危险性更大,严重时会造成构件断裂。

混凝土内钢筋锈蚀,一般有两种情况:一种是钢筋混凝土结构构件的保护层先遭受破坏,从而导致钢筋的锈蚀;另一种是钢筋在混凝土内先发生锈蚀,从而使混凝土保护层开裂。前者钢筋的锈蚀,往往是先发生在个别地段,然后逐渐扩大影响范围;而后者钢筋锈蚀的范围往往较大,与周围环境、锈蚀性介质和混凝土密实度等情况有关。

3.2.2 混凝土结构表层缺损

混凝土的表层缺损是混凝土结构的一项常见通病。在施工或使用过程中产生的表层缺损有蜂窝、麻面、小孔洞、缺棱掉角、露筋、表皮酥松等。这些缺损影响观瞻,使人感到不安全。缺损也影响结构的耐久性,增加维修费用。当然,严重的缺损会降低结构承载力,引发事故。现将常见的一些混凝土表层缺损的原因分析如下。

① 蜂窝。混凝土配比不合适,砂浆少而石子多;模板不严密,漏浆;振捣不充分,混凝土不密实;混凝土搅拌不均匀或浇注过程中有离析现象等,使得混凝土局部出现空隙,石子间无砂浆,形成蜂窝状的小孔洞。

② 麻面。模板未湿润,吸水过多;模板拼接不严,缝隙间漏浆;振捣不充分,混凝土气泡未排尽;模板表面处理不好,拆模时黏结严重,致使部分混凝土面层剥落等,混凝土表面粗糙,或有许多分散的小凹坑。

③ 露筋。由于钢筋垫块移位,或者少放或漏放保证混凝土保护层的垫块,钢筋与模板无间隙;钢筋过密,混凝土浇筑不进去;模板漏浆过多等,致使钢筋主要的外表面没有砂浆包裹而外露。

④ 缺棱掉角。常由于构件棱角处脱水,与模板黏结过牢,养护不够,强度不足,早期受碰撞等原因引起。

⑤ 表层酥松。由于混凝土养护时表面脱水,或在混凝土结硬过程中受冻,或受高温烘烤等原因会引起混凝土表层酥松。

3.3 因设计失误引起的事故分析

3.3.1 概述

混凝土结构在设计方面引发事故的主要原因有以下几个方面。

① 因方案不妥而引起的事故。如房屋长度过长而未按规定设置伸缩缝;把基础置于持力层的承载力相差很大的两种或多种土层上而未妥善处理;房屋形体不对称,重量分布不均匀;主次梁支承受力不明确,工业厂房或大空间采用轻屋架而没有设置必要的支撑;受动力作用的结构与振源振动频率相近而未采取措施;结构整体稳定性不够等。

② 设计计算失误。因任务急、时间紧、计算和绘图错误而又未认真校对;荷载漏算或少算;抄图或采用标准图后未结合实际情况复核,有的甚至认为,原有设计有安全储备而任意减小断面,少配钢筋或降低材料强度等级;所遇问题比较复杂,而未做妥当的简化;盲目相信电算,因输入有误或与编制程序的假定不符而输出结果并不正确也盲目采用;设计时所取可靠度不足或偏低等。

③ 对突发事故缺少二次防御能力,我国有关规范规定当有偶然的突发性事件发生时,允许有结构的局部破坏,但应保持在一段时间内不发生连续倒塌,能保持结构的整体稳定性。这一方面的规定往往为设计人员所忽略。这种破坏的例子有:英国某公寓住宅因十七层上有一家住户燃气爆炸而引起整个楼层连续倒塌。我国东北地区有一招待所因食堂煤气爆炸而使整个建筑倒塌;某一底层商品店主承载柱被汽车撞坏而引起整个房屋破坏等。

④ 对于结构构造细节处置不当。有些设计人员重计算、轻构造,认为构造处理不是很重要的,因而没有精心设计。如大梁下未设置梁垫;预埋件设置不当;钢筋锚固长度不够,节点设计不合理等,特别是一些设计人员对框架结构构造柱钢筋和墙体锚拉筋的设置不够重视,任由施工队伍简化施工,造成地震时墙体倒塌。

⑤ 与其他工种(如建筑、水、暖、电等)配合不好,有些变动不协调,造成设计错误。

3.3.2 因设计方案欠妥引起的事故

【工程实例 3-1】 因主、次梁支承关系颠倒而引起事故

某乡镇商店,商店上层为办公室及职工单身宿舍,一层为营业大厅。因而上部四层用砖墙隔为小间,底层由 L_1 及 L_2 梁支承隔墙及楼盖荷载。因 L_1 为纵向大梁,长 39.6 m,L_2 为开间梁,长 6.6 m(见图 3-4)。显然,L_2 梁的跨度小得多,理应将 L_1 梁作为支承在 L_2 梁上的连续梁来考虑。但设计者误认为 L_2 梁是一端支于外柱,另一端支于砖墙(240 砖墙)上的简支梁。不计 L_1 梁传来的集中力,误认为 L_1 梁对 L_2 梁有支撑作用,忽略不计是偏于安全的。实际上,在 L_1 梁上有纵向隔墙,且其相对刚度比 L_2 梁小得多,因而 L_1 梁有很大一个集中力传给 L_2 梁,而设计未予考虑,因而造成配筋不足,尤其是梁端抗剪强度严重不足。在楼房铺设顶板及浇筑五层钢筋混凝土檐口时,突然发生倒塌,造成重大事故。

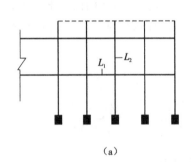 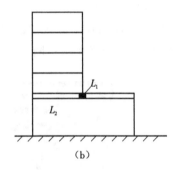

图 3-4 某乡镇商店屋示意图
(a)平面图;(b)剖面图

【工程实例 3-2】 某复合框架因受力不明确而引起裂缝事故

某学校综合教学楼共二层,底层和二层均为阶梯教室,顶层设计为上人屋面,可作为文化活动场。主体结构采用三跨,共计 14.4 m 宽的复合框架结构,如图 3-5 所示。屋面为 120 mm 浇钢筋混凝土梁板结构,双层防水并做水磨石顶面。楼面为现浇钢筋混凝土大梁,铺设 80mm 的钢筋混凝土平板,水磨石地面,下为轻钢龙骨、吸音石膏吊顶。在施工过程中拆除框架模板时发现复合框架有多处裂缝,并恶化很快,因对结构安全造成危害,被迫停工检测。经分析,造成这次事故的主要原因是选型不当,框架受力不明确。按框架计算,构件横梁杆件主要受弯曲作用,但本楼框架两侧加了两个斜向杆,有点画蛇添足。这斜杆将对横梁产生不利的拉伸作用。在具体计算时,因无类似的结构计算程序可供选用,简单地将中间竖杆作为横向杆的支座,横梁按三跨连续梁计算,实际上由于节点处理不当和竖杆刚性不够,而

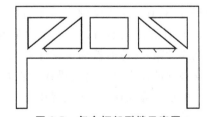

图 3-5 复合框架裂缝示意图

有较大的弹性变形,斜杆向外的扩展作用明显。按刚性支承的连续梁计算并选择截面本来就偏小,弯矩分布也与实际结构受力不符。加上不利的两端拉伸作用,下弦横梁就出现严重的裂缝。

由于本楼为大开间教室,使用人数集中,安全度要求高一些,而结构在未使用时就严重开裂,显然不宜使用,研究后决定加固。加固方案不考虑原结构承载力,而是采用与原结构平行的钢桁架代替上部结构,基础及柱子也作相应加固,虽然加固及时未造成人员伤亡,但加固费用大,经济损失严重。

3.3.3 因计算错误引起的事故

【工程实例 3-3】 框架结构计算错误引起事故

某市百货商店工程,主体为三层,局部四层,主体结构采用钢筋混凝土框架结构。框架柱横向开间间距 5.6 m,层高 4.5 m,框架柱采用现浇钢筋混凝土,强度等级为 C30,楼板为预应力圆孔板。工程于 1982 年施工,当主体结构已全部完工,四层外墙已装饰完毕,在屋面铺找平防水层时,发生大面积倒塌(见图 3-6)。经检查,其中有五根柱子被压酥,八根横梁被折断。

图 3-6 某百货商店工程倒塌

事故原因分析如下。

经复核,原设计计算有严重失误,主要有以下几点。

① 漏算荷载,其中有些饰面荷载未计算,屋面炉渣找坡平均厚度为 100 mm,而设计中仅按檐口处的厚度 45 mm 计算,严重偏小。

② 框架内力计算有误,主要是未考虑内力不利组合,致使有十处横梁计算配筋面积过小,有一层大梁的支座配筋量仅为正确计算所需的 44%~46%。

③ 计算简化不当。实际结构是预制板支于次梁上,次梁支于框架梁上。次梁为现浇连续梁,计算时按简支梁计算反力,将此反力作为框架梁上的荷载。实际上其第二支座处的反力比按简支梁计算要大。

由于计算失误,钢筋配置比需要的少得多,加上施工质量不好,最终导致框架结构的破坏。

【工程实例 3-4】 人字折梁计算错误而倒塌

某库房为单层结构,跨度 10 m,长 24.5 m,采用砖墙承重,屋面采用人字形折梁(原意为采用人字屋架,实无下弦),折梁间距 3.5 m,在折梁上搁置预应力钢筋混凝土檩条,每米放 3 根,共 30 根,檩条上铺 85 cm×60 cm×5 cm 的预制平板。人字屋架结构及配筋如图 3-7 所示。当铺完屋面,拆除的模板及支撑时,屋盖倒塌。

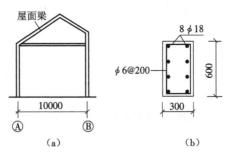

图 3-7 某单层库房示意图
(a)剖面示意图;(b)屋面梁配筋图

事故原因分析如下。

① 该工程原意为采用人字屋架,形式上似拱,因而在梁中均匀配制 8ϕ18 钢筋。但该结构形式上虽然像拱,但实际上无拉杆,两端又没有抗推力结构,实际上是一个折线形钢筋混凝土斜梁。如按梁计算,则其强度严重不足。计算复核如下。

已知混凝土强度等级为 C20,$f_c=9.6$ N/mm^2,假定受拉筋为 4ϕ18,$A_s=1017$ mm^2,$f_y=210$ N/mm^2,$h_0=h-a=[600-(35+90)]$mm$=475$ mm

$$x=f\frac{f_yA_s-f'_yf'_s}{f_cb}=\frac{210\times(1017-509)}{9.6\times300}=37 \text{ mm}<2a'=70 \text{ mm}$$

故去 $x=2a'$ $M_a=f_yA_s(h_0-a')=210\times1017\times(475-35)$
$=93\ 970\ 800$ N/mm$=93.97$ kN·m

而设计弯矩为 $M=189.3$ kN·m

即使不计使用活载,按施工时的恒载及实际施工荷重计算,其弯矩为

$M_实=149.1$ kN·m

可见承载力严重不足,加上折梁曲折处受拉筋沿受拉边顺放,在弯折处对受拉力极为不利,为规范所禁止。折梁承载力不足,构造又极不合理,必然引起屋盖的破坏。

② 拉杆拱按两铰拱计算内力不妥。

带拉杆两铰拱常用于屋盖结构。这是一个超静定结构,计算拉杆拱的拉杆内力时要利用变形协调条件,带拉杆两铰拱,其拉杆的内力为

$$x_1=\frac{\int_0^l M_0 y \mathrm{d}x}{\int_0^l y^2 \mathrm{d}x\left[1+\frac{l}{\int_0^l y^2 \mathrm{d}x}\left(\frac{EI_c}{E_sA_s}+\frac{I_c}{A}\right)\right]} \qquad (3.3)$$

式中 A——拱截面积;
I_c——拱截面惯性矩;
E——拱材料弹性模量;
A_s——拉杆截面积;

E_s——拉杆弹性模量。

对应的无拉杆的两铰拱的推力为

$$F=\frac{\int_0^l M_0 y\,dx}{\int_0^l y^2 dx\left[1+\frac{l}{\int_0^l y^2 dx}\frac{I_c}{A}\right]} \tag{3.4}$$

若设拱轴曲线方程为抛物线

$$y=\frac{\Delta f}{l^2}x(l-x)$$

并设 $l=7$ m,$f=1$ m,$A=250$ mm$\times$400 mm,$A_s=314$ mm^2

拱为混凝土材料,拉杆为钢筋,可取 $E_s/E=8.69$,则

$$x_1=\frac{\int_0^l M_0 y\,dx}{\frac{8}{15}f^2 l\left[1+\frac{15}{8f^2}\left(\frac{EI_c}{E_s A_s}+\frac{I_c}{A}\right)\right]}$$

$$F=\frac{\int_0^l M_0 y\,dx}{\frac{8}{15}f^2 l\left[1+\frac{15 I_c}{8f^2 A}\right]}$$

可得

$$\frac{F}{x_1}=\frac{1+\frac{15 I_c}{8f^2 A}\left(\frac{EA}{E_s A_s}+1\right)}{1+\frac{15 I_c}{8f^2 A}}$$

由

$$\frac{15 I_c}{8f^2 A}=\frac{15\times\frac{0.25\times 0.4^3}{12}}{8\times 1^2\times 0.25\times 0.4}=0.025$$

代入上式可得

$$\frac{EA}{E_s A_s}=\frac{0.25\times 0.4}{8.69\times 3.14\times 10^{-4}}=36.64$$

$$\frac{F}{x_1}=1+\frac{0.025\times(36.64+1)}{1+0.025}=1.89$$

计算结果相差很大。由于 x_1 与 F 相差很大,由此可知拱的内力(M,V,N)也会有很大差异。所以,带拉杆的两铰拱之内力不应套用两铰拱的内力。

3.3.4 因节点设计不当引起的事故

【工程实例3-5】预埋件设计失误引起的事故

某工厂车间为单层钢筋混凝土结构。因工艺要求厂房一侧纵向放置铝母线,铝母线搁置在钢支架上,钢支架通过预埋件与柱子连接,形成三角形支架。工程于1992年5月完成主体结构工程,开始进行工艺设备安装。在铝母线安装就位后仅几

图 3-8 某工厂车间倒塌

天,预埋件突然发生破坏,引起铝母线连续倒塌。因铝母线价格昂贵,经济损失很大(见图 3-8)。

单层厂房柱间距 7.5 m,铝母线连续九个开间,共长 67.5 m,总重 477 kN。此外,在相邻两柱之间还有通向电解槽的 L 型铝母线,总重 70.9 kN,铝母线荷载通过三角形支架传给柱子。三角形支架构造(见图 3-9(a)),水平杆为 H 型钢,斜杆由两根背焊角钢组成。三角支架通过预埋件与柱连接,预埋板材料为 I 级钢,厚 10 mm,平面尺寸为 150 mm×150 mm,锚固钢筋为 4Φ10 Ⅱ级钢筋,长 200 mm。锚筋与钢板直焊,设计焊缝高 h_f=8 mm。

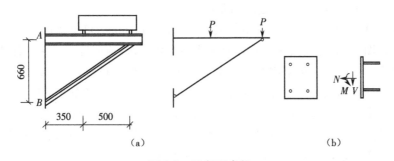

图 3-9 三角形支架
(a)支架;(b)预埋件

事故调查发现,所有三角支架连同根部锚板、铝母线等全部塌落在地,铝母线严重扭曲变形。由调查可知,杆件与锚板的连接焊缝以及支架之间的连接焊缝均没有发生破坏。破坏是由锚板拉脱引起的,大多为预埋件锚板和直锚筋的焊接处发生破坏,也有一部分为钢筋在根部拉断(有的有颈缩现象)。破坏后的直筋均留在柱子中,说明锚筋与混凝土的锚固良好。

事故原因分析如下。

从设计方面看,主要是受力状态未分析清楚,从而使焊缝及锚筋的计算失误。设计上取为铰接三角形桁架。实际上,上弦杆刚度较大,一端与锚板满焊,除节点荷载外还有节间荷载作用,这样,节点 A 处的预埋件不仅受拉伸作用,而且还有弯矩及剪力作用。由工艺提供资料进行复核计算,可得 $P_1 = P_2 = 32 \text{ kN} \cdot \text{m}$。设计中将 A 点视为铰接,考虑了节点间荷载引起的剪力,但把弯矩作为次要作用而未考虑。由拉力及剪力大小选定预埋件,使之分别满足抗剪的要求。实际上,这里有两点失误,分述如下。

① 预埋件同时受拉力及剪力作用时,其承载力不等于单独受拉及受剪承载力的叠加,其拉剪承载力比拉、剪单独作用下的承载力要低。

② 因节点的刚性承担的弯矩,一般为次要作用可以忽略。但在本例具体情况下,H 型钢短且刚度大,其弯矩的影响已超过可以忽略的范围,应按拉、弯、剪共同作用的公式计算,即应有

$$A_s \geqslant \frac{V}{\alpha_r \alpha_v f_v} + \frac{N}{0.85 \alpha_b f_y} + \frac{M}{1.3 \alpha_r \alpha_b f_y \cdot z}$$

及

$$A_s \geqslant \frac{N}{0.85 \alpha_b f_y} + \frac{M}{0.4 \alpha_r \alpha_b f_y z}$$

取其中最大者。

式中 V、N、M——剪力、拉力及弯矩计算值;

α_r——钢筋层数影响系数,这里可取为 1.0;

α_v——锚筋的受剪切承载力系数;

α_b——锚板弯曲变形的折减系数;

z——外层锚筋中心线之间的距离。

按此计算,锚筋面积需 751 mm^2,实际上只配 314 mm^2,可见锚筋不足。

在设计图上,对焊接只注上满焊而未指明具体要求,应明确要求采用压力埋弧焊或接触对焊。实际上焊接采用的是手工电弧焊,并未经严格检查,经复核,质量很差。现场发现预埋板与锚筋焊接处焊缝高度不足,而且大多因焊接强度不足而破坏。

由以上事故引起的教训是:预埋件的设计,其安全富裕度应比杆件的要大。设计时要满足节点的破坏迟于构件的破坏。焊缝的承载力应大于锚筋的承载力,并且应对焊接质量作严格检查,必要时还应对焊件进行强度试验。

【工程实例 3-6】 现浇梁柱铰接处理不妥引起裂缝、破损

某厂房横梁与柱铰接。处理如图 3-10(a)所示,符合通常做法。但投入使用后,在铰接点附近发生裂缝与局部破坏。

事故原因分析如下。

钢筋 X 形原意是只能承受水平力而不能承受弯矩,从而实现"铰"的功能。但实际上,这种做法有相当程度的嵌固作用。当两边柱子有不均匀沉降时,节点处梁端产生一角变位,使锚筋受拉,梁端面与柱混凝土接触面受压而形成抵抗力矩。若这种弯

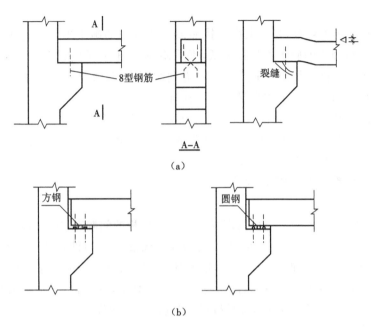

图 3-10 处理方法
(a)常规做法;(b)改进做法

矩过大,则会使节点处开裂,甚至局部破坏。

在要求铰接的条件较高时,可改进节点做法,如图 3-10(b)所示。这两种节点做法更接近理想铰接的形式,构造也较简单,施工也很方便。梁柱间的间隙可视具体情况及梁、柱尺寸的大小而定。

3.4 因施工不当引起的事故分析

3.4.1 概述

钢筋混凝土工程使用的材料多种多样,施工工序繁多,工期长,其中任何一个环节出了问题都可能引起质量事故。从已有质量事故的统计来看,施工管理不善、施工质量不好引起的事故率是比较高的。从施工管理方面分析,引起事故的原因是多方面的。

1. 建筑业管理方面的原因

① 不按图施工,甚至无图施工。这在中小城市或一些小型建筑中常见,以为建筑不大,任意画一草图就能施工。有些工程因领导意图要限期完工,往往未出图就施工。有时虽有图纸,但施工人员怕麻烦,或未领会设计意图就擅自更改。

② 施工人员误认为设计留有很大的安全度,少用一些材料,房屋也塌不了。因

而故意偷工减料。

③ 建筑市场不规范,名义上由有执照或资质证书的施工单位承包施工,实际上层层转包,直接施工的施工人员技术低,素质差,有的根本无执照。

④ 对建筑材料质量把关不严。有时为利润驱动,只进价格便宜的材料,不问质量如何。材质不行,建筑工程质量就难以保证。

⑤ 不遵守操作规程,质检人员检查不力,马虎签章,留下隐患。

⑥ 不按基本建设程序办事,未经有关部门批准,擅自开工,往往无设计先施工,未勘测先设计,为抢工期而不讲质量。

2. 施工管理和技术方面的原因

(1) 模板问题

模板要求坚固、严密、平整、内面光滑。常见模板的问题有:① 强度不足,或整体稳定性差引起塌模;② 刚度不足,变形过大,造成混凝土构件歪扭;③ 木模板未刨平,钢模未校正,拼缝不严,引起漏浆,造成混凝土麻面、蜂窝、孔洞等毛病;④ 模板内部不平整、不光滑或未用脱模剂,拆模时与混凝土黏结,硬撬拆模,造成脱皮、缺棱掉角;⑤ 混凝土未达需要的强度,过早拆模,引起混凝土构件破坏。

(2) 钢筋问题

钢筋是钢筋混凝土结构中主要受力材料,一定要注意施工质量。常见的钢筋方面的问题有:① 钢筋露天堆放,雨水浸泡后锈蚀严重,使用前未除锈;② 钢材质量问题,有时只注意了强度满足要求,延伸率、冷弯不合格,或含硫、含磷量过高,影响成型、加工(尤其是焊接)质量;③ 钢筋错位,施工人员不熟悉图纸或看错图纸而错放;④ 图下料省事,不按规范要求,而使梁、柱在同一截面的接头过多,甚至达100%;⑤ 接头不牢,主要是绑扎松扣或焊接时虚焊、漏焊;⑥ 悬挑构件的主筋放反了,或放正了在施工中又被压了下去;⑦ 预埋件放置不当。

(3) 混凝土施工问题

混凝土施工质量的问题比较常见,也比较严重,主要有以下几点。

① 混凝土配合比不准,或不按配合比设计配料,尤其是操作人员为了增加流动性而多加水;为节省工本而偷工减料,少加水泥,减小面积;骨料质量把关不严;使用过期水泥;搅拌混凝土搁置时间过久,超过初凝时间才浇筑,使混凝土质量达不到要求,导致承载力不足引起事故。

② 捣固不实。不论用何种方法振捣新浇筑的混凝土,如果捣固不实,均会引起蜂窝、麻面、露筋、孔洞等毛病。对于水灰比较小的干硬性混凝土,钢筋布置紧密的部位及边角之处更应注意振捣。

③ 浇筑顺序不当,有些混凝土结构在浇筑过程中容易使模板产生不利变形,要按规定顺序浇筑。对于一些大面积、大体积混凝土容易因收缩而产生裂缝,要按规定留好施工缝。施工缝应按规程要求留在适当位置,否则也易留下事故根苗。

④ 养护问题。混凝土浇筑完毕后要细心养护,保持必要的温湿度。在混凝土强

度不足时过早拆模也易引起事故。夏天要防止过早失水,保持湿润;冬天要防止受冻害。

3.4.2 框架柱因浇筑质量差而引起的事故

【工程实例 3-7】

某影剧院观众厅看台为框架结构,有柱子 14 根。底层柱从基础顶起到一层大梁止,高 7.5 m,断面为 740 mm × 740 mm。混凝土浇筑后,拆模时发现 13 根柱有严重的蜂窝、麻面和露筋现象,特别是在地面以上 1 m 处尤其集中与严重。

经调查分析,引起这一质量事故的原因如下。

① 配合比控制不严。混凝土设计强度等级为 C18,水灰比为 0.53,坍落度为 3～5 cm。但施工第二天才安装磅秤。磅秤利用率不高,只有做试块时才认真按配合比称重配料,一般情况下配合比控制极为马虎,尤其是水灰比控制不严。

② 灌筑高度超高。《混凝土施工规程》规定,"混凝土自由倾落高度不宜超过 2 m",又规定:"柱子分段灌筑高度不应大于 3.5 m",该工程柱高 7 m,施工时柱子模板上未留浇灌的洞口,混凝土从 7 m 高处倒下,也未用串筒或溜管等设备,一倾到底,这样势必造成混凝土的离析,从而易造成振捣不密实与露筋。

③ 每次浇筑混凝土的厚度太厚。该工程由乡村修建队施工,没有机械振捣设备(如振捣器等),采用 2.5 cm × 4 cm × 600 cm 的木杆捣固。这种情况,每次浇筑厚度不应超 200 mm,且要随灌随捣,捣固要捣过两层交界处,才能保证捣固密实。但施工时,以一车混凝土为准作为一层捣固,这样,每层厚达 400 mm,超过规定一倍,加上施工不认真,出现蜂窝麻面是不可避免的。

④ 柱子中钢筋搭接处钢筋配置太密。该工程从基础顶面往上 1 m 到 2 m 间为钢筋接头区域,搭接长度 1 m 左右。搭接区内,在同一断面的某一边上有 6 根到 8 根钢筋,钢筋的间距只有 30～37.5 mm,而规范要求柱内纵筋间距不应小于 50 mm。加上施工时钢筋分布不均匀,许多露筋处钢筋间距只有 10 mm,有的甚至筋碰筋,一点间隙也没有,这样必然造成露筋等质量问题。

综上分析,事故主要原因是施工人员责任心不强,违反操作规程,混凝土配合比控制不严,浇筑高度超高,一次灌筑捣固层过厚,接头处钢筋过密而又未采取特殊措施所致。

3.4.3 因配筋失误引起的事故

【工程实例 3-8】 因锚固长度不足而引起大梁折断

某锻工车间屋面梁为 12 m 跨度的 T 型薄腹梁,在车间建成后使用不久,梁端头突然断裂,造成厂房局部倒塌,倒塌构件包括屋面大梁及大型面板。

事故发生后到现场进行了调查分析,混凝土强度能满足设计要求。从梁端断裂处看,问题出在端部钢筋深入支座的锚固长度不足。设计要求锚固长度至少为

150 mm,实际上不足 50 mm。设计图上注明,钢筋端部至梁端外边缘的距离为 400 mm,实际上却只有 140~150 mm,因此,梁端支承于柱顶上的部分接近于素混凝土梁,这是非常不可靠的。加之本车间为锻工车间,投产后锻锤的动力作用对厂房振动力的影响大,这在一定程度上增加了大梁的负荷。在这种情况下,终于造成大梁的断裂。

由本事故可见,钢筋除按计算要求配足数量以外,还应按构造要求满足锚固长度等要求。

【工程实例 3-9】 某工程框架柱基础配筋搞错方向引发事故

某工程框架柱,断面 300 mm×500 mm,弯矩作用主要沿长边方向。在短边两侧各配筋 5Φ25,如图 3-11(a)所示。在基础施工时,钢筋工误认为长边应多放钢筋,将两排 5Φ25 的钢筋放置在长边,而两短边只有 3Φ25,不满足受力需要,如图 3-11(b)所示。基础浇筑完毕,混凝土达到一定强度后绑扎柱子钢筋,这时发现基础钢筋与柱子钢筋对不上,这才发现搞错了,必须采取补救措施。

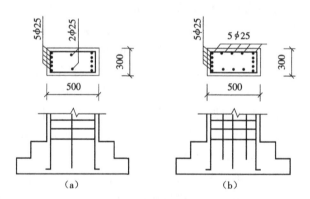

图 3-11 框架柱基础

经研究,处理方法如下。

① 在柱子的短边各补上 2Φ25 植筋,锚固长度大于 $15d$(d 为钢筋直径)。

② 将台阶加高 500 mm,采用高一强度等级的混凝土浇筑。在浇筑新混凝土时,将原基础面凿毛,清洗干净,用水润湿,并在新台阶的面层加铺 Φ6@200 钢筋网一层。

③ 原设计柱底钢箍加密区为 300 mm,现增加至 500 mm。

3.4.4 外加剂不当引起的事故

【工程实例 3-10】 减水剂使用不当引起事故

广州某一高楼 28 层,为框架-剪力墙结构,采用泵送混凝土现浇梁柱及楼板。基础为钻孔灌注桩。在浇筑第三层楼板时,泵送混凝土发生了堵管,眼看事故要扩大,不得不紧急停工,检查原因。

堵管问题往往由于水泥不合格、配合比不当或外加剂使用不当造成的。从水泥抽样检验来看，各项指标完全符合标准，配合比也严格按试配后确定的比例配合。堵管的原因只有从外加剂上去找，外加剂中的木钙粉，一直广为应用，似乎应无问题。最后对水泥成分进行 X 射线分析，得知水泥中含有大量的硬石膏，于是确定原因为硬石膏与木钙作用造成的。

为改善混凝土的性能，满足各种功能要求，提高施工进度，改善劳动条件，节约水泥等目的，各种混凝土外加剂被研制出来，并得到愈来愈广泛的应用，如减水剂、早强剂、防冻剂、脱模剂等。现在外加剂品种极多，多数为液态，在施工中加入混凝土拌合物中，一般掺量低于水泥用量的 5%。其中减水剂可在减少水灰比的条件下大大改善混凝土的流动度，而在常用范围内降低水灰比则可提高混凝土的强度，因而得到广泛应用，可以说，目前绝大多数混凝土工程都采用了减水剂。有一种我国自行研究、生产并得到普遍应用的是木钙粉。其主要成分为木质素磺酸钙及其衍生物。这是利用生产化纤或纸浆的下脚料经提取酒精后的酒精废液，经石灰、硫酸处理后喷雾干燥而成，它极易溶于水，对水泥颗粒有明显的分散效应，掺入量合适时，不仅使混凝土流动度大为改善，且能够提高混凝土强度。因为工艺流程简单，原料来源又是废物利用，生产难度不大。木钙类减水剂和以工业萘为原料的减水剂相比，是一种投资少、收益大、见效快的产品。中国生产厂家很多促进了其普遍应用。但木钙类减水剂有一缺点，就是易与硬石膏产生不良反应，严重的可引起工程事故。因为普通水泥中水化反应速度很快的熟料矿物为铝酸三钙（Ca_3A），它的优点是硬化快，早期强度高，但它的存在使水泥浆凝结过快，施工不便，为此，一般加入二水石膏（$CaSO_4·2H_2O$），起缓凝作用，但是有些水泥生产厂家，不用二水石膏，而采用硬石膏（$CaSO_4$）作调凝剂。因为木钙的原料中除含有本质素外，还有其他成分。尤其是经石灰和硫酸处理后，产品是从分离出硫酸钙沉淀的滤液中喷雾干燥而得，硬石膏在木钙溶液中是不溶的，因而它不能参加铝酸三钙的水化过程，致使其调凝作用不能发挥，在泵送中便过早凝结而引起堵管。事故原因弄清楚后，改用其他类型的减水剂（焦磷酸钠），泵送混凝土就很正常，工程得以顺利进行。由此可见，若水泥中是使用硬石膏作调凝剂的，就不应使用木钙类减水剂；若用木钙类减水剂就不应采用以硬石膏为调凝剂的水泥。这类问题，常为施工人员所忽视，必须引起注意。

【工程实例 3-11】 过多添加膨胀剂引起混凝土崩裂

某地修建游泳池，底板采用 180 mm 厚的混凝土，为防止龟裂，添加了硫铝酸钙类膨胀剂。施工期间在夏天，浇筑、养护均按正常工序进行。半个月以后，经过一天的大雨，游泳池被水泡了。第二天，发现有 7 m × 6 m 范围内混凝土表层成粉末状态，类似面包泡水后成酥松状态。

经检查，其他部分的混凝土没有破损，就只是这一局部有问题。据施工人员回忆，有两盘混凝土搅拌时多加了膨胀剂。一般膨胀剂添加量为混凝土重量的 12%～16% 是合适的。当时有两盘加到了 16% 还多一点，当时认为，虽然浪费点料，但质量会更好。实际上，添加膨胀剂超过 12% 时，混凝土强度会急剧下降。施工正值夏天，天气无雨而干燥,膨胀剂多了未完全被水化掉。两周以后,雨量增加,膨胀剂与雨水反应膨胀,就使混凝土酥松了。

可见,加膨胀剂不是越多越好,一定要适量。本例处理:将 7 m × 6 m 范围内酥松混凝上全部凿掉,清理干净后重新浇筑微膨胀混凝土,并精心湿润养护一周。修补后未再发现问题。

3.4.5 混凝土养护不当引起的事故

混凝土在浇筑完毕以后,必须注意养护。因为混凝土的凝结硬化是水泥水化的结果,而水泥的水化作用只能在一定的温度、湿度环境中才能正常进行。所以,养护对保证混凝土的质量是非常重要的。在混凝土施工规程中对混凝土的养护要求有明确而细致的规定。尤其在不利环境下,如冬季施工及炎热夏季施工时,更应注意养护。

【工程实例 3-12】 因干燥热风而引起混凝土楼盖大面积开裂

某九层办公楼,为框架结构。钢筋混凝土柱及楼盖均为现场浇筑。每层面积 863 m²。浇筑完每层的楼层后,盖草帘浇水养护。在主体结构基本完成,养护 28 d 后,拆除底模,在去掉草帘时发现第三层楼盖布满了不规则裂缝,大多数裂缝宽 0.05~0.5 mm,有的裂缝已上下贯通,但其余楼层均无裂缝。

配筋不足吗?显然不是。温度变化吗?从裂缝形态及分布上看也可排除。最大可能是混凝土干缩裂缝。那么,为什么其余各层没有此类裂缝呢?进一步检查,第三层施工时气温高达 30 ℃,天气干热,相对湿度不到 40%,而且当日有七、八级大风,风速达 12~18 m/s。如此干燥的天气加上热风猛吹,混凝土的干缩比一般情况下可增大 4~5 倍,可使混凝土在浇筑后立即发生开裂。因而尽管浇筑后也按一般情况盖上草帘,但浇水不足,热风一吹,很快蒸发掉了。混凝土硬化期间温度高,湿度极小,引起剧烈收缩,从而造成裂缝事故。

经钻芯及用回弹仪检测,混凝土强度平均降低 15%,裂缝已停止发展,补强后尚可应用,故采用灌浆封闭裂缝,上面铺上一层钢筋网($\phi 4@200$)打上 30 mm 的豆石混凝土。

【工程实例 3-13】 混凝土受冻害事故

某省一综合加工楼,五层,砖混结构,砖墙承重,现浇钢筋混凝土楼盖。在浇筑混凝土时正值冬季(1988 年 1 月间,日间气温 0~5℃)。但施工队缺乏冬季施工措施,在拆模后发现冻害严重。具体表现在以下方面。

① 板面混凝土层剥落。板面酥松,用铁器或木板刮时,表面纷纷剥落,有的外露石子,用手可以抠动,结构酥松;② 混凝土强度严重不足。原设计混凝土为 C25,实测强度大都在 C10~C13 之间,个别的仅为 C6;③ 表面裂缝遍布。

事故原因分析如下。

这显然是混凝土在凝结硬化过程中受了冻害。从取样混凝土中,发现骨料表面有明显的结冰痕迹。混凝土的水化反应随着温度的减低而减弱,水结冰则水化反应完全停止。水的冰冻温度为0℃,但在混凝土混合物中总有一些溶解物质,水的结冰温度要低于0℃,约在-1~-4℃。在低温环境中浇筑混凝土,由于混凝土在硬化前受冻,水化反应很弱,同时新形成的水泥水化物的强度很低,水结冰冻胀时,内部结构遭到破坏,因而强度严重不足。

加固措施如下。

首先是板面处理,将脱皮及不实的混凝土全部剔掉,清理干净,用清水冲洗表面。先刷素水泥砂浆,加铺$\phi 4@150$钢筋网,打上40 mm厚的C25豆石混凝土,并仔细养护7昼夜。

其次是梁加固。采用扩大断面法,即梁的两侧面及底面加上围套的钢筋混凝土。

3.4.6 因材料不合格而引起的事故

混凝土的主要原料有水泥、砂石集料,有时还有外加剂。对水泥的性质及使用期限均有严格规定,对石子及砂子也有相应的要求。如果对混凝土原材料控制不严,也容易引发事故。其中,施工单位为贪便宜,使用劣质水泥或过期水泥;为了节省水泥用量,过多地采用掺合料;对砂石质量控制马虎,甚至不加控制,而使用了混杂有害成分的骨料,都极易引起事故。

【工程实例3-14】 某高层建筑结构因采用不合格水泥而拆除

某地一高层建筑结构,共27层,建筑平面尺寸为60.7 m×90.4 m,现浇混凝土框架剪力墙结构。1987年施工,1988年主体结构完成到14层楼板。赶上重点工程建筑质量大检查,发现第10层到14层混凝土强度普遍达不到设计要求。设计混凝土强度等级为C30。实际测定只有C10~C15。有些混凝土显得酥松,用小锤轻轻敲打,即有掉皮及漏砂现象,从散落的混凝土可见水泥浆黏结性能很差。

事故原因分析如下。

主要是水泥质量差。在浇注10~14层的混凝土期间,水泥供应紧张,进场的水泥没有严格检验。水泥来源于许多小水泥厂,牌号很杂。原厂标明为425号普通硅酸盐水泥,经实测只能达到225号~325号,施工时按425号水泥配制,强度达不到设计要求。加上施工用的砂子本应为粗砂,实际上用了粉细砂。

处理意见如下。

因混凝土强度普遍不足,且差距较大。若采用加大截面的方法加固,势必减小使用面积,且对大楼的建筑布置及造型有不良影响。而且上边还有10多层结构,为不留后遗问题,决定将这几层结构彻底拆除,重新施工,造成了很大的经济损失。

【工程实例3-15】

某一市镇的乡办企业车间,面积4600 m²,为三层钢筋混凝土框架结构,梁、柱为现浇混凝土,楼板为本镇预制厂生产的多孔板。于1986年春开工,同年8月完成,交付使用后1个月即发现梁、柱等有多处爆裂,在6~7个月以后,又陆续发现在混凝土柱基、柱子大梁根部发生混凝土爆裂,其中严重的爆裂裂缝长达 150 cm,有的已贯通大梁,导致大梁折断。

事故原因分析如下。

易混入混凝土骨料的有害物质主要有生石灰(游离氧化钙 CaO)和方镁石(游离氧化镁 MgO),这类物质与水发生水化反应时,固体体积膨胀。

$$MgO + H_2O = Mg(OH)_2 \quad (水镁石)$$
$$CaO + H_2O = Ca(OH)_2 \quad (羟钙石)$$

方镁石水化时固体体积膨胀 2.19 倍;生石灰水化时体积膨胀 1.97 倍。它们均会产生很大的膨胀应力。混凝土无法抗拒而爆裂,有时还足以挤弯钢筋。这类有害物质混入混凝土拌合物后,有的可在短时间内水化,较快地发生混凝土爆裂;有的可能陆续水化,在浇筑后几个月,甚至 1 年后才发生水化膨胀。

事故发生后,取裂缝处碎片进行 X 射线分析结果指出,主要的晶体为方镁石 MgO,还有少量的生石灰石 CaO,由此可以判定是方镁石与石灰石水化膨胀所致。其来源是乡镇施工企业主为了节省资金,采用了本乡耐火材料厂生产镁砂时所产生的废砂代替混凝土中的部分集料。该厂以白云石为原料,煅烧生产耐火材料,而废碴中含有 MgO 及 CaO。结果引起事故,得不偿失。

事故处理如下。

将爆裂处凿开,清除爆裂物,然后用高一强度等级的混凝土填补。对问题严重、爆裂发生在受力要害部位的,采取粘贴钢板法进行补强,并注意加强检测,是否还有新的爆裂点产生。

3.4.7 因模板问题引发的事故

【工程实例 3-16】 因支模的大头柱强度不足引起倒塌

广东省某农机加油站的一个油亭,于 1986 年 1 月,在浇筑屋面混凝土时突然塌落,造成 5 人死亡,1 人重伤,3 人轻伤的重大事故。

该工程为单层钢筋混凝土结构,由四根钢筋混凝土柱支承一反井字梁屋盖,共有 10 根交叉大梁。平面尺寸为 14 m × 14 m,面积 196 m²,支撑屋盖的柱子高 6.8 m,柱间距双向均为 9 m。

该工程结构不复杂。浇筑屋盖时采用满堂支模板,梁底部采用的大头撑立柱,间距 0.5 m。平板部分采用 1 m×1 m 间距的支撑。因板距地面 6.8 m,支撑采用杂圆木,均不够长,于是采用双层支模,在 4.1 m 处设一层铺板,再在其上支第一层支撑,直至梁板底部。

事故原因分析如下。

原支撑未经计算,事故后复核计算,发现模板的支承强度不够,模板整体也不稳定,从而造成塌倒。杂圆木直径较细,最小直径仅为 35 mm,平均只有 57 mm,而且不直,多有弯曲,最大的弯曲可达 300 mm,最小的弯曲值也达 20 mm,平均为 96 mm。

施工操作时,上、下层支撑只有一个钉子连接,对立柱不够高的下边用红砖垫起,一般为 3~5 皮砖,最多达 7 皮砖。支撑下面的地基也未认真夯实,受压后有下沉现象。这样的支撑很难保证均匀受力。立柱之间用 20 mm 粗的篙竹牵拉,绑扎又不够牢固,根本起不到支撑稳定的作用。

经计算:支撑计算高度为 4.1 m,采用平均直径 57 mm 计,其长细比为

$$\lambda=\frac{l_0}{r}=\frac{l_0}{\frac{1}{4}d}=\frac{4100}{\frac{1}{4}\times 57}=287$$

大大超过支撑受压木柱要求 $\lambda=150\sim 200$ 的要求。

又从强度计算,由新浇混凝土、木模自重,施工机械重量及施工荷载总计,对每一个立柱的压力产生的应力约 20 N/mm^2,而杂木的设计强度约为 11~13 N/mm^2,不足以承载施工时产生的应力,再考虑到各柱受力不均匀,个别柱的应力还会高一些,由此可见发生事故是必然的。

由本例事故可见,在施工中要进行模板设计,以保证有足够的强度。支撑立柱要选择平直之木料,支撑间应为有效的支承,长细比不能超过规定,以保证施工的安全进行。

【工程实例 3-17】 拆模过早引起倒塌

某轻工厂为二层现浇框架结构,预制钢筋混凝土楼板。施工单位在浇筑完首层钢筋混凝土框架及吊装完一层楼板后,继续施工第二层。在开始吊装第二层预制板时,为加快施工进度,将第一层的大梁下的立柱及模板拆除,以便在底层同时进行内装修,结果在吊装二层预制板将近完成时,发生倒塌,当场压死多人,造成重大事故。

事故发生后,经调查分析,倒塌的主要原因是底层大梁立柱及模板拆除过早。在吊装二层预制板时,梁的养护只有 3 d,强度还很低,不能形成整体框架传力,因而二层框架及预制板的重量及施工荷载由二层大梁的立柱直接传给首层大梁,而这时首层大梁的强度尚未完全达到设计的强度 C20,经测定只有 C12。首层大梁承受不了二层结构自重及结构自重而引起倒塌。

从这例事故可以看出,拆除模板的时间应按施工规程要求进行,必要时(尤其是要求提前拆除模板)应进行验算。

3.5 因使用不当引起的事故分析

3.5.1 概述

结构由于使用不当引起的事故主要原因有以下几种。

① 使用中任意加大荷载。如民用住宅改为办公用房,安装了原设计未考虑的大型设备,荷载过大引起楼板断裂;原设计为静力车间,后安装动力机械,设备振动过大引起房屋过大变形;民用住宅阳台堆放过多杂物引起阳台开裂,等等。

② 工业厂房屋面积灰过厚。对水泥、冶金等粉尘较大的厂房、仓库，即使在设计中考虑了屋面的积灰荷载，在正常使用时还应该及时清除，但有些使用者管理不善，未及时扫除，致使屋面积灰过厚造成屋架损坏，有些厂房屋面漏水，引起檐沟板破坏。

③ 加层不当。近年来因经济发展，业务兴旺，旧房加层很为普遍。但有些单位自行加固，未对原有房屋进行认真验算，就盲目往上加层，由此造成的事故在全国许多省市都发生过。

④ 维修改造不当。有的使用单位任意在结构上开洞，为了扩大使用面积和得到大空间而任意拆除柱、墙，结果承重体系破坏，引发事故。有些房屋本为轻型屋面，但使用者为了保温、隔热，新增保温、防水层，结果使屋架变形过大，严重的造成屋塌房毁。下面举几个典型的例子分析事故的原因。

【工程实例 3-18】

某市卷烟厂为一座二层现浇钢筋混凝土框架结构。因卷烟生产经济效益很好，供不应求，厂方决定增加一层。加层设计由地区烟草专卖局的基建处设计，由市建筑某公司施工。

原结构长 117 m，宽 58 m，柱网在 7.4～8.4 m 之间，有两个伸缩缝，加层设计时对基础进行验算，再加一层无问题，柱子采用一、二层柱子同样的配筋，混凝土强度等级也相当，用 C20，加层柱采用框架。加层屋面按不上人屋面设计。梁、柱现浇，屋盖采用预制预应力空心板。

工程从 1976 年 12 月开始。一层、二层工人生产照常进行。在加层吊装屋顶面板接近完工时，加层部分及二层突然倒塌。因一、二层工人还在加班，有近百人被砸在里面，结果造成 31 人死亡，54 人受伤的重大事故（见图 3-12）。

图 3-12 加层工程倒塌

事故现场调查结果发现，有两个区段（共三个区段）在建加层及二层全部倒塌，形状由四周向中间倾倒，呈锅底形，加层柱子的上、下接头处钢筋有断裂，有的从混凝土中拔出，梁均被折断。原二层柱子柱顶被压酥裂，一些柱子在中部折断，原二层大梁

(原屋面大梁)全部断裂,梁与柱的接头处严重破坏。

加层设计时对基础及加层的梁柱进行了计算,而对原框架结构未进行验算。事故发生后对原结构进行复核,发现原结构安全度就不富裕,原规范要求的安全系数为1.55,复核计算可知,原结构柱子的安全系数为1.06,框架梁的安全系数仅为0.75。可见原结构安全度不足,使用多年未出问题已属侥幸,加层时理应先对原结构的梁柱进行加固,否则不得加层。设计不当是事故的根源。在施工中,梁、柱现浇,梁底模板立柱支于原结构二层的框架梁上,加层柱的钢筋用插铁焊于原框架梁的负钢筋上,接头很不牢固。在吊装加层顶板时,因大梁浇筑时间不长,强度不足,故未拆除加层大梁下的木模支撑。这样,加层楼板及施工荷载通过木模支撑直接传到原结构顶层的大梁上,这大大超过了原设计的负荷,造成变形过大,使连带框架弯曲变形。原二层梁柱安全度本来不足,在此不利的受力条件下,二层柱子既超载又为偏心受压,从而首先破坏,接着梁的两端破坏而塌落。加层结构靠插铁与二层负筋连接,结构很不稳定,自然随之倒塌,砸到二层,终于造成全楼塌毁。

【工程实例 3-19】

某市百货大楼,由两幢对称的大楼并排组成,地下四层,地上五层,中间在一层处有一走廊将两楼连接起来,共计建筑面积达 7.4 万 m^2。为钢筋混凝土柱、无梁楼盖。某日傍晚,百货大楼正值营业高峰时间,大楼突然坍塌,地下室煤气管道破裂,引起大火。事故发生后 50 多辆消防车呼啸到现场,1100 名救援人员和 150 名战士参加救助,动用了 21 架直升飞机,大批警察封锁现场。救助工作持续 20 余天,最后统计,造成近 450 人死亡,近千人受伤的特大事故。该大楼建于 1989 年,从交付使用到倒塌已有 4 年多。在 4 年中曾多次改建。从倒塌的现场看,混凝土质量不是很高,而且一塌到底(见图 3-13)。事故发生后,组成了专门委员会,对事故责任者予以拘捕,追究法律责任。

事故原因分析如下。

图 3-13 某市百货大楼倒塌

造成事故原因是多方面的。首先从设计上看,安全度留得不够。每根柱子设计要求承载力应达 4.5 t 左右,实际复核其承载力没有安全裕度。原设计为由梁柱组成框架结构与现浇钢筋混凝土楼板。为提高土地利用系数,施工时将地上四层改为地上五层,并将有梁楼盖体系改为无梁楼盖,以争取室内有较大的空间。改为无梁楼盖时,虽然增加了板厚,但整体刚性不如有梁体系,且柱头冲切强度比设计要求的强度还略低一点。这为事故发生种下了祸根。

从施工来分析。从倒塌现场检测情况看,混凝土中水泥用量偏小,强度达不到设计强度,当时建筑材料紧俏,施工单位偷工减料,这把本来设计安全度不足的结构更加推向了危险的边缘。

从使用过程看,原设计楼面荷载为 2 kN/m²,实际上由于货物堆积,柜台布置过密,加上增加了不少附属设备,购物人群拥挤,致使实际使用荷载已近 4 kN/m²。为了整层建筑的供水,空调要求,在楼顶又增加了两个冷却水塔,每个重 6.7 t,致使结构荷载一超再超。在最后一次改建装修中在柱头焊接附件,使柱子承载力进一步削弱,终于造成了惨剧。

尽管此楼设计不足,施工质量差,使用改建又极不妥当,但发生事故仍有一些先兆,说明结构还有一定的延性。如能及时组织人员疏散,还有可能避免大量人员伤亡。事故发生当天上午 9 时 30 分左右,一层一家餐馆发现有一块天花板掉了下来,并有 2 m² 见方的一块地板(也是地下室的顶板)塌了下去。中午,另外两家餐馆见大量流水从天花板上哗哗下流,当即报告大楼负责人。负责人为了不影响营业,断然认定没有大问题。直到下午 6 点左右,事故发生前,仍陆续有地板在下陷,这本来是事故发生的最后警告,如及时发布警报,让人员撤离,则大楼虽然倒塌,数百人的生命可以保全,但业主利令智昏,明知危险,仍未采取措施,终使惨剧发生。

【思考与练习】

3-1 混凝土结构的裂缝有哪些类型?形成的主要原因是什么?

3-2 混凝土结构表层缺损有哪些类型?形成的主要原因是什么?

3-3 设计造成的工程事故主要原因有哪些?

3-4 施工造成的工程事故主要原因有哪些?

3-5 使用不当造成的工程事故主要原因有哪些?

第4章 钢结构事故分析

4.1 概述

与砌体结构、混凝土结构相比较,钢结构具有自重轻、强度高、塑性及韧性好、抗震性能优越、工业化程度高、综合经济效益显著、造型美观以及符合绿色建筑等众多优点,深受建筑师和结构工程师的青睐。随着我国钢铁工业的加速发展,1996年钢产量首次突破一亿吨大关,国家大剧院、鸟巢、水立方、中央电视台新台址、上海国际环球金融中心、上海金茂大厦等一大批地标建筑的落成,标志着我国钢结构大发展的春天真正到来!业内专家断言:21世纪的建筑业是钢结构的世纪!

在钢结构大发展的同时,世界范围内的钢结构事故频繁发生,惨痛的教训一再重复。而且,钢结构事故发生的突然性及损失的严重性有时远大于砌体结构和混凝土结构。比如,美国纽约世贸大楼在2001年"9.11"事件中轰然倒塌的情景至今仍历历在目。就现状而言,应清楚地认识到两个问题:一是已建钢结构由于先天性缺陷的存在,潜在着事故的危险性;二是面对未来大规模钢结构建筑的兴建,若不解决好一系列现存的问题,钢结构事故发生的概率必将大大增加。

4.2 钢结构中的缺陷

4.2.1 缺陷的概念

"缺陷"一词,在现代汉语词典中解释为"残损、欠缺或不够完备的地方"。在建筑工程中,缺陷是指由于人为的(勘察、设计、施工、使用)或自然的(地质、气候)原因,致使建筑物出现影响正常使用、承载力、耐久性、整体稳定性的种种不足的统称。

缺陷和事故均属于工程质量问题,是两个不同的概念。事故通常表现为建筑结构局部或整体的临近破坏和倒塌。而缺陷仅表现为具有影响正常使用、承载力、耐久性、完整性的种种隐藏的和显露的不足。但是,缺陷和事故又是同一类事物两种程度不同的表现形式,缺陷往往是产生事故的直接或间接原因,而事故往往是缺陷的质变和缺陷经久不加处理的发展结果。

按照严重程度,缺陷通常分为三类。

1. 轻微缺陷

该类缺陷不影响建筑结构的承载力、刚度及其完整性,也不影响建筑结构的近期使用。但影响耐久性或有碍观瞻,要想消除则需要额外费用。例如:钢板上的划痕、夹渣等。

2. 使用缺陷

该类缺陷也称为非破性缺陷。它不影响建筑结构的承载力,但影响其使用功能,或使结构的使用性能下降。有时还会使人有不舒适感和不安全感。例如:钢梁的挠度过大等。

3. 危及承载力缺陷

该类缺陷往往是由于材料强度不足、构件截面尺寸不够、构件残缺有伤、安装连接构造质量低劣等原因直接威胁到构件甚至整个结构的承载力和稳定性。该类缺陷必须及时消除且需耗费巨额资金。例如:钢结构的裂纹等。

以上三种缺陷的表现形式可能是外露的,也可能是隐蔽的,相比之下后者尤其危险,且后果更加严重。

4.2.2 钢结构缺陷的类型及原因

钢结构是由钢材组成的一种承重结构。它的完成通常要经历设计、加工、制作和安装等阶段。由于技术和人为的原因,钢结构缺陷在所难免,其类型及原因如下。

1. 钢材的先天性缺陷

钢材的种类繁多,但在建筑钢结构中,常用的有两类钢材:低碳钢和低合金钢。钢材的种类不同,缺陷也自然不同。钢材的质量主要取决于冶炼、浇铸和轧制过程中的质量控制。常见的先天性缺陷如下。

1) 化学成分缺陷

化学成分对钢材的性能有重要影响。站在有害影响的角度,化学成分将产生一种先天性缺陷。

就 Q235 钢材而言,其中 Fe 约占 99%;其余的 1% 为 C、Mn、Si、S、P、O、N、H,而这部分化学成分对钢材影响极大,各自影响如下。

① 碳(C):碳素钢主要是铁和碳的合金,除铁之外,碳是最主要的元素。钢材因含碳量不同而区分为低碳钢(碳含量<0.25%)、中碳钢(碳含量=0.25%~0.60%)和高碳钢(碳含量=0.60%~1.7%)。碳的含量愈高,钢材的强度愈高,但其塑性、韧性、冷弯性能、冲击韧性和可焊性以及抗锈蚀性能等都显著降低,尤其是可焊性和负温冲击韧性。因此作为建筑钢结构材料最好是低碳钢,要求碳含量≤0.22%,焊接结构为保证其良好的可焊性,通常要求碳含量≤0.20%。

② 锰(Mn):锰作为一种钢液的弱脱氧剂,是一种有益元素,既可以改善钢材的冷脆倾向而又不明显降低钢材的塑性和冲击韧性,但是,锰的含量过高对可焊性不利,故需加以限制。普通碳素钢中锰的含量约为 0.3%~0.8%,16Mn 钢中含量则达到 1.2%~1.6%。

③ 硅(Si):硅作为一种钢液的强脱氧剂,也是一种有益元素。以制成质量优质

的镇静钢。适量的硅可提高钢的强度,而对其他性能影响较小,但含量过高则对钢的塑性、韧性、抗锈蚀能力以及可焊性有降低作用。一般低碳钢中硅的含量为 0.12%～0.30%。低合金钢中应为 0.20%～0.55%。

④ 硫(S):硫是钢材的一种有害杂质。硫与铁的化合物硫化铁(FeS)散布在纯铁体的间层中,温度在 800～1200℃ 时熔化而使钢材出现裂纹,称为"热脆"现象。另外,含硫量增大,会降低钢材的塑性、冲击韧性、疲劳强度、抗锈蚀性和可焊性。故应严格控制其含量,一般不应超过 0.035%～0.050%。

⑤ 磷(P):磷是钢材的一种有害杂质。虽然可以提高钢的强度和抗锈蚀能力,但会降低钢的塑性、冲击韧性、冷弯性能和可焊性,尤其是磷使钢在低温时韧性降低而产生脆性破坏,称为"冷脆"现象。故对磷的含量要严格控制,一般不超过 0.035%～0.045%。

⑥ 氧(O):氧是钢材的一种有害杂质,通常是在钢熔融时由空气或水分子分解而进入钢液,冷却后残留下来,氧的有害影响同硫且更甚,使钢"热脆",一般含量应低于 0.05%。

⑦ 氮(N):氮作为有害杂质,可能从空气进入高温的钢液中,氮的影响与磷相似,会使钢材"冷脆",一般氮的含量应低于 0.008%。

⑧ 氢(H):氢作为有害杂质,通常也是由空气或水分分解而进入钢液的,氢在低温时易使钢材呈脆性破坏,产生所谓的"氢脆"破坏现象。

综上所述,普通低碳钢的 8 种化学成份均对钢材的性能有不利影响,其中的 C、Mn、Si 是有益元素,但不可过量;S、P、O、N、H 纯属有害杂质。因此,将其影响视为先天性缺陷,应加以严格控制。

2) 冶炼及轧制缺陷

钢材在冶炼和轧制过程中,由于工艺参数控制不严等问题,缺陷在所难免,常见的缺陷如表 4-1 所示。

表 4-1 钢材冶炼和轧制缺陷

序号	名称	缺陷的定义、产生原因及危害
1	偏析	偏析是指钢材中化学成分不均匀的现象。偏析将降低钢材的塑性、韧性及可焊性,沸腾钢因杂质金属多,所以偏析比镇静钢严重
2	夹杂	夹杂通常指非金属夹杂,常见的为硫化物和氧化物,前者使钢材在 800～1200℃ 高温下变脆,后者将降低钢材的力学性能和工艺性能
3	裂纹	钢板表面纵横方向上呈现断断续续不同形状的裂纹称裂缝。其特征表现为:轧制方向不同,缺陷呈现的部位及形状也不同。纵轧钢板的缺陷出现在表面两侧的边缘部位;横轧钢板缺陷出现在钢板表面两端的边缘部位,呈鱼鳞状的裂纹。无论成因如何,无论微观或宏观裂纹,一旦出现将显著降低钢材的冷弯性能,冲击韧性和疲劳强度,并使脆性破坏的危险性大大增加

续表

序号	名称	缺陷的定义、产生原因及危害
4	分层	分层是钢材在厚度方向不密合而分成多层的现象,但各层间依然相互连接并不脱离。横轧钢板分层出现在钢板的纵断面上,纵轧钢板出现在钢板的横断面上。分层不影响垂直于厚度方向的强度。但显著降低冷弯性能。在分层的夹缝处还易锈蚀,甚至形成裂纹。严重降低钢材的冲击韧性、疲劳强度和抗脆断能力
5	发裂（发纹）	发裂与上述的裂纹有所不同。它是由热变形过程中钢内的气泡及非金属夹杂物引起的。发裂经常在轧件纵长方向,纹如发丝,一般纹长在20～30 mm以下,有时可达到100～150 mm,发裂几乎出现在所有钢材的表面和内部
6	缩孔	缩孔是由于轧制钢材之前没有将钢锭头部的空腔切除干净而引起的
7	白点	白点是因含氢量太大和组织内应力太大相互影响而形成的,白点的存在将使材质变松、变脆,易导致氢致裂纹
8	斑疤（结疤）	钢材表面呈现局部薄皮状重叠,称为结疤,斑疤是一种表面粗糙的缺陷。其特征为:因水容易侵入缺陷下部,使其冷却快,故缺陷处呈棕色或黑色;结疤容易脱落,形成表面的凹坑。其长和宽可达几毫米,深度在0.01～1.0 mm不等,斑疤对薄钢板冲压成型性能影响较大,甚至产生裂纹或破裂
9	划痕	划痕一般产生在钢板的下表面上,主要由某些设备零件摩擦所致。宽度及深度肉眼可见或1～2 mm,长度不等有时会贯穿全长
10	切痕	切痕是薄板表面上常见的折叠得比较好的形似接缝的折皱。如果将形成切痕的折皱展平,则钢板易在该处裂开
11	过热	过热是指钢材加热到上临界点后,还继续升高温度时,其机械性能变差,如抗拉强度特别是冲击韧性显著降低的现象。过热可用退火的方法消除其影响
12	过烧	当金属加热温度很高时,钢内杂质集中的晶粒边界开始氧化和部分熔化时发生过烧现象。由于熔化的结果,晶粒边界周围形成一层很小的非金属薄膜将晶粒隔开。因此过烧的金属经不起变形,在轧制或锻造过程中易产生裂纹和龟裂,有时甚至裂成碎块。过烧的金属为废品,只能回炉重炼
13	脱碳	脱碳是指加热时金属表面氧化后,表面含碳量比金属内层低的现象。主要出现在优质高碳钢、合金钢、低合金钢中,中碳钢有时也有此缺陷,钢材脱碳后淬火将会降低钢材的强度、硬度及耐磨性
14	气泡	在钢板表面上呈沙丘状的凸包,称作气泡。其特征为:钢板表面呈现无规律的凸起,其外缘比较光滑,大部分是鼓起的;在钢板断面处则呈凸起式的空窝
15	铁皮	钢材表面非附着的以铁为主的金属氧化物,称为铁皮。其特征为:铁皮为黑灰色或棕红色呈鳞状、条状或块状

续表

序号	名称	缺陷的定义、产生原因及危害
16	麻点	钢板表面无规则分布的凹坑,表面粗糙,通常称为麻点。严重时有类似橘子皮状的比麻点大而深的麻斑。形成的原因是,将未除净的氧化铁皮压入钢板表面,一旦脱落即呈麻点
17	内部破裂	轧制过程中,若钢材塑性较低或轧制压量过小,特别是上下轧辊的压力曲线不"相交",则内外层延伸量不等,引起钢材的内部破裂。采用合适的轧制压缩比(钢锭直径与钢坯直径之比)可补救此类缺陷,例如对低合金钢及碳素钢总压缩比不小于2.0~2.5;对于塑性较低的钢锭取2.5~3.0
18	机械性能不合格	机械性能指标通常包括屈服强度,抗拉极限强度,伸缩率,冷弯性能和冲击韧性。不合格是由于内在原因的综合。如果大部分指标不合格,钢材应视为废品。若个别指标未达标,可作等外品处理或用于次要构件

由表4-1可见,缺陷有表面缺陷和内部缺陷,也有轻重之分。最严重的应属钢材中形成的各类裂纹,其危害后果应引起高度重视。

2. 钢构件的加工制作缺陷

钢结构的加工制作主要是钢构件(柱、梁、支撑)的制作。钢结构制作的基本元件大多系热轧型材和板材。完整的钢结构产品,需要通过将基本元件使用机械设备和成熟的工艺方法,进行各种操作处理,达到规定产品的预定要求目标。现代化的钢结构厂应具有进行剪、冲、切、折、割、钻、铆、焊、喷、压、滚、弯、刨、铣、磨、锯、涂、抛、热处理、无损检测等加工能力的设备,并辅以各种专用胎具、模具、夹具、吊具等工艺设备。由此可见,钢结构的加工制作过程将由一系列的工序而组成,每一工序都有可能产生缺陷。

归纳起来,钢结构加工制作可能出现的缺陷如下。

① 选材不合格。

② 原材料矫正引起冷作硬化。

③ 放样、号料尺寸超公差。

④ 切割边未加工或达不到要求。

⑤ 孔径误差。

⑥ 冲孔未作加工,存在硬化区和微裂纹。

⑦ 构件冷加工引起钢材硬化和微裂纹。

⑧ 构件热加工引起的残余应力。

⑨ 表面清洗防锈不合格。

⑩ 钢构件外型尺寸超公差。

3. 钢结构的连接缺陷

钢结构的连接方法通常有铆接、栓接和焊接三种。目前大部分以栓焊混合连接为主。一般工厂制作以焊接居多,现场以螺栓连接居多或者部分相互交叉使用。

1) 铆接缺陷

铆接是将一端带有预制钉头的铆钉,经加热后插入连接构件的钉孔中,用铆钉枪将另一端打铆成钉头以使连接达到紧固。铆接有热铆和冷铆两种方法。铆接传力可靠,塑性、韧性均较好。在本世纪上半叶以前曾是钢结构主要连接方法。铆接由于现场热作业,目前只是在桥梁结构和吊车梁构件中偶尔使用。

铆接工艺带来的缺陷归纳如下。

① 铆钉本身不合格。

② 铆钉孔引起构件截面削弱。

③ 铆钉松动,铆合质量差。

④ 铆合温度过高,引起局部钢材硬化。

⑤ 板件之间紧密度不够。

2) 栓接缺陷

栓接包括普通螺栓和高强螺栓连接两大类。

普通螺栓一般为六角头螺栓,材质 Q235,性能等级 4.6 级(4.6S),根据产品质量和加工要求分为 A、B、C 三级。其中 A 级为精制螺栓,B 级为半精制螺栓,精致螺栓采用 I 类孔,孔径比螺栓杆径大 0.3～0.5 mm。C 级为粗制螺栓,一般采用 II 类孔,孔径比螺栓杆径大 1.0～1.5 mm。普通螺栓由于紧固力小,且栓杆与孔径间空隙较大(主要指粗制螺栓),故受剪性能差,但受拉连接性能好且装卸方便。故通常应用于安装连接和需拆装的结构。

高强螺栓是继铆接连接之后发展起来的一种新型钢结构连接形式,它已成为当今钢结构连接的主要手段之一。高强螺栓常用性能等级为 8.8 级和 10.9 级。8.8 级采用的是 45# 和 35# 或 40B,10.9 级采用的钢号为合金钢 20MnTiB、40B、35VB。高强螺栓通常包括摩擦型和承压型两种,且以前者应用最多。摩擦型高强螺栓的孔径比螺栓公称直径大 1.0～1.5 mm。高强螺栓连接具有安装简便、迅速、能装能拆和受力性能好、安全可靠等优点,深受用户欢迎。

螺栓连接给钢结构带来的主要缺陷有以下几点。

① 螺栓孔引起构件截面削弱。

② 普通螺栓连接在长期动载作用下的螺栓松动。

③ 高强螺栓连接预应力松弛引起的滑移变形。

④ 螺栓及附件钢材质量不合格。

⑤ 孔径及孔位偏差。

⑥ 摩擦面处理达不到设计要求,尤其是摩擦系数 μ。

3) 焊接缺陷

焊接是钢结构连接最重要的手段。焊接方法种类很多,按焊接的自动化程度一般分为手工焊接、半自动焊接及自动化焊接。焊接连接的优点是不削弱截面、节省材料、构造简单、连接方便、连接刚度大、密闭性好，尤其是可以保证等强连接或刚性连接。

焊接也可能带来以下缺陷。

① 焊接材料不合格。

手工焊采用的是焊条，自动焊采用的是焊丝和焊剂。实际工程中通常容易出现三个问题：一是焊接材料本身质量有问题，二是焊接材料与母材不匹配，三是不注意焊接材料的烘焙工作。

② 焊接引起焊缝热影响区内母材的塑性、韧性降低，使钢材硬化、变脆和开裂。

③ 因焊接产生较大的焊接残余变形。

④ 因焊接产生严重的残余应力或应力集中。

⑤ 焊缝存在各种缺陷。如裂纹、焊瘤、边缘未熔合、未焊透、咬肉、夹渣和气孔等。

4. 钢结构运输、安装和使用维护中的缺陷

钢结构在工厂制作完成后，运至现场安装，安装完毕进入使用期。通常可能遇到以下缺陷。

① 运输过程中引起结构或构件较大的变形和损伤。

② 吊装过程中引起结构或构件较大的变形和局部失稳。

③ 安装过程中没有足够的临时支撑或锚固，导致结构或构件产生较大变形，丧失稳定性，甚至倾覆等。

④ 现场焊接及螺栓连接质量达不到设计要求。

⑤ 使用期间由于地基不均匀沉降，温度应力以及人为因素造成的结构损坏。

⑥ 不能做到定期维护致使结构腐蚀严重，影响到结构的耐久性。

4.3 钢结构的材料事故

钢结构所用材料主要包括钢材和连接材料两大类。钢材常用种类为Q235、Q345；连接材料有铆钉、螺栓和焊接材料。材料本身性能的好坏直接影响到钢结构的可靠性。当材料的缺陷累积或严重到一定程度时将会导致钢结构事故的发生。

4.3.1 材料事故的类型及原因

钢结构材料事故是指由于材料本身的原因引发的事故。材料事故可概括为两大类：裂缝事故和倒塌事故。裂缝事故主要出现在钢结构基本构件中，倒塌事故则指因材质原因引起的结构局部倒塌和整体倒塌。

钢结构材料事故的产生原因如下。

① 钢材质量不合格。

② 铆钉质量不合格。

③ 螺栓质量不合格。
④ 焊接材料质量不合格。
⑤ 设计时选材不合理。
⑥ 制作时工艺参数不合理,再者,钢材与焊接材料不匹配。
⑦ 安装时管理混乱,导致材料混用或随意替代。

4.3.2 典型事故实例分析

【工程实例 4-1】 某车间钢屋架的钢材存在先天性裂缝

1. 工程及事故概况

某车间为 5 跨单层厂房,全长 759 m,宽 159 m,屋盖共有钢屋架 118 榀,其中 40 榀屋架下弦角钢为 2∟ 160 mm×4 mm,其肢端普遍存在不同程度的裂缝(见图 4-1)。裂缝深 2~5 mm,个别达 20 mm,裂缝宽 0.1~0.7 mm,长 0.5~10 m 不等。

2. 原因分析

经取样检验,该批角钢的裂缝是在钢材生产过程中形成的,由于现场缺乏严格的质量检验制度,管理混乱,故这批钢材被用到工程上。

3. 处理措施

由于角钢裂缝造成截面削弱,强度与耐久性降低,必须采取加固措施处理。

1) 加固原则

加固钢材截面一律按已知裂缝最大深度 20 mm 加倍考虑,并与屋架下弦中心基本重合,不产生偏心受拉,其断面按双肢和对称考虑,钢材焊接时,要求不损害原下弦拉杆并要防止结构变形。

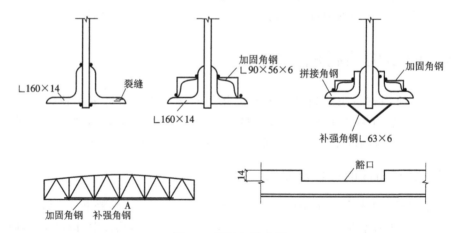

图 4-1 下弦加固实例

2) 加固方法

在下弦两侧沿长度方向各加焊一根规格为∟ 90 mm×56 mm×6 mm 的不等边角钢。加固长度为:当端节间无裂缝时,仅加固到第二节点延伸至节点板一端;当端节间下弦有裂缝时,则按全长加固;加固角钢在屋架下弦节点板及下弦拼接板范围之内,均采用连续焊缝连接,其余部位采用间断焊缝与下弦焊接,若加固角钢与原下弦拼接角钢相碰,则在相碰部位切去 14 mm,切除部分两端加工成弧形,并另在底部加焊一根∟63 mm×6 mm(材质为 A_3F)加强。若在屋架下弦节点及拼接板处有裂缝,均在底部加焊一根∟63 mm×6 mm 角钢,加固角钢本身的拼接在端头适当削坡等强对接;但要求与原下弦角钢拼接错开不少于 500 mm。所有下弦角钢裂缝部分用砂轮将表面打磨后,用直径 3 mm 焊条电焊封闭,以防锈蚀,焊条用 T42。

【工程实例 4-2】 哈尔滨某钢桥因材质问题而开裂

1. 工程及事故概况

哈尔滨的滨洲城松花江大钢桥是铆接结构,77 m 跨的有 8 孔,33.5 m 跨的有 11 孔。1901 年由俄国建造,1914 年发现裂缝,裂纹大部分在钢板的边缘或铆钉周围,成辐射状。

2. 原因分析

经试验证明,该钢材是从比利时买进的马丁炉钢,脱氧不够。由于 FeO 及 S 增加脆性,特别是金相颗粒不均匀,所以不适于低温加工,母材冷弯试验在 90℃ 时已开裂,到 180℃ 时还有断裂发生,且钢材边缘发现夹层。该批钢材的冷脆临界温度为 0℃,而使用时最低温度是 -40℃,这是造成裂缝的重要原因。调查结果表明:① 该桥的实际负荷并不大;② 大部分裂纹不在受力处;③ 材质不均匀;④ 各部分构件受力情况较好,所以钢桥可以继续使用。

该桥在后来使用中,在各桥端节点的铆钉处又有新的裂纹出现,于是进行了缝端钻孔以阻止裂纹发展,直到 1970 年该桥才被分部分批换下。通过复检,换下的构件上有 200 多条裂缝,其中最长的 110 mm,宽 0.1~0.2 mm,大约 50 mm 长的裂纹有 150 余处。

【工程实例 4-3】 某钢贮油罐因含硫量过多而崩塌

1. 工程及事故概况

甘肃某山区建有一座大型石油贮罐,直径 $d=20$ m,高 $h=18$ m,采用厚度为 $\delta=12$ mm 的钢板焊接而成。1973 年建成,1975 年突然崩塌,原油外流染遍了山区草木,结果引起大火,绵延约 2 km,引起人们的极大恐慌。

2. 原因分析

事故发生后通过对设计、材料、施工等环节的调查复核。结果发现设计无问题,钢材的力学性能满足要求,但化学成份不满足,主要是含硫量过高。其含硫量为 0.9%,超过允许值 0.40%~0.65% 近一倍。

在钢材温度达 800~1000 ℃ 时硫使钢材变脆,在焊接高温影响下会引起热裂纹。此外,硫含量过高会降低钢材的冲击韧性、疲劳强度和抗锈蚀性能。该贮罐钢材含硫量过高,可焊性差,焊接引起的裂缝在外力作用下逐渐扩展,最终引起崩塌,造成重大事故。

【工程实例 4-4】 中国东北某发电厂钢屋架脆裂

1972年东北地区某发电厂施工过程中,36 m钢屋架加工完毕返至施工现场后,发现85%的运送单元在下弦转角节点处产生不同程度的裂缝,其中有两条裂缝延伸到远离热影响区的部位,长110 mm,宽0.1~0.2 mm。因发现早未造成大的损失,经试验和测量,造成脆裂的原因有:材质不合格,低温冲击韧性差以及汇交于节点板上各杆之间的空隙过小,低温焊接产生了较大的残余应力。

4.4 钢结构的变形事故

钢结构具有强度高、塑性好的特点,尤其是冷弯薄壁型钢的应用,轻钢结构的迅速发展,致使目前的钢结构截面越来越小,板厚及壁厚越来越薄。在这种形势下,再加上原材料以及加工、制作、安装、使用过程中的缺陷以及不合理的工艺等原因,钢结构的变形问题愈加突出,变形事故应引起足够的重视。

4.4.1 钢结构变形类型

钢结构的变形可分为两类:总体变形和局部变形。

总体变形是指整个结构的外形和尺寸发生变化,出现弯曲、畸变和扭曲等(见图4-2)。

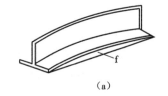 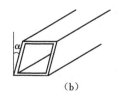 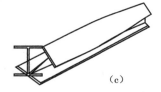

(a) (b) (c)

图 4-2 总体变形

(a)弯曲变形;(b)畸变;(c)扭曲

局部变形是指结构构件在局部区域内出现变形。例如:构件凹凸变形,端面的角变位、板边褶皱波浪形变形等(见图4-3)。

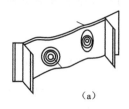 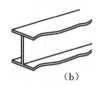

(a) (b) (c)

图 4-3 局部变形

(a)凹凸变形;(b)褶皱波浪变形;(c)角变位

总体变形与局部变形在实际的工程结构中有可能单独出现,但更多的时候是组合出现。无论何种变形都会影响到结构的美观,降低构件的刚度和稳定性,给连接和组装带来困难,尤其是附加应力的产生,将严重降低构件的承载力,影响到整体结构的安全。

4.4.2 钢结构变形原因

钢结构的形成过程为:材料—构件—结构,其中连接手段作为桥梁,在形成的过程中变形原因概述如下。

1. 钢材的初始变形

钢结构所用的钢材常由钢厂以热轧钢板和热轧型钢供应,热轧钢板厚度为 4.5~6.0 mm,薄钢板厚度为 0.35~4.0 mm。热轧型钢包括角钢、槽钢、工字钢、H 型钢、钢管、C 型钢、Z 型钢等,其中冷弯薄壁型钢厚度在 2~6 mm。

钢材由于轧制及人为因素等原因,时常存在初始变形,尤其是冷弯薄壁型钢。因此在钢结构构件制作前必须认真检查材料,矫正变形,不允许超出钢材规定的变形范围。

2. 加工制作中的变形

1) 冷加工产生的变形

剪切钢板产生变形,一般为弯扭变形,窄板和厚板变形会大一点;刨削以后产生弯曲变形,薄板和窄板变形大一点。

2) 制作、组装带来变形

由于加工工艺不合理,组装场地不平整,组装方法不正确,支撑不当等原因,引起的变形有弯曲、扭曲和畸变。

3) 焊接变形

焊接过程中的局部加热和不均匀冷却使焊件在产生残余应力的同时还将伴生变形。焊接变形又称焊接残余变形。通常包括纵向和横向收缩变形、弯曲变形、角变形、波浪变形和扭曲变形等。焊接变形产生的主要原因是焊接工艺不合理、电焊参数选择不当和焊接遍数不当等。焊接变形应控制在制造允许误差限制以内。

3. 运输及安装过程中产生变形

运输中不小心、安装工序不合理、吊点位置不当、临时支撑不足、堆放场地不平,尤其是强迫安装,均会使结构构件变形明显。

4. 使用过程中产生变形

钢结构在使用过程中由于超载、碰撞、高温等原因都会导致变形的产生。

4.4.3 典型事故实例分析

【工程实例 4-5】 某桥主梁变形

某桥主梁为 24 m 跨工字形焊接钢板梁,上翼缘因焊前预弯量不够,焊后上翼缘产生角变形,下翼缘因拼装不正确,加上焊接引起下翼缘与腹板不垂直(见图 4-4)。

处理方法:用氧炔焰线状加热上翼缘外侧,加热线与焊缝部位对应,加热深度为板厚的 1/2~2/3;再用火焰线状加热下翼缘与腹板钝角一侧的焊缝上侧腹板,经过数遍线状加热,变形得到逐步纠正。

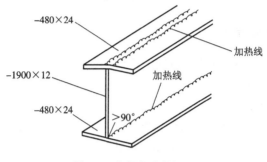

图 4-4 主梁角变位矫正

【工程实例 4-6】 某焊接主梁腹板局部变形

某钢板焊接主梁,为工字形截面,在焊接横向加劲肋和节点板(水平)之后腹板产生凹凸变形,凹凸范围为 $\phi300\sim\phi600$,深度有 3~6 mm(见图4-5)。

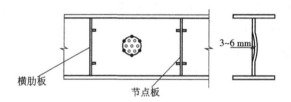

图 4-5 凹凸变形矫正

处理方法:用中性火焰缓慢地点状加热腹板凸面,加热点直径一般为 50~80 mm,加热深度同腹板厚度,然后对稍有不平处,垫以平锤击打。

4.5 钢结构的脆性断裂事故

4.5.1 脆性断裂概念

钢结构是由钢材组成的承重结构,虽然钢材是一种弹塑性材料,尤其低碳钢表现出良好的塑性,但在一定的条件下,由于各种因素的复合影响,钢结构也会发生脆性断裂,而且往往在拉应力状态下发生。脆性断裂是指钢材或钢结构在低名义应力(低于钢材屈服强度或抗拉强度)情况下发生的突然断裂破坏。钢结构的脆性断裂通常具有以下特征。

① 破坏时的应力常小于钢材的屈服强度 f_y,有时仅为 f_y 的 0.2 倍。
② 破坏之前没有显著变形,吸收能量很小,破坏突然发生,无事故先兆。
③ 断口平齐光亮。

脆性破坏是钢结构极限状态中最危险的破坏形式。由于脆性断裂的突发性,往往会导致灾难性后果。因此,作为钢结构专业技术人员,应该高度重视脆性破坏的严重性并加以防范。

4.5.2 脆性断裂的原因分析

虽然钢结构塑性很好,但仍然会发生脆性断裂,是由于各种不利因素综合影响或作用的结果,主要原因可归纳为以下几方面。

1. 材质缺陷

当钢材中碳、硫、磷、氧、氮、氢等元素的含量过高时,将会严重降低其塑性和韧性,脆性则相应增大。通常,碳导致可焊性差;硫、氧导致"热脆";磷、氮导致"冷脆";氢导致"氢脆"。另外,钢材的冶金缺陷,如偏析,非金属夹杂,裂纹以及分层等也将大大降低钢材抗脆性断裂的能力。

2. 应力集中

钢结构由于孔洞、缺口、截面突变等不可避免,在荷载作用下,这些部位将产生局部高峰应力,而其余部位应力较低且分布不均匀的现象称为应力集中。通常把截面高峰应力与平均应力之比称为应力集中系数,以表明应力集中的严重程度。

当钢材在某一局部出现应力集中,则出现了同号的二维或三维应力场使材料不易进入塑性状态,从而导致脆性破坏。应力集中越严重,钢材的塑性降低愈多,同时脆性断裂的危险性也愈大。钢结构或构件的应力集中主要与构造细节有关。

① 在钢构件的设计和制作中,孔洞、刻槽、凹角、缺口、裂纹以及截面突变在所难免。

② 焊接作为钢结构的主要连接方法,有众多的优点,但不利的是焊缝缺陷以及残余应力的存在往往是应力集中源。据资料统计,焊接结构脆性破坏事故远远多于铆接结构和螺栓连接的结构。主要有以下原因:(a)焊缝或多或少存在一些缺陷,如裂纹、夹渣、气孔、咬肉等这些缺陷将成为断裂源;(b)焊接后结构内部存在残余应力,分为残余拉应力和残余压应力,前者与其他因素组合作用可能导致开裂;(c)焊接结构的连接往往刚性较大,当出现多焊缝汇交时,材料塑性变形很难发展,脆性增大;(d)焊接使结构形成连续的整体,一旦裂缝开展,就可能一裂到底,不像铆接或螺栓连接,裂缝一遇螺孔,裂缝将会终止。

3. 使用环境

当钢结构受到较大的动载作用或者处于较低的环境温度下工作时,钢结构脆性破坏的可能性增大。

众所周知,温度对钢材的性能有显著影响。在 0 ℃以上,当温度升高时,钢材的强度及弹性模量均有变化,一般是强度降低,塑性增大。温度在 200 ℃以内时,钢材的性能没有多大变化。但在 250 ℃左右钢材的抗拉强度反弹,f_y 有较大提高,而塑性和冲击韧性下降出现所谓的"蓝脆现象",此时进行热加工钢材易发生裂纹。当温度达 600 ℃时,f_y 及 E 均接近于零,认为钢结构几乎完全丧失承载力。

当温度在 0 ℃以下,随温度降低,钢材强度略有提高,而塑性韧性降低,脆性增大。尤其当温度下降到某一温度区间时,钢材的冲击韧性值急剧下降,出现低温脆断。通常又把钢结构在低温下的脆性破坏称为"低温冷脆现象",产生的裂纹称为"冷裂纹"。因此,在低温下工作的钢结构,特别是受动力荷载作用的钢结构,钢材应具有负温冲击韧性的合格保证,以提高抗低温脆断的能力。

4. 钢板厚度

随着钢结构向大型化发展,尤其是高层钢结构的兴起,构件钢板的厚度大有增加的趋势。

钢板厚度对脆性断裂有较大影响,通常钢板越厚,脆性破坏倾向愈大。"层状撕裂"问题应引起高度重视。

综上所述,材质缺陷,应力集中,使用环境以及钢板厚度是影响脆性断裂的主要因素。其中应力集中的影响尤为重要。在此值得一提的是,应力集中一般不影响钢结构的静力极限承载力,在设计时通常不考虑其影响。但在动载作用下,严重的应力集中加上材质缺陷,残余应力,冷却硬化,低温环境等往往是导致脆性断裂的根本原因。

4.5.3 典型事故实例分析

钢结构脆性断裂事故在铆接时期已有所发生,直到焊接时期事故大大增加。事故发生已遍及桥梁、船舶、油罐、液罐、压力容器、钻井平台以及工业厂房等领域,本节列举了6个典型事例。

【工程实例4-7】 美国纽约铆接钢水塔脆性断裂

1886年10月,美国纽约州长岛的格拉凡森一个大的铆接立柱式钢水塔,在一次静水压力验收实验中,水塔下边25.4 mm的厚板突然沿6.1 m长的竖向裂缝裂开,裂开部位钢板脆性很大。这是世界上第一次有记录的钢结构脆性断裂破坏事故。

【工程实例4-8】 英国海船及"世界协和号"油轮脆性断裂沉没

世界上第一艘全焊接海船在1921年建于英国,船长45.7 m。安全地运行了十六年,1937年在一次碰撞中沉没。在二次大战后,英国造的一艘32 000 t油船"世界协和号"在使用两年后,于1954年11月在爱尔兰海域航行时,由于海浪很大(当时海浪高约4.5~6.0 m,海浪温度10.5 ℃),在船中舱部位,由船底开始裂开,沿横隔板向船体的横断面发展,直到贯穿甲板,一裂为二。该船大部分板件都不满足缺口韧性要求。

【工程实例4-9】 中国吉林液化气球罐爆裂

1979年12月,我国吉林发生5个大气压液化气球罐爆炸事故。该罐直径9 m,钢板厚15 mm,于1977年制造并使用。由于对接焊缝局部未焊透,使用近三年后裂纹逐渐扩展,终于在-20 ℃时发生低温脆断。事后检验,钢材含碳量为0.23%~0.4%,含硫量为0.04%~0.116%,屈服强度为191.3 N/mm²,极限强度402.2 N/mm²,尤其是冲击韧性很低,夹杂物很多时。

【工程实例 4-10】 中国内蒙古废蜜储罐爆裂

1989年1月,内蒙古某糖厂竣工后使用不久的废蜜储罐在气温-11.9℃时发生爆裂事故,该罐直径20 m,高15.76 m,罐身上下共十层,由6~18 mm钢板焊成,容量5600 t,当时实贮4300 t,应力尚低。破坏时整个罐体炸裂为五大部分,其中上部七层和盖帽甩出后将相距25.3 m处糖库的西墙及西南角墙(连续约长27 m范围)砸倒,废蜜罐冲击力将相距4 m处的6.5 m×6.5 m二层废蜜泵房夷为平地,楼板等被推出原址约21.4 m。事后调查该起事故也是由于一些焊缝严重未焊透和质量差引起裂纹扩展导致突发低温脆断。

【工程实例 4-11】 北海油田"海宝"号海洋钻井平台脆性断裂

北海油田"海宝"号海洋钻井平台由长75 m,宽27.5 m,高3.95 m的巨型浮船构成,安装有钻机、井架、减速箱和调节装置。1965年12月27日在气温为3℃时发生井架倒塌和下沉。当时船上有32人,其中19人丧生。到事故发生时,"海宝"号海洋钻机已运转了约1345 h。调查发现,事故由连接杆的脆性破坏引起,该杆脆性破坏时的实际应力低于所用钢材的屈服强度。连接杆的上部圆角半径很小,应力集中系数达7.0,同时钢材的Charpy-V型试件的缺口冲击韧性很低。在0℃仅为10.8~31J,并有粗大的晶粒,所有这些因素导致了连接杆的低温脆性断裂。当一根或几根连接杆发生这种脆性断裂后,就会产生动载,从而导致整个结构的倒塌。

【工程实例 4-12】 焊接空心球节点网架钢栈桥整体坍塌

1. 工程及事故概况

某焦化厂栈桥桁架为焊接空心球节点网架结构。桁架其水平尺寸为29.846 m,斜长30.00 m,宽4.10 m,高3.20 m。桁架下弦上铺钢筋混凝土槽型板,板上为混凝土地面及踏板,其中预埋皮带机机架埋件;栈桥侧面及顶部围护结构采用玻璃钢保温板(三防板)与C型檩条相连;支座本体为钢筋混凝土框架结构,东支座标高+16.884 m,西支座标高+20.016 m,桁架支座采用橡胶垫与埋件螺栓连接(见图4-6)。

2003年9月10日下午3时20分左右,栈桥突然整体坍塌。桁架上正在安装侧板的7名工人同时坠落,伤亡惨重,构成重大事故。事故现场发现,3#桁架坍塌后,整体变形北倾,东端第一节间破坏严重,西端落地后远离混凝土框架约2 m,东端支座及部分杆件原位残留,西端支座4个螺栓全部断裂并随栈桥落地。

2. 事故原因分析

1) 设计图纸审核结论

通过计算分析,桁架原设计是安全的,但存在以下不合理之处。

(1) 部分采用了下列国家明文废止的规范或标准

① 《钢结构设计规范》(GBJ17—1988)的现行新规范为《钢结构设计规范》(GB 50017—2003),自2003年12月1日起施行。

② 《钢结构工程施工及验收规范》(GBJ 205—1983)的现行新规范为《钢结构工程施工质量验收规范》(GB 50205—2001),自2002年3月1日起施行。

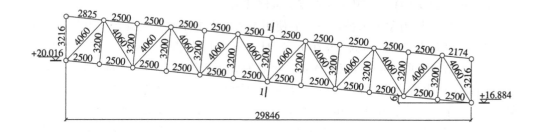

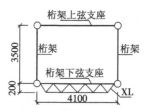

图 4-6 桁架几何尺寸图

(2) 支座节点构造设计不合理

① 支座 25 螺栓未注明材质及焊条型号。

② 支座 1（东）详图中"端门架钢管剖口后与斜腹杆封焊"不合理（见图 4-7），违反了《网架结构设计与施工规程》（JGJ 7—1991）中第 4.3.4 条规定："在确定空心球外径时，球面上网架相连接杆件之间的缝隙 a 不宜小于 10 mm"。

(3) 结构体系不合理

① 结构整体抗侧移刚度小。

② 上弦支撑平面外长细比大，且在屋面荷载作用下处于受弯状态。

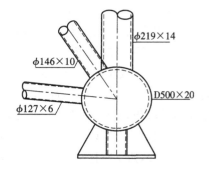

图 4-7 桁架节点图

③ 围护结构的 C 型檩条采用支托与钢管相焊不合理。

(4) 施工图纸及设计、计算说明书不规范。

2) 钢材的化学成分检测结论

原设计图纸中，钢管及焊接空心球的材质为 Q235B，焊条为 E43 型，支座螺栓材质没有明确规定。通过对《碳素结构钢》（GB/T 700—1988）、优质碳素钢（GB/T 699—1999）、材质合格证以及检测结果的仔细分析得出以下结论。

① 原设计钢管为 Q235B 碳素钢，实际为 10 号、20 号优质碳素钢流体管，两者不符。

② 钢管 146×10，127×6 的含碳量为 0.21，不符合原设计 Q235B 的 0.20 限值要求。

③ 钢管 76×4 的含硫量为 0.047，不符合原设计 Q235B 的 0.045 限值要求，也

不符合 10 号、20 号钢 0.035 的限值要求。

④ 空心球含氮量偏高,不符合原设计 Q235B 的 0.008 限值要求。

⑤ 焊缝化学成分各项指标均满足要求,说明采用的焊条合格。

⑥ 支座螺栓的材质,根据其含碳量初步判定为中碳钢,但锰、硅、硫含量不合格。

综上所述,C、S、N 三项化学成分的超标均对钢材的可焊性产生不利影响。

3) 钢材的力学性能试验结论

原设计图纸中,钢管的材质为 Q235B,支座螺栓材质无明确规定。通过对《碳素结构钢》(GB/T 700—1988)、优质碳素钢(GB/T 699—1999)、材质合格证以及力学性能试验结果的仔细分析,得出以下结论。

① 钢管的各项力学性能指标均满足规范要求。

② 支座螺栓 $\phi 25$ 的材质,将化学成分检测结果与力学性能试验结果相结合,初步判定为 40 号中碳钢,其锰、硅、硫含量以及伸长率指标不合格。

4) 焊缝探伤结论

焊缝质量的好坏会影响到结构的安全性,尤其是未焊透现象和裂纹等致命缺陷的存在。为此,对该桁架管—球连接的 43 个焊口进行超声波探伤,并对东端第一节间北侧下弦杆 XG1—2 焊口进行渗透探伤。

探伤结论为:43 个焊口均有不同程度的未焊透现象,评定等级为 IV 级,未达到 III 级要求,故评定为合格。XG1—2 焊口出现裂纹,评定等级>IV 级,评定为不合格。

5) 断口分析

断口分析是揭示破坏机理的重要手段之一。本次事故的断口均集中在桁架东端第一节间。通过对断口的分析,得出以下结论。

① 钢管与空心球根部间隙要不过小,要不过大,坡口不规范,再者有未加衬管现象,这是致使焊缝根部未焊透或管内出现焊瘤的主要原因。

② 钢管上的焊脚尺寸偏大,若焊接工艺参数再不合理,导致钢管热影响区过烧和咬边现象严重,脆性断裂的危险增大。大多数杆件断口均在钢管的热影响区。

6) 尺寸复查

施工平面将端部斜腹杆 $\phi 146 \times 10$ 更换为 $\phi 76 \times 4$。

通过上述大量的检测、试验和理论分析工作,事故原因的鉴定结论如下:施工单位的擅自更换杆件及焊接质量不合格是导致本次坍塌事故的直接原因,材料、设计及管理三方面的问题构成事故的间接原因。

4.6 钢结构的疲劳破坏事故

4.6.1 疲劳破坏的概念

疲劳问题最初是在 1829 年由德国采矿工程师尔倍特(W. A. J. Albert)根据所做

的铁链的重复载荷试验所提出的。1939年波客来特(Poncelet)首先采用"疲劳"(Fatigue)一词来描述"在反复施加的载荷作用下的结构破坏现象。"但是疲劳一词作为题目的第一篇论文是由勃累士畏特(Braithwaite)于1854年在伦敦土木工程年会上发表的,在第二次世界大战中,发生了多起飞机疲劳失事事故,人们从一系列的灾难性事故中,逐渐认识到疲劳破坏的严重性。

金属结构的疲劳是工程界早已关注的问题。金属结构是包括飞机、车辆等各类结构都在内的总体,80%～90%的破坏事故和疲劳有关。其中土建钢结构所占的比重虽然不大,但随着焊接结构的发展,焊接吊车梁的疲劳问题已十分普遍,受到了工程界人士的重视。目前《钢结构设计规范》(GBJ 17—88)中已建立了疲劳验算方法,此方法对防止疲劳破坏的发生有重要作用。

钢结构的疲劳破坏是指钢材或构件在反复交变荷载作用下,应力远低于抗拉极限强度甚至屈服点的情况下发生的一种破坏。就断裂力学的观点而言,疲劳破坏是裂纹起始、扩展到最终断裂的过程。

疲劳破坏与静力强度破坏是截然不同的两个概念。它与塑性破坏、脆性破坏相比,具有以下特点。

① 疲劳破坏是钢结构在反复交变荷载作用下的破坏形式,而塑性破坏和脆性破坏是钢结构在静载作用下的破坏形式。

② 疲劳破坏虽然具有脆性破坏特征,但不完全相同。疲劳破坏经历了裂缝起始、扩展和断裂的漫长过程,而脆性破坏往往是无任何先兆的情况下瞬间发生。

③ 就疲劳破坏断口而言,一般分为疲劳区和瞬断区。疲劳区记载了裂缝扩展和闭合的过程,颜色发暗,表面有较清楚的疲劳纹理,呈沙滩状或波纹状。瞬断区真实反映了当构件截面因裂缝扩展削弱到一临界尺寸时脆性断裂的特点。瞬断区晶粒粗亮(见图4-8)。

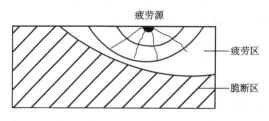

图4-8 疲劳断口分区

4.6.2 疲劳破坏的影响因素分析

疲劳破坏是一个十分复杂的过程,从微观到宏观,疲劳破坏受到众多因素的影响。尤其是对材料和构件静力强度影响很小的因素,对疲劳影响却非常显著,例如构件的表面缺陷,应力集中等。

自1972年里海大学J. W. Fisher提出疲劳设计新概念至今,各国普遍公认影响钢结构疲劳破坏的主要因素是应力幅、构造细节和循环次数,而与钢材的静力强度和最大应力无明显关系,该观点尤其对焊接钢结构更具有正确性。

1. 应力幅 $\Delta\sigma$

应力幅为每次应力循环中最大拉应力(取正值)σ_{max}与最小拉应力或压应力(拉应力取正值,压应力取负值)σ_{min}之差值,即

$$\Delta\sigma = \sigma_{max} - \sigma_{min} \tag{4.1}$$

2. 循环次数 N

应力循环次数是指在连续重复荷载作用下应力由最大到最小的循环次数。在不同应力幅作用下,各类构件和连接产生疲劳破坏的应力循环次数不同,应力幅愈大,循环次数愈少。当应力幅小于一定数值时,即使应力无限次循环,也不会产生疲劳破坏,既达到通称的疲劳极限。

3. 构造细节

应力集中对钢结构的疲劳性能影响显著,而构造细节是应力集中产生的根源。构造细节常见的不利因素如下。

① 钢材的内部缺陷,如偏析、夹渣、分层、裂纹等。
② 制作过程中剪切、冲孔、切割。
③ 焊接结构中产生的残余应力。
④ 焊接缺陷的存在,如:气孔、夹渣、咬肉、未焊透等。
⑤ 非焊接结构的孔洞、刻槽等。
⑥ 构件的截面突变。
⑦ 结构由于安装、温度应力、不均匀沉降等产生的附加应力集中。

4.6.3 典型事故实例分析

【工程实例 4-13】某钢厂均热炉车间吊车梁疲劳破坏

1. 工程事故概况

某钢厂均热炉车间,全钢结构,跨度 32 m,长 180 m,车间内设 10/100 kN 硬钩钳式吊车三台,吊车最大轮压 314 kN,吊车自重产生轮压占 90%,1960 年投产,吊车梁基本上处于满负荷工作状态,1976 年发现 21 根中有 16 根 5 m 跨实腹焊接工字形截面吊车梁,上翼缘与腹板连接焊缝处及腹板上部有纵向裂缝(见图 4-9),裂缝最长达 1.32 m。

图 4-10 吊车梁裂缝位置示意图
1—该部位裂缝 2 处;2—该部位裂缝 5 处;3—该部位裂缝 13 处;4—该部位裂缝 3 处;
5—该部位裂缝 17 处;6—该部位裂缝 2 处;7—该部位裂缝 5 处;8—该部位裂缝 3 处;9—该部位裂缝 1 处

2. 原因分析

对破坏的吊车梁调查结果:裂缝基本沿全梁出现,跨中加劲肋处裂缝最多,上翼缘与腹板连接焊缝的裂缝基本上与梁平行,腹板裂缝与上翼缘相交 2°~19°,轨道偏

心,轨顶啃轨严重,一侧啃去达 20 mm,吊车负荷运行频繁,平均 20 次/h,16 条的循环次数达 200 万次,上部区域局部荷载则达 800 万次,所以疲劳损伤严重;吊车梁已无法修复,于 1977 年全部更换新梁。

【工程实例 4-14】 美国肯帕体育馆因高强螺栓疲劳而塌落

1. 工程及事故概况

美国肯帕体育馆建于 1974 年,承重结构为三个立体钢框架,屋盖钢桁架悬挂在立体框架梁上,每个悬挂节点用 4 个 A490 高强螺栓连接(见图 4-10)。1979 年 6 月 4 日晚,高强螺栓断裂,屋盖中心部分突然塌落。

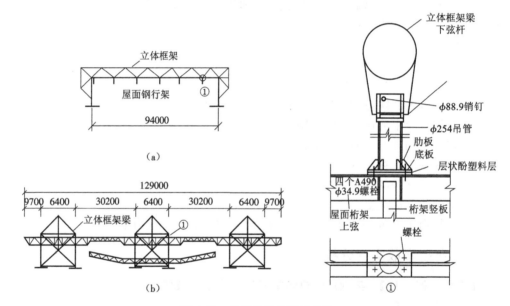

图 4-10 肯帕体育馆屋盖结构

2. 事故原因

屋盖倒塌的主要原因是,高强螺栓长期在风载作用下发生疲劳破坏。

悬挂节点按静载条件设计,设计恒载 1.27 kN/m²,活载 1.22 kN/m²,每个螺栓设计受荷 238.1 kN,而每个螺栓的设计承载力为 362.8 kN,破坏荷载为 725.6 kN。按照屋盖发生破坏时的荷载,每个螺栓实际受力 136~181 kN。因此,在静载条件下,高强螺栓不会发生破坏。

在风荷载作用下,屋盖钢桁架与立体框架梁间产生相对移动,使吊管式悬挂节点连接中产生弯矩,从而使高强螺栓承受了反复荷载。而高强螺栓受拉疲劳强度仅为其初始最大承载力的 20%,对 A490 高强螺栓的试验表明,在松、紧五次后,其强度仅为原有承载力的 1/3。另外,螺栓在安装时没有拧紧,连接件中各钢板没有紧密接触,加剧和加速了螺栓的破坏。

3. 处理方法

体育馆主要承重结构立体框架完好、正常。由于屋顶悬挂设计成吊管连接不适宜,因此,屋顶重新设计,更换所有的吊管连接件。

4. 事故教训

设计人员常忽视将风荷载看成动荷载。这一事故告诫我们,只要使用螺栓作为纯拉构件,并且这些螺栓只承受由风载产生的动荷载,都必须严肃地考虑螺栓可能存在的疲劳。

【实例工程 4-15】 德国列车车轮疲劳断裂

1. 工程及事故概况

1998 年 6 月 3 日,德国发生了战后最惨重的一起铁路事故。一列高速列车脱轨,造成 100 多人遇难。

2. 事故原因

自从第二次世界大战以来,世界上已有几千艘船舶,几十座桥梁建筑毁于疲劳破坏。因铁轨、车轮、车轴疲劳破坏而引起的翻车事故,更是屡见不鲜。据统计,现代工业中零件的损坏,有近 80% 都是由于金属疲劳所引起的。

事故原因查明,是因为一节车厢的车轮"内部疲劳断裂"引起的。首先是一个车轮的轮箍发生断裂,导致车轮脱轨,进而造成车厢横摆,此时列车正好过桥,横摆的车厢以其巨大的力量将桥墩撞断,造成桥梁坍塌,压住了通过的列车车厢,并使已通过桥洞的车头及前五节车厢断开,而后面的几节车厢则在巨大惯性的推动下接二连三地撞在坍塌的桥体上,从而导致了这场近 50 年来德国最惨重的铁路事故。

【工程实例 4-16】 韩国首尔(汉城)汉江圣水大桥疲劳破坏

1. 工程及事故概况

1994 年 10 月 21 日,韩国首尔汉江圣水大桥中段 50 m 长的桥体像刀切一样地坠入江中。当时正值交通繁忙时间,多架车辆掉进河里,其中包括一辆满载乘客的巴士,造成多人死亡。圣水大桥是横跨汉江的十七座桥梁之一,桥长 1000 m 以上,宽 19.9 m,由韩国最大的建筑公司之一——东亚建设产业公司于 1979 年建成。

2. 事故原因

事故原因调查团经过 5 个多月的各种试验和研究,于次年 4 月 2 日提交了事故报告。用相同材料进行疲劳试验表明,圣水大桥支撑材料的疲劳寿命仅为 12 年,即在 12 年后就会因疲劳而断裂。大型汽车在类似桥上反复行驶的试验也表明,这些支撑材料约在 8.5 年后开始损坏。而用这些材料制成的圣水大桥,加上施工缺陷的影响,在建成后 6~9 年内就有坍塌的可能。实际上,圣水大桥的倒塌发生在建成后 15 年,而不是以上所说的 12 年或 8.5 年,一方面是由于桥墩上的覆盖物起着抗疲劳的作用,另一方面是由于桥墩里的六个支撑架并没有全部断裂,因此大桥的倒塌时间才得以推迟。根据分析结果,事故原因主要有以下两个方面。

① 东亚建筑公司没有按图纸施工,在施工中偷工减料,采用疲劳性能很差的劣质钢材。这是事故的直接原因。② 当时韩国"缩短工期第一"的政治、经济和社会环境以及汉城市政当局在交通管理上的疏漏,也是导致大桥倒塌的重要原因。圣水大

桥设计负荷限量为 32 t,建成后随着交通流量的逐年增加,经常超负荷运行,倒塌时负荷为 43.2 t。

4.7 钢结构的失稳事故

4.7.1 失稳概念

失稳也称为屈曲,是指钢结构或构件丧失了整体稳定性或局部稳定性,属承载力极限状态的范围。由于钢结构强度高,用它制成的构件比较细长,截面相对较小,组成构件的板件宽而薄,因而在荷载作用下容易失稳成为钢结构最突出的一个特点。因此在钢结构设计中稳定比强度更为重要,它往往对承载力起控制作用。

材料组成构件,构件组成结构。就钢结构的基本构件而言,可分为轴心受力构件(轴拉、轴压)、受弯构件和偏心受力构件三大类。其中轴心受拉构件和偏心受拉构件不存在稳定问题,其余构件除强度、刚度外,稳定问题是重点内容。

钢结构具有塑性好的显著特点,当结构因抗拉强度不足而破坏时,破坏前有先兆,呈现较大的变形。但当结构因受压稳定性不足而破坏时,可能失稳前变形很小,呈现出脆性破坏特征。而且脆性破坏的突发性也使得失稳破坏更具危险性。因此从事钢结构的工程技术人员应引起高度的重视。

4.7.2 失稳破坏的原因分析

稳定问题是钢结构最突出的问题,长期以来,在大量工程技术人员的头脑里,强度的概念清晰,稳定的概念淡漠,并且存在强度重于稳定的错误思想。因此,在大量的接连不断的钢结构失稳事故中付出了血的代价,得到了严重的教训。钢结构的失稳事故分为整体失稳事故和局部失稳事故两大类,各自产生的原因如下。

1. 整体失稳事故原因分析

1) 设计错误

设计错误主要与设计人员的水平有关。如缺乏稳定概念,稳定验算公式错误,只验算基本构件稳定从而忽视整体结构稳定验算,计算简图及支座约束与实际受力不符,设计安全储备过小等。

2) 制作缺陷

制作缺陷通常包括构件的初弯曲、初偏心、热轧冷加工以及焊接产生的残余变形。各种缺陷将对钢结构的稳定承载力产生显著影响。

3) 临时支撑不足

钢结构在安装过程中,当尚未完全形成整体结构之前,属几何可变体系,构件的稳定性很差。因此必须设置足够的临时支撑体系来维持安装过程中的整体稳定性。若临时支撑设置不合理或者数量不足,轻则会使部分构件丧失稳定,重则造成整个结构在施工过程中倒塌或倾覆。

4) 使用不当

结构竣工投入使用后,使用不当或意外因素也是导致失稳事故的主因。例如:使用方随意改造使用功能,改变构件受力,由积灰或增加悬吊设备引起的超载,基础的不均匀沉降和温度应力引起的附加变形,意外的冲击荷载等。

2. 局部失稳事故原因分析

局部失稳主要针对构件而言,失稳的后果虽然没有整体失稳严重,但对以下原因也应引起足够重视。

1) 设计错误

设计人员忽视甚至不进行构件的局部稳定验算,或者验收方法错误,致使组成构件的各类板件宽厚比和高厚比大于规范限值。

2) 构造不当

通常在构件局部受集中力较大的部位,原则上应设置构造加劲肋。另外,为了保证构件在运转过程中不变形也须设置横隔、加劲肋等,但实际工程中,加劲肋数量不足、构造不当的现象比较普遍。

3) 原始缺陷

原始缺陷包括钢材的负公差严重超规,制作过程中焊接等工艺产生的局部鼓曲和波浪形变形等。

4) 吊点位置不合理

在吊装过程中,尤其是大型的钢结构构件,吊点位置的选定十分重要,由于吊点位置不同,构件受力状态不同。有时构件内部过大的压应力将会导致构件在吊装过程中局部失稳。因此,在钢结构设计中,重要构件应在图纸中说明起吊方法和吊点位置。

4.7.3 失稳事故的处理与防范

当钢结构发生整体失稳事故而倒塌后,整个结构已经报废,事故的处理已没有价值,只剩下责任的追究问题。但对于局部失稳事故可以采取加固或更换板件的做法得以解决,一般认为,钢结构失稳事故应以防范为主,以下原则应该遵守。

1. 设计人员应强化稳定设计理念

防止钢结构失稳事故的发生,设计人员肩负着最重要的职责。强化稳定设计理念十分必要。

① 结构的整体布置必须考虑整个体系及其组成部分的稳定性要求,尤其是支撑体系的布置。

② 结构稳定计算方法的前提是假定必须符合实际受力情况。尤其是支座约束的影响。

③ 构件的稳定计算与细部构造的稳定计算必须配合。尤其要有强节点的概念。

④ 强度问题通常采用一阶分析,而稳定问题原则上应采用二阶分析。
⑤ 叠加原理适用于强度问题,不适用于稳定问题。
⑥ 处理稳定问题应有整体观点,应考虑整体稳定和局部稳定的相关影响。

2. 制作单位应力求减少缺陷

在常见的众多缺陷中,初弯曲、初偏心、残余应力对稳定承载力影响最大,因此,制作单位应通过合理的工艺和质量控制措施将缺陷降低到最小程度。

3. 施工单位应确保安装过程中的安全

施工单位只有制定科学的施工组织设计,采用合理的吊装方案,精心布置临时支撑,才能防止钢结构安装过程中失稳,确保结构安全。

4. 使用单位应正常使用钢结构建筑

一方面,使用单位要注意对已建钢结构的定期检查和维护,另一方面,当需要进行工艺流程和使用功能改造时,必须与设计单位或有关专业人士协商,不得擅自增加负荷或改变构件受力。

4.7.4 典型事故实例分析

【工程实例 4-17】 加拿大魁北克大桥因失稳而坠毁

1907 年,在加拿大境内首次建造跨越魁北克河的三跨悬臂桥,该桥的两个边跨各长 152.4 m,中跨长 548.64 m,中跨包括了由两个边跨各悬伸出的长度为 714.45 m 的杆系结构。岂料在架桥过程中,悬伸出的由四部分分肢组成的格构式组合截面的下弦压杆,因新设置的角钢缀条过于柔弱,四个角钢缀条总的截面积只占构件全截面面积的 1.1%。因此缀条不能有效地将四部分分肢组成具有足够抗弯刚度的受压弦杆,组装好的钢桥在合拢之前,挠度的发展已无法控制,分肢屈曲在先,随之弦杆整体失稳,9000 t 中的钢桥全部坠入河中,有 75 名员工遇难。该桥重建时,曾于 1916 年因施工问题又一次发生倒塌事故。

【工程实例 4-18】 美国哈特福特城的体育馆因压杆失稳而倒塌

1. 工程及事故概况

美国康乃狄格州哈特福特城的一座体育馆,1971 年开始施工,1975 年建成。网架结构的上弦平面尺寸为 91.44 m×109.73 m,采用四柱支承的倒正放四角锥网架,网格为 9.144 m×9.144 m,高 6.465 m。网架每边从柱挑出 13.71 m。屋面采用有檩体系,檩条以宽翼缘工字钢制成的小立柱支承在网架上弦节点,此外,南北向上弦中点也有小立柱,立柱间距分别为 4.57 m 和 9.14 m(见图 4-11)。屋面为内排水,通过不同高度(25~80 cm)的钢立柱形成坡度,网架本身不起拱。网架还设置了再分式腹杆,即在四角锥面上加设杆件,连接斜杆中点和上弦中点。网架主要杆件由四个等肢角钢组成十字形截面,根据承重需要,最大角钢为∟203×22,最小为∟89×8,再分式腹杆为单角钢∟127×8。肢宽 152 mm 及 203 mm 的角钢采用 A572(屈服点为 350 N/mm²),其他较小角钢采用 A36(屈服点为 250 N/mm²),杆件采用高强螺栓连接。在构造上,网架上弦及腹杆中心线交于一点,而再分斜杆与上弦则通过由十字截面伸出的钢板相连接。此钢板弯成角度,结果使再分斜杆中心线交点与上弦中心线有 30 cm 的偏差(见图 4-12)。

1978 年 1 月,美国东部下了一场暴风雪,事故发生前一个星期哈特福市还不断下着雪和雨,造成了体育馆建成后最大的积雪荷载。18 日凌晨,体育馆突然发出一阵隆隆响声,接着整个屋盖塌落,中间部分下凹象个锅底,四角悬挑部分则向上翘。

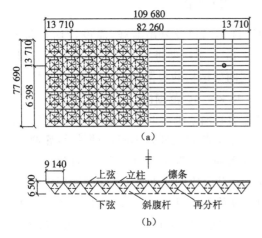

图 4-11 网架平面及剖面
(a)网架平面;(b)檩条平面

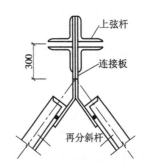

图 4-12 上弦与再分杆节点

2. 事故原因分析

1) 设计原因

设计上最严重的错误是网架的所有上弦压杆没有足够的支撑,致使压杆稳定承载力不足。原设计假定上弦杆及斜腹杆在中点都有再分杆作为支撑,上弦杆的计算长度是网格的一半,即 4.57 m(见图 4-12(a))。同时,网格中点的屋面荷载假定由再分杆传递,上弦杆都是中心受压,不承受弯矩。然而,实际上由于再分杆没有真正起到支撑作用,使上弦杆的承载能力大大削弱,其中最严重的是在网架周边的上弦杆。因为外圈东西向上弦杆,只一侧有再分杆,在再分杆平面内还能起支撑作用,而在垂直于该平面的方向,上弦没有任何约束,实际计算长度是原假定的两倍(见图 4-12(b)),其承载能力也降低为原设计的 1/3;外圈南北向上弦杆,在中点虽有立柱和檩条,但在再分杆平面外也起不了支撑作用,反而引进了屋面的集中荷载,使上弦杆产生弯矩,并在竖直与水平两个方向挠曲,其承载力只有原设计的 1/10,以至个别杆件在网架提升前已开始压曲而产生明显的变形;中间部分东西向上弦杆,虽然两侧都有再分杆,但由于再分斜杆交点与上弦轴线有偏心,加上 9.5 mm 厚的连接板较柔性,再分杆不能对上弦杆有效地加以约束,上弦杆的承载能力降低一半(见图 4-13)。

倒塌的另一个重要原因,是作用在网架结构上的总荷载低估了 20%(其中包括

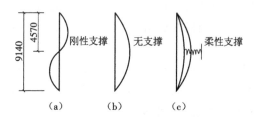

图 4-13 上弦压杆屈曲

钢结构自重),改用了较重的屋面,增加了许多马道及悬吊荷载,原设计均布荷载为 3.42 kN/m²,而核实后的荷载为 4.08 kN/m²。对网架进行的极限荷载分析表明,屋盖自重再加上 0.73~0.98 kN/m²,就达到网架结构的极限荷载,根据屋盖倒塌那天的气象资料,屋盖雪荷载估计在 0.58~0.98 kN/m² 范围内。

网架中十字形截面压杆扭转屈曲也是引起网架破坏的主要原因。对大多数截面形式的压杆,扭转失稳不起控制作用,但十字形截面压杆则不同,根据扭转屈曲理论,推导出的十字形压杆的临界扭转应力,发现大部分情况下是由此应力起控制作用。由于设计者没有注意到这一点,使得压杆实际承载力比设计值低。倒塌的网架中,大量十字形杆件都呈现扭曲现象。静力分析表明,在静载作用下,会有 74 根杆件产生压曲,如将这些杆件的两端节点上加上临界压力,杆件截面积减小到一个很小的值,再进行计算,求得网架中心挠度为 29.7 cm,接近施工时所测到的 30~33 cm,进行的总承载能力计算估计还能增加 0.58~0.73 kN/m²,也接近于屋盖倒塌时屋面的积雪荷载。

哈特福特体育馆的屋盖体系将屋面系统与网架分开,应该说是一个设计上的缺陷。由檩条、屋面板等组成的屋面系统,在水平面内是一个刚度很大的盘体,如果屋面设在网架上弦平面内,可以对网架起一定的支撑作用,而屋面抬高之后削弱了这种作用,同时,传到屋面上的风力只有通过立柱才能传到上弦平面,因而在上弦节点引起弯矩,虽然分配到每一根立柱上的水平力不大,但终究对网架是不利的。

原设计在网架分析计算中仅考虑上下弦杆及斜腹杆,屋面荷载作用于上弦网格节点上,上弦压杆只承受轴向力。如果在分析中将再分杆考虑进去,就会暴露出新的问题。这时如将上弦中点与再分杆作为铰接点连接,将出现几何可变,分析结果毫无意义;如将上弦中点与再分杆作为刚性连接,则必然在上弦引起弯矩。

2) 施工原因

施工管理混乱、质量控制不严,对网架的倒塌也有影响。1973 年 1 月网架提升完成后,网架中点挠度在其自重下为 21.3 cm,而按原设计应只有 9.4 cm,屋面全部施工完毕,在没有活载的情况下挠度达到 30~33 cm,按设计则为 19 cm。虽然按实际荷载复核,挠度比原设计大,但与实际数值也有很大差别。这种过大的变形在施工安装时已引起问题,例如在网架加屋面荷载后,与网架相连的外墙板骨架在安装时就不易吻合,必须用氧气切割和现场焊接才能安上,说明网架已出现了严重的偏差。然而当时在场的施工和检查人员都没有过问。

由于主要杆件的长度都相等,事后检查发现有好几处杆件代用以及相互替换的错误,连接用螺栓的大小及型号也有混用情况。

3. 经验教训

① 网架节点有多根杆件汇集,连接比较复杂,因此节点设计的好坏是网架的关键问题。然而人们往往注意计算分析而忽略了节点构造,节点设计得不好容易引起偏心,使杆件和节点受弯。

② 尽量保持屋盖的整体性,但在一般情况下应避免用立柱起坡,如果采用立柱,更应注意网架上弦的稳定问题。

③ 网架中采用再分杆,应注意由此引起的计算和构造问题,再分杆用作网架支撑要具有一定的刚度。对大跨度网架来说,再分杆不是次要构件,不宜采用单角钢。

④ 施工中,要严格进行质量检查,并注意几何尺寸的测量和记录,在工程建成后,也应定期测量网架的挠度与支座位移。

4. 处理方法

该体育馆于1980年重新设计建成,屋盖采用普通平面桁架。

【工程实例4-19】 太原某通讯楼网架结构倒塌

1. 事故概况

某通讯楼工程网架为焊接空心球节点棋盘形四角锥网架,平面尺寸为13.2 m×17.99 m,网格数为5×7,网格尺寸为2.64 m×2.57 m,网架高1.0 m,支承方式为上弦周边支承,如图4-14所示。按网架设计人称该网架用假想弯矩法进行内力分析,取上弦均布荷载为3 kN/m²;杆件及空心球节点的材料均采用Ⅰ级钢(Q235)。网架上弦为$\phi 73×4$钢管,下弦为$\phi 89×4.5$,腹杆为$\phi 38×3$,空心球节点规格为$\phi 200×6$。图纸注明网架杆件与节点的连接焊缝为贴角焊缝,焊缝厚度为7.5 mm,焊条规定为T42型。网架制作于1987年5月,历时15天;同月27日用塔吊整体吊装平移就位;同年9月铺设钢筋混凝土屋面板(共35块)。在铺完29块后,因中部6块板尺寸有误,需重新预制,故铺屋面板工程拖至1988年4月15日完成。6月2~4日进行屋面保温层、找平层施工,同时网架下弦架设吊顶龙骨,6月5~7日连续中雨、大雨,7日晨网架塌落,伴有巨响。网架由短跨一端塌下,另端尚挂在圈梁上。从破坏现场看,网架上下弦变形不凸出,但因腹杆弯折,上下弦叠合在一起,腹杆大量出现S形弯曲;杆件与空心球节点连接焊缝破坏形式是在焊缝热影响区钢管被拉断,或因焊缝未焊透、母材未熔合使钢管由焊缝中拔出。

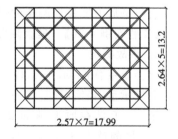

图4-14 网架平面

2. 事故原因分析

1) 设计原因

网架的计算有误,整个网架的全部杆件包括上弦、下弦和腹杆的截面面积均不足。致使在网架屋面施工过程中,实际荷载仅为设计荷载的 2/3 时,网架就遭到破坏。但是,网架的塌落的确是由于受压腹杆失稳造成,当受压腹杆失稳退出工作后,整个网架迅速失稳而塌落。这是因为如下两点。

① 用网架倒塌时的实际荷载(屋面荷载为 2 kN/m² 左右)以空间桁架位移法进行内力分析表明:下弦杆最大轴向拉力为 105 kN、最大拉应力为 87.9 MPa;上弦杆最大轴向压力为 110.6 kN、相应压应力为 174.7 MPa;受拉腹杆最大轴向拉力为 53.4 kN、最大拉应力为 161.8 MPa。它们都未超过其承载力,或相应应力仍属许可范围。

② 受压腹杆在网架倒塌时的最大轴向压力为 53.4 kN、相应压应力为 385.3 MPa,此值大于2[σ]。再用欧拉公式验算受压腹杆的临界荷载为 24.05 kN 远远小于 53.4 kN。

2) 施工原因

① 网架的焊缝质量问题。从破坏现场发现,钢管与空心球的连接焊缝破坏有多处是未焊透或母材未熔合,使钢管由焊缝中拔出。这种焊缝本应是对接焊缝,呈 V 形坡口焊接。虽然施工图中错误地选用了贴角焊缝,但是,对贴角焊缝母材未熔也是不能允许的。

② 网架上弦节点上为形成排水坡度而设置的小立柱,本是中间高两边低。而施工中竟做成两边高中间低,致使屋面积水,发现问题后,不返工重做,反而将中间保温层加厚用以形成排水坡,既浪费材料又加大厂房屋面荷载。

③ 网架支柱的预埋件不按图纸设计位置做。预埋钢板下的锚固钢筋竟错误地置于圈梁保护层内,塌落时锚固钢筋自保护层中剥落。

3. 应吸取的教训

近几年来网架结构在国内推广,有些人盲目认为网架是高次超静定结构,安全度高,忽视其受力的复杂性,致使各地不断出现网架质量事故。网架结构的设计人员必需掌握网架结构的设计理论。精心进行结构计算(不能不问设计条件盲目套用其他网架);网架结构的焊接质量要求较严,一般建筑施工队伍中的焊工,应进行专业培训并持合格证后方能参加网架的焊接工作。

【工程实例 4-20】 某医院会议室钢屋架失稳倒塌

1. 事故概况

该会议室总长 54.8 m,柱距 3.43 m,进深 7.32 m,檐口高 3 m(见图 4-15)。结构为砖墙承重,轻钢屋架,屋面为圆木檩条。上铺苇箔两层,抹一层大泥。后来院方决定铺瓦,于是在原泥顶面又铺了 250 mm 旧草垫子,100 mm 厚的炉灰渣子,100 mm 厚的黄土,最后铺上厚 20 mm 的水泥瓦。1982 年 12 月 15 日盖完最后一间房屋面瓦时,工程尚未验收,医院即启用。当天下午 3:30 左右约 130 人在该会议室开会时,五间房的屋盖全部倒塌,造成 8 人死亡,7 人重伤,3 人轻伤的重大事故。

2. 事故原因分析

① 屋架构造不合理。由图 4-15 可见,屋架端部第二节间内未设斜腹杆,*BCDE*

很难成为坚固的不变体系,因而 BC 杆为零杆,很难起到支撑上弦的作用。这样,杆 ABD 在轴力作用下,因计算长度增大而大大降低其承载力。另外屋架上弦为单角钢 ∟40×4,在檩条集中力的作用下构件还可能发生扭转,使其受力条件恶化。又因为单角钢 ∟40×4 的回转半径为 7.9 mm,这样上弦杆的长细比接近 195,比规范要求的 150 超出很多。经计算杆的强度及稳定性均严重不足,这是屋架破坏的主要原因。

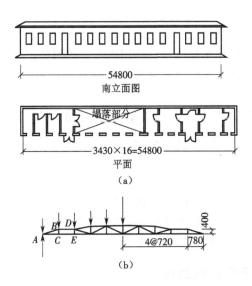

图 4-15 某县医院会议室钢屋架及会议室平、立面示意图
(a)平面及立面示意图;(b)屋架示意图

② 屋架之间缺乏可靠的支撑系统。圆木檩条未与屋架上弦锚固,很难起到系杆或支撑作用。屋架间虽设有三道 $\phi 8$ 钢筋的系杆,但过于柔软,不能起到支撑作用;即使能起支撑作用,由于间距过大,使上弦杆的平面外长细比达 302,和规范要求相差甚远。加之屋架支座处与墙体也无锚固措施,整个屋架的空间稳定性很差,只要有一榀屋架首先失稳则整个屋盖必会大面积倒塌。

③ 屋架制作质量很差。尤其是腹杆与弦杆的焊接,只有点焊接。许多地方焊缝长度达不到规范要求的 8 倍焊脚高度和 40 mm。

④ 工程管理混乱。设计上审查不严,医院领导盲目指挥,尤其是不考虑屋架的承载力而盲目增加屋盖的重量,终于酿成严重的事故。

4.8 钢结构锈蚀事故

钢结构纵然有许多的优点,但生锈腐蚀是一个致命的缺点。国内外因锈蚀导致的钢结构事故时有发生。生锈腐蚀将会引起构件截面减小,承载力下降,尤其是腐蚀产生的"锈坑"将使钢结构的脆性破坏的可能性增大。再者,在影响安全性的同时,也将严重影响钢结构的耐久性,使得维护费用昂贵。据有关资料统计,世界钢结构产量约十分之一因腐蚀而报废,据某些先进工业国家对钢铁腐蚀损失的调查,因腐蚀所损耗的费用约占总生产值的2%~4.2%。我国台湾仅1987年钢结构和建筑工业防腐费用约为30~40亿新台币,其中涂层维护费占62.55%。因此,开展钢结构锈蚀事故的分析研究有重要意义。

4.8.1 锈蚀的类型

通常,将钢材由于和外界介质相互作用而产生的损坏过程称为"腐蚀",有时也叫"钢材锈蚀"。钢材锈蚀,按其作用可分为以下两类。

1. 化学腐蚀

化学腐蚀是指钢材直接与大气或工业废气中含的氧气、碳酸气、硫酸气或非电介质液体发生表面化学反应而产生的腐蚀。

2. 电化学腐蚀

电化学腐蚀是由于钢材内部有其他金属杂质,具有不同电极电位,在与电介质或水、潮湿气体接触时,产生原电池作用,使钢材腐蚀。

实际工程中,绝大多数钢材锈蚀是电化学腐蚀或化学腐蚀与电化学腐蚀同时作用。

4.8.2 腐蚀的机理及影响因素

1. 电化学腐蚀的机理

钢材的电化学腐蚀是最重要的腐蚀类型,简单来讲是指铁与周围介质之间发生氧化还原反应的过程。腐蚀的原因与钢材并非绝对纯净有关,它总是含有各种杂质,其化学组成除铁(Fe)外,还含有少量其他金属(如 Mn,V,Ti)和非金属(如 Si,C,P,S,O,N)元素并形成固溶体、化合物或机械混合物的形态

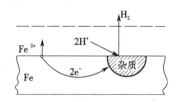

图 4-16 电化学腐蚀示意

共存于钢材结构中。同时,还存在晶界面和缺陷。因此,当钢材表面从空气中吸附溶有 CO_2、O_2 或 SO_2 的水分时,就产生了一层电解质水膜,这层水膜的形成,使得钢材表层的不同成分或晶界面之间构成了千千万万个微电池,称为腐蚀电池。此时,铁按图 4-16 模式和下列方程式反应。

阳极:(放出电子,氧化反应)

$$Fe \longrightarrow Fe^{2+} + 2e^- \tag{4.2}$$

$$4OH^- \longrightarrow O_2 + 2H_2O + 4e^- \tag{4.3}$$

阴极:(接收电子,还原反应)

$$O_2 + 2H_2O + 4e^- \longrightarrow 4OH^- \tag{4.4}$$

$$2H^+ + 2e^- \longrightarrow H_2 \uparrow \tag{4.5}$$

整个腐蚀过程由阳极和阴极反应构成。结果生成的氢氧化亚铁 $Fe(OH)_2$ 以下列方程式沉积于钢材表面。

$$2Fe + O_2 + 2H_2O \longrightarrow 2Fe^{2+} + 4OH^- \longrightarrow 2Fe(OH)_2 \tag{4.6}$$

在富氧条件下，$Fe(OH)_2$ 又进一步被氧化成氢氧化铁 $Fe(OH)_3$

$$4Fe(OH)_2 + \frac{1}{2}O_2 + 2H_2O \longrightarrow 4Fe(OH)_3 \tag{4.7}$$

$Fe(OH)_3$ 脱水后变成疏松、多孔、非共格结构的 Fe_2O_3（红锈）

$$4Fe(OH) + 6H_2O \longrightarrow Fe_2O_3 \tag{4.8}$$

钢材中的 Fe 变成 Fe_2O_3 体积膨胀 4 倍。在少氧条件下，$Fe(OH)_2$ 氧化不很完全的部分形成 Fe_3O_4（黑锈），其体积约膨胀 2 倍。

2. 不同环境下的腐蚀机理

1) 大气腐蚀

钢材暴露在大气环境条件下，由于大气中水和氧等物质的作用而引起的腐蚀，称为大气腐蚀。

（1）机理

腐蚀反应为

$$Fe + 2H_2O = Fe(OH)_2 + H_2 \tag{4.9}$$

$$2Fe(OH)_2 + \frac{1}{2}O_2 + H_2O = 2Fe(OH)_3 \tag{4.10}$$

腐蚀特点与完全浸没在电解液内的腐蚀过程有所不同，因大气腐蚀的钢材表面含水分，相对湿度达 70% 时，还会在钢材表面结露，因此，使得上述反应易于进行。

（2）影响因素

① 湿度。湿度是决定大气腐蚀类型和速度的基本因素，相对湿度达 60%（临界湿度）以上时，铁的腐蚀急速增加。湿度越大，一般大气的腐蚀性越强。

② 降水量。雨水的冲刷从冲掉腐蚀介质而言，起有利作用；但雨水又能破坏腐蚀产物的保护层，促进腐蚀的进行。

③ 温度。日气温变化越大，腐蚀越严重。

④ 日照量。日照使钢材保护层涂料老化，起间接的破坏作用。

⑤ 大气污染物质。大气中若存在 SO_2、海盐粒子、固体尘粒，则腐蚀加重。因此，一般来说工业区腐蚀最严重，沿海地区次之，而内陆无污染工业的地区腐蚀最小。

（3）防治措施

① 采用耐蚀钢材。如掺铜、铬、镍等合金组合的低合金钢，耐蚀性较好。

② 使用涂层和金属镀层保护。

③ 降低大气湿度。降低大气湿度的措施很多，如钢结构构造设计、防止缝隙中存水、除尘、加入吸湿剂、空调等。

2) 淡水腐蚀

指不含盐、碱和酸等水的腐蚀。腐蚀机理原则上讲，与大气腐蚀相同。

重要影响因素有温度、氧气浓度和水流。淡水中常溶解有钙、镁等矿物,其含量高时,称为硬水。在硬水中,钢材的腐蚀速度有所减慢,因为碳酸钙等沉积在钢材表面会阻碍氧气通过,因而使腐蚀减慢。

3) 酸腐蚀

(1) 腐蚀机理

在非氧化性酸中(盐酸、稀硫酸、醋酸等)钢材与这些酸中的氢发生置换反应,形成可溶性的金属盐而被腐蚀。

主要化学反应为

$$2Fe + 6HCl = 2FeCl_3 + 3H_2 \tag{4.11}$$

$$2Fe + 3H_2SO_4 = Fe_2(SO_4)_3 + 3H_2 \tag{4.12}$$

在氧化性酸中(硝酸、浓硫酸等),浓度低时也极易腐蚀,若浓度高,则产生不溶性氧化物,有一定保护作用。

$$2Fe + 6HNO_3 = Fe_2O_3 + 3N_2O_4 + 3H_2O \tag{4.13}$$

$$2Fe + 3H_2SO_4 = Fe_2O_3 + 3SO_2 + 3H_2O \tag{4.14}$$

(2) 影响因素

① 氢离子浓度。

② 酸的类型。

③ 温度。

4) 碱腐蚀

(1) 腐蚀机理

室温下水溶液的 pH 值在 10～14 范围内时,碳钢钝化而使腐蚀速度下降。pH 值大于 14 时,由于生成不溶性的 Fe_2O_3,Fe_3O_4,其腐蚀速度也不大。

但在高温、高压碱水溶液中,钢材产生溶解性腐蚀,称为碱裂、碱脆化等。如锅炉的碱腐蚀。

其反应式为(在浓碱溶液中)

$$2Fe + 6NaOH + 3H_2O = Fe_2O_3 + 6NaOH + 3H_2 \tag{4.15}$$

在高温、高压碱水溶液中,其反应式为

$$2Fe + 4NaOH + 4H_2O = 2Na_2FeO_4 + 6H_2 \tag{4.16}$$

(2) 影响因素

主要有温度、压力、pH 值和碱金属种类(一般认为碱金属的原子量越大、腐蚀性越强)。

5) 盐类腐蚀

(1) 腐蚀机理

① 改变溶液的 pH 值。

② 发生氧化还原反应,如 Fe 置换铜的反应,铁被溶解。

$$Fe + CuSO_4 = FeSO_4 + Cu \tag{4.17}$$

③ 增加溶液的导电性,使电化学腐蚀加剧。
④ 某些盐类的阴、阳离子对腐蚀的特殊影响。

(2) 影响因素

盐的种类、浓度、温度。

6) 海水腐蚀

(1) 腐蚀机理

随着海洋事业的发展,海洋中的钢结构越来越多,但海洋中腐蚀介质复杂,其机理也复杂,一般来说主要有盐类腐蚀、电化学腐蚀、海生物腐蚀等。

(2) 影响因素

① 与海水介质的接触深度。按浸入海水的深度可分海泥区、全浸区、潮差区、飞溅区、海洋大气腐蚀区。一般来说,飞溅区最严重,因为飞溅区金属表面常被空气海水所润湿,并受到海水运动的冲击,该处的保护涂层易于脱落破坏。如图4-17所示为钢柱在上述不同区域的腐蚀情况。

② 海水流速。随流速加大腐蚀速度加快。

③ 海生物。

④ 海水温度。

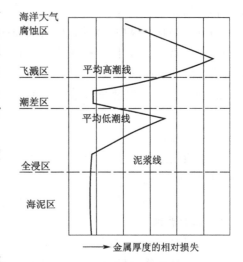

图 4-17 钢柱的腐蚀情况

6) 土壤腐蚀

钢结构埋入土壤中所受的腐蚀称为土壤腐蚀。

(1) 机理

遵循电化学腐蚀基本理论,但腐蚀电池的形成与土壤自身特性有关,一般来说有下列腐蚀电池。

① 长距离腐蚀宏电池。常发生在地下长距离的钢结构上。

钢│土壤(Ⅰ)│土壤(Ⅱ)│钢

② 因土壤的局部不均匀引起的腐蚀宏电池。一般由回填土密实度、夹杂物的不同引起。

③ 埋没深度不同及边缘效应引起腐蚀宏电池。

④ 钢结构所处状态的差异引起腐蚀宏电池。由温差、应力、不同种类的钢材引起。

(2) 影响因素

① 土壤性质(孔隙率和孔隙结构、含水量、电阻率、酸碱度、含盐量)。

② 杂散电流。

③ 微生物。

7) 有机系淡水溶剂的腐蚀

非水溶剂包括无机系和有机系两类。无机系主要有纯硫酸、发烟硝酸等不含水的酸类,熔融氢氧化钠及碳酸钠等熔盐,在低温下成为液态的液氨等物质。鉴于工业建筑中有机系非水溶剂的腐蚀较多,如有机药品工业、食品工业、发酵工业、石油化工、纺织工业等,本节主要涉及有机系非水溶剂所引起的腐蚀。

(1) 机理

① 极性非水溶剂(如酒精、醛、羧酸、酚类、硝基化合物)腐蚀遵从电化学机理。

② 非极性非水溶剂(如锁状或环状结构的碳氢化合)中的腐蚀既有电化学腐蚀也有化学腐蚀。一般来说,非极性溶剂本身腐蚀性很小,但当溶剂置于大气中时,所生成的氧化物具有极性。例如,燃料油和润滑油被氧化后生成了羧酸,能促进金属在这些油中的腐蚀。另外,有机氯化合物和有机溴化合物的腐蚀作用,是由于它们分解后生成盐酸和氢溴酸所致。

③ 非水溶剂的腐蚀与水也密不可分。水的来源有大气等。油类本身含有一定的水分。

(2) 防治措施

① 隔绝水的侵入。如油中加入皂类的防蚀措施,就是为了把油中水分同金属面隔离,以抑制腐蚀。

② 添加防止非水溶剂变成腐蚀介质的外加剂。

8) 高温腐蚀

在高温时,钢材表面会产生一层黑皮(如轧制过程中,钢材也会产生一层黑皮),黑皮为高温氧化物,对钢材有一定保护作用,但有水分存在时,由于钢材黑皮的电位不同,从而构成了原电池,使钢材产生电化学腐蚀。

高温腐蚀防护,可从下列方面着手。

① 根据使用寿命、环境介质与温度、负载状态、成本选择合适的合金钢种。

② 改善高温环境,在加工使用中可通过真空、惰性气体、熔盐、密封的 Al_2O_3 粉等控制钢材所处的高温环境介质。

③ 表面处理。

9) 应力腐蚀

钢材的应力腐蚀指钢材在应力状态下腐蚀加速的现象,应力腐蚀的特征是在较极限抗拉强度低得多的应力情况下,即在一般安全使用应力的情况下,材料(钢丝或钢筋)发生脆性断裂,此时钢丝表面腐蚀并不严重,锈蚀率一般在30%以下,在有缺陷或腐蚀坑根部沿轴向会有一段黑色应力腐蚀区。

10) 电腐蚀

电腐蚀是钢筋混凝土结构或钢结构处于杂散电场中,在阳极区即电流通过钢筋的部位发生的腐蚀。这一现象常发生在电化学工厂、电冶金车间等,电腐蚀强弱与钢材所处阳极电位高低成正比。

4.8.3 典型事故实例分析

【工程实例 4-21】 某悬索结构整体塌落事故

1. 工程与事故概况

上海市某研究所食堂,直径为 17.5 m 的圆形砖墙上扶壁柱承重的单层建筑。檐口总高度为 6.4 m,屋盖采用 17.5 m 直径的悬索结构。悬索由 90 根直径为 7.5 mm 的钢铰索组成,预制钢筋混凝土异形板搭接于钢铰索上,板缝内浇筑配筋混凝土,屋面铺油毡防水层,板底平顶粉刷。使用 20 年后,一天突然屋盖整体塌落,经检查 90 根钢铰索全部沿周边折断,门窗部分振裂,但周围砖墙和圈梁无塌陷损坏。

2. 原因分析

该工程原为探索大跨度悬索结构屋盖的应用技术的实验性建筑,在改为食堂之前,一直在进行观察。改为食堂后,建筑物使用情况正常,除曾因油毡铺贴问题倒置屋面局部渗漏,作过一般性修补外,悬索部分因被油毡面层和平顶粉刷所掩蔽,未能发现其锈蚀情况,塌落前未见任何异常迹象。

屋盖塌落后,经综合分析,认为屋盖的塌落主要与钢铰索的锈蚀有关,而钢铰索的锈蚀除与屋面渗水有关外,另一主要原因是食堂的水蒸气上升,上部通风不良,因而加剧了钢铰索的大气电化腐蚀和某些化学腐蚀(如盐类腐蚀)。由于长时间腐蚀,钢筋断面减小,承载能力降低,当超过极限承载能力后断裂。至于均沿周边断裂,则与周边夹头夹持,钢索处于复杂应力状态(拉应力、剪应力共同存在)有关。

3. 事故启示

该事故给了我们以下几点启示。

① 应加强钢索的防锈保护。可从材料构造等方面着手。

② 设计合理的夹头方向。夹头方向应使钢索处于有利的受力状态。

③ 实验性建筑应保持长时间观察,以免发生类似事故。

【工程实例 4-22】 400 m^3 油罐的腐蚀与加固

1. 油罐腐蚀概况

某 400 m^3 油罐为某战略油库的航空煤油贮存罐,油罐钢材为 Q235,内径 7.131 m,高 10.8725 m,壁厚 4.5 m,管壁与罐底相交处节点外侧设有∟50×5 加强角钢(见图 4-18)。

油罐使用一段时间后,发现在油罐底板靠近与罐壁相交节点的区域金属出现大面积的腐蚀锈蚀现象,个别罐形成了穿透性锈坑,腐蚀程度明显比罐底板的内侧区域严重。

2. 原因分析

经检测、计算分析确定,造成油罐底板与罐壁相交连接区域腐蚀的因素主要有两方面,一方面是在油罐底部沉积有一层液体杂质。经化验表明,其主要成分是饱和油

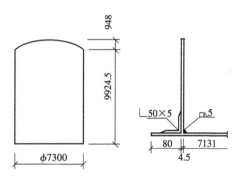
图 4-18 油罐几何尺寸

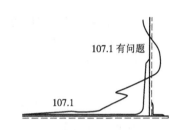
图 4-19 油罐节点区域应力分布

状态下的铁锈水溶液,含有 CO_3^{-2} 离子、氰化物、硫化物、氯化物、磺酸盐等杂质,PH 值为 4.76,形成了罐底金属的腐蚀性介质。另一方面是,罐壁与罐底相交部位附近区域存在较高的边缘应力,利用有限元方法计算,得出该部位的节点附近区域的径向应力分布如图 4-19 所示,应力最大值为 $\sigma_{max}=107.1$ MPa,过高的边缘应力会加速这些区域罐地板金属的腐蚀。

【工程实例 4-23】 广州海印大桥拉索断裂事故

1. 工程及事故概况

广东海印大桥位于广东省广州市市中心,跨越珠江,距海珠桥 2.5 km,全长 1114 m,孔径布置为 35+85.5+175+85.5+35(m),主桥为跨径 175 m 的双塔单索面预应力混凝土斜拉桥。墩身为双排薄壁柔性墩以满足较大的温度变形,并避免设置大吨位滑动支座。塔高约 60 m,立面呈倒 Y 型,采用扇型索布置,索距 5 m,桥面设置 6 个车道,宽 35 m。主桥采用倒梯形箱型断面,顶班悬臂长达 7.5 m,该桥具有良好的抗风断面,于 1988 年建成通车。拉索桥的拉索全部布置在梁体外部,且处于高应力状态,对锈蚀比较敏感,因此,防护十分重要,它关系到斜拉桥的使用寿命和使用质量。

广东海印大桥拉索的防腐系统采用 PE 管压浆工艺,于 1995 年 5 月 25 日发生了 9 号断索事故,后来发现 15 号索也有松弛现象,调查表明管道压浆工艺未能保证拉索顶部的饱满,造成拉索锈断和松弛,被迫在使用仅 12 年后对 186 根拉索全部更换,耗资 2000 万元,工期半年。图 4-20 所示为广东海印大桥。

2. 斜拉桥存在拉索锈蚀问题

从 1956 年瑞士建成第一座现代化斜拉桥至今,已有 40 多年历史,世界各国修建了 300 多座斜拉桥,我国占 100 座以上,发展快、修建多、跨度大,斜拉桥已成为大江大河首选的比较方案桥型。然而过早出现多座斜拉桥的换索事件,引起人们的重视。1974 年原联邦德国建成的科尔布兰特(Kohlbrand)桥,其拉索为封闭索,曾作了 4 层防锈,但仍有水从索上端浸入到拉索内面,1976 年便开始了锈蚀,加之由于车辆行驶而溅起的掺杂着盐分的污水,使索膨胀,致使下部锚固端严重锈蚀,不得不在 1979 年

图 4-20 广州海印大桥

将 88 根索全部更换,花费 600 万美元;委内瑞拉的马拉开波桥(Maracaibo),建于 1962 年,由于桥址附近高温、潮湿、海水流入湖中,腐蚀了拉索锚固部,于 1979—1981 年间进行 384 根拉索的更换,花费约 5000 万美元,济南黄河桥位中孔 220 m 的 5 跨预应力混凝土斜拉桥,1982 年建成通车,拉索由 67～121 根 φ5 mm 镀锌钢丝组成,铝管防护套,其间压注了水泥浆,由于防护出现问题,拉索的锈蚀已相当严重,可能危及大桥的正常运行,为预防发生突发断索事故,1995 年 9～12 月更换完全部 88 根拉索。1988 年通车的广东九江大桥,也由于拉索的锚固处锈蚀问题,正在研究考虑换索。

【工程实例 4-24】 72 m×120 m 某大型煤棚发生突然整体倒塌

1. 工程及事故概况

2000 年 4 月 14 日中午 12 点 10 分,使用近五年的 72 m×120 m 某大型煤棚发生突然整体倒塌,所幸未发生人员伤亡,在干煤棚倒塌事故现场发现有大量钢管和支座锈蚀非常严重。

2. 原因分析

20 世纪 90 年代以来,网壳结构在干煤棚中应用非常广泛,这种结构通常采用圆柱面或三心柱面网壳形式,由于结构长期处在易腐蚀的环境,所以锈蚀现象严重,并且煤压使杆件弯曲。干煤棚里的煤中硫等物质对钢材有腐蚀作用,再有,为了防止煤的自燃,经常需要给煤浇水,特别是下层的网架杆件长期处于高湿度的环境中,极易腐蚀氧化。从事故现场摄制的照片可以看出主要是材料腐蚀造成(见图 4-21、图 4-22)。

图 4-21 煤棚原貌

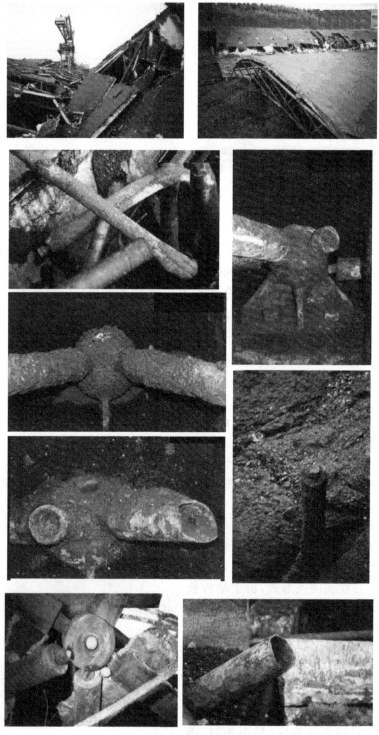

图 4-22 煤棚倒塌后惨状

4.9 钢结构火灾事故

4.9.1 火灾对钢结构的危害

火灾是一种失去控制的燃烧过程,火灾可分为"大自然火灾"和"建筑物火灾"两大类。所谓大自然火灾是指在森林、草场等自然区发生的火灾。而建筑物火灾是指发生于各种人为建造的物体之中的火灾。事实证明建筑火灾发生的次数最多,损失最大,约占全部火灾的80%左右。

钢结构作为一种蓬勃发展的结构体系,优点有目共睹,但缺点不容忽视,除耐腐蚀性差外,耐火性差是钢结构的又一大缺点。因此一旦发生火灾,钢结构很容易遭受破坏而倒塌。

4.9.2 钢结构在火灾中的失效分析

钢材的力学性能对温度变化很敏感。由图 4-23 可见,当温度升高时,钢材的屈服强度 f_y、抗拉强度 f_u 和弹性模量 E 的总趋势是降低的,但在 200 ℃ 以下时变化不大。当温度在 250 ℃ 左右时,钢材的抗拉强度 f_u 反而有较大提高,而塑性和冲击韧性下降,此现象称为"兰脆现象"。当温度超过 300 ℃ 时,钢材的 f_y、f_u 和 E 开始显著下降,而 δ 显著增大,钢材产生徐变;当温度超过 400 ℃ 时,强度和弹性

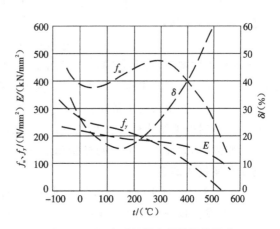

图 4-23 温度对钢材力学性能的影响

模量都急剧降低;达 600 ℃ 时,f_y、f_u 和 E 均接近于零,其承载力几乎完全丧失。

因此,钢材耐热不耐火。

当发生火灾后,热空气向构件的传热方法主要是辐射、对流,而钢构件内部传热是热传导。随着温度的不断升高,钢材的热物理特性和力学性能发生变化,钢结构的承载能力下降。火灾下钢结构的最终失效是由于构件屈服或屈曲造成的。

钢结构在火灾中失效受到各种因素的影响,例如钢材的种类、规格、荷载水平、温度高低、升温速率、高温蠕变等。对于已建成的承重结构来说,火灾时钢结构的损伤程度还取决于室内温度和火灾持续时间,而火灾温度和作用时间又与此时室内可燃性材料的种类及数量、可燃性材料燃烧的特性、室内的通风情况、墙体及吊顶等的传热特性以及当时气候情况(季节、风的强度、风向等)等因素有关。火灾一般属意外性

的突发事件,一旦发生,现场较为混乱,扑救时间的长短也直接影响到钢结构的破坏程度。

4.9.3 典型工程事故分析

【工程实例 4-25】

某歌舞厅平面尺寸为 14 m×30 m,长向北面为数个小包间、无窗,南面为大歌厅、有窗,屋盖为正放四角锥网架,2 m×2 m 网格,网架高度为 1 m,焊接空心球节点,钢筋混凝土屋面板,无吊顶。1996 年 6 月,一小包间起火,火势迅速蔓延,火焰由南面的窗子走出,从起火到灭火约 1 h,温度估计到 500℃以上。火灾后该网架虽未倒塌,但有 70 根杆件发生了不同程度的变形。变形的杆件多集中在网架的四角和中间部位,最严重的是在东北角、西北角和中间部位。最大变形的矢高为 12 cm(一腹杆),其他的矢高为 3~5 cm;中部下弦杆变形有的向下,有的向上,还有呈 S 形的。上弦杆为单槽钢,由 9 根杆件变形。有二根斜腹杆与焊接空心球的连接焊缝被拉开 1 cm。现已对 70 根变形杆件采用了换杆、包杆和加杆(对上弦)的方法进行了处理。

【工程实例 4-26】

1984 年 6 月,某体育馆正在施工过程中发生了火灾,屋盖为 66 m×90 m 八边形的两向正交正放网架,火灾范围仅在长跨端头的两个开间,火烧时间约 2 h,最高温度达 700~800 ℃,有几根腹杆弯曲变形,其矢高在火直接燃烧部分超过了计算值,最大超过一倍多。这次火灾事故虽然造成了一些损失,但是由于建设、设计和施工单位的重视,灾后对网架结构杆件在高温下及冷却后的机械性能进行了试验研究和鉴定工作,为修复、加固提供了宝贵的经验和依据。

【工程实例 4-27】

2005 年 8 月 2 日 10 时左右,蒙牛乳业(集团)股份有限公司在安徽省马鞍山市经济技术开发区投资 2.5 亿元建设的亚洲最大的冰激淋生产线项目发生重大火灾,起火地点为蒙牛乳业(马鞍山)有限公司北库(成品库),该冷库为长 80 m,高 22 m,跨度约 40 m 的钢架结构建筑,火势蔓延至该公司南库(缓冲间)。经过消防队员 7 个多小时的艰苦奋战,终将大火完全扑灭。但在搜救火场被困员工过程中,因冷库钢结构屋顶突然坍塌,参与救火的 3 位消防员殉职。事故发生后,查明火灾系冷库内照明电路短路所致,火灾造成的直接经济损失约 300 万元。

【工程实例 4-28】

某 12 000 m^2 大型工业厂房,主体结构为三跨双坡轻型门式钢架,平面尺寸为 63 m×192 m,柱距 8 m,檐高 9 m,屋脊高度 11.52 m,两端山墙抗风柱间距 7 m,Ⓐ~Ⓑ轴间设有 3T 吊车,厂方维护体系采用聚苯乙烯夹芯保温彩色钢板,梁为变截面焊接 H 型钢,截面尺寸为 H(370~826)×250×8×6,Ⓓ~Ⓖ轴处截面高度最大,柱为等截面 H 型钢,边柱和中柱分别为 H500×250×10×8、H500×250×8×6;梁柱连接采用 8.8 级摩擦性高强度螺栓;檩条为 C200×70×20×3 的 C 型钢,厂方两端及中部等间距设置了 5 条水平支撑带,每条支撑带都有交叉圆钢斜拉条和纵向刚性撑杆组成。车间内设有一条喷涂生产线,电焊火花引燃了生产线上的玻璃钢瓦片,造成大火,火灾损伤区域主要位于①~①轴之间的两跨,火灾持续时间约 20 min,因发生火灾时车间内的可燃物数量有限,且在风势作用下燃烧速度高,热量散发快,车间内部升温不算太高,大多数受灾钢材表面呈褐色,局部呈浅黑色,根据现场受损情况和标准升温曲线推定火灾温度在 650℃ 左右,因可燃物距离屋顶较近,火焰主要在屋面板下部快速传递,导致屋面体系受灾较重,钢架梁、柱及端板连接节点受灾较轻。①~①轴区域内的彩色夹芯屋面板保温层全部碳化,屋面板塌落,严重受损;檩条、纵向撑杆、拉条严重弯曲、扭曲,已偏离原有位置,屋面钢架两侧向最大弯曲约 50~60 mm,并伴随中度扭曲。经检测,构件的力学性能仍符合规范要求,屈服强度和抗拉强度的最小值分别为 290、445 MPa,并且有明显的屈服平台和颈缩现象,延伸率也满足要求,说明钢材的弹性模量、强度等力学性能受火灾影响不大,故采用加固方案。重新更换了屋面板和檩条,更换受火节点处的高强螺栓,更换时采用逐个替换的方法,以保证结构安全和施工方便,螺栓的初拧、终拧方法严格按照相关规程操作,因钢架的受损程度不大,存在继续使用的可能性,采用加密侧向支撑间距的方法予以解决。最后对钢构件重新涂刷防腐、防火涂料。

【工程实例 4-29】 美国纽约世贸中心大楼倒塌事故

1. 工程及事故概况

美国纽约世贸中心姊妹塔楼,地下 6 层,地上 110 层,高度 411 m。设计人为著名的美籍日裔建筑师雅马萨奇,熊谷组施工,两幢楼的建筑时间为 1966~1973 年。每幢楼建筑面积为 41.8 万平方米,标准层平面尺寸 63.5 m×63.5 m,内筒尺寸 24 m×42 m,标准层层高为 3.66 m,吊顶下净高 2.62 m,一层入口大堂高度 22.3 m,建筑高宽比为 6.5。整个世贸中心可容纳 5 万人工作,每天来办公和参观的约 3 万人左右。

纽约世贸中心姊妹塔楼为超高层钢结构建筑,采用"外筒结构体系",外筒承担全部水平荷载,内筒只承担竖向荷载。外筒由密柱深梁构成,每一外墙上有 59 根箱形截面柱,柱距 1.02 m,裙梁截面高度为 1.32 m,外筒立面的开洞率仅为 36%。外筒柱在标高 12 m 以上的截面尺寸均为 450 mm×450 mm,钢板厚度随高度逐渐变薄,由 12.5 mm 减至 7.5 mm。在标高 12 m 以下为满足使用要求需加大柱距,故将三柱合一,柱距扩为 3.06 m,截面尺寸为 800 mm×800 mm。楼面结构采用格架式梁,由主次梁组成,主梁间距为 2.04 m。楼板为压型钢板组合楼板,上浇混凝土 100 mm 厚骨料。一幢楼的总用钢量为 78 000 t,单位用钢量为 186.6 kg/m²。大楼建成后在风荷载作用下,实测最大位移为 280 mm。

2001 年 9 月 11 日是让全世界震惊的一天,美国纽约和华盛顿及其他城市相继遭受有史以来最严重的恐怖袭击(见图 4-24(a)、(b))。遭受袭击大事记如下。

美国东部时间 9 月 11 日 08:45,载有 92 位乘客的美国航空公司波音 767 客机

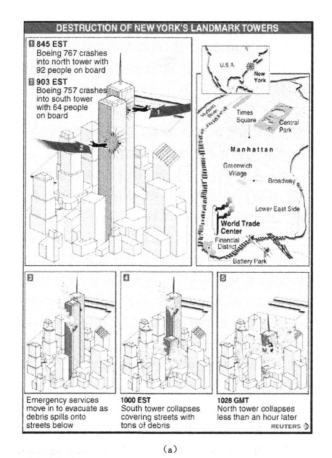

(b)

图 4-24 恐怖袭击示意图

11 次航班从波士顿飞往洛杉矶,该机遭受劫持并撞击世贸中心北楼。

美国东部时间 9 月 11 日 09:03,载有 65 位乘客的联合航空公司波音 757 客机 175 次航班从波士顿飞往洛杉矶,该机遭受劫持并撞击世贸中心南楼。

美国东部时间 9 月 11 日 09:43,载有 64 位乘客的美国航空公司波音 77 次航班从华盛顿飞往洛杉矶,该机遭受劫持并撞击美国五角大楼。

美国东部时间 9 月 11 日 10:05,世贸中心南楼轰然倒塌。

美国东部时间 9 月 11 日 10:28,世贸中心北楼轰然倒塌。

美国东部时间 9 月 11 日 10:37,载有 45 位乘客的联合航空公司波音 93 次航班从新泽西州飞往旧金山的客机坠毁在匹斯堡东南 129 公里以外地区。

美国东部时间 9 月 11 日 11:34,联合航空一架从纽华客飞往旧金山的波音 757 客机在宾州西部坠毁,地点处于纽约与华盛顿之间。

美国东部时间 9 月 11 日 15:25,世贸中心 7 号楼倒塌。

2. 倒塌原因分析

纽约世贸中心大楼的完全倒塌,使许多人深感困惑。飞机撞击大楼的中上部为何会造成下部倒塌?大楼为何会垂直塌落而不是倾倒?为何在撞击时未立刻倒塌而持续 1 h 左右?北楼先撞为何南楼先塌?大楼的设计或施工是否存在先天性致命缺陷?针对这些问题,通过分析相关资料和电视图像,得出以下结论。

1) 倒塌过程

就大楼的倒塌过程而言,恰似于多米诺骨牌效应,其连续破坏过程可划分为 3 个阶段:① 飞机撞击形成的巨大水平冲击力造成部分梁柱断裂,形成薄弱层或薄弱部位;② 飞机所撞击的楼层起火燃烧,钢材软化,该楼层丧失承载力致使上部楼层塌落;③ 上部塌落的楼层化为一个巨大的竖向冲击力,致使下面楼层结构难以承受,于是发生整体失稳或断裂,层层垂直垮塌。

2) 倒塌原因

就大楼的倒塌原因而言,可谓是复合型的。因为单一的水平撞击或者大楼发生常规性火灾都不可能造成整个结构垮塌。从外因和内因两方面进行分析,结果如下。

(1) 外因

飞机撞击大楼纯属意外,就形成的水平冲击力而言,纯属不可抗力,可谓百年或千年不遇。一般能够耐得住飞机撞击的建筑物,只有核电厂以两百年为一周的计算器率,可以承担一次飞机的撞击。本次撞击大楼的波音 757 飞机起飞重量 104 t,波音 767 飞机起飞重量 156 t,飞行速度约 1000 km/h。纽约世贸中心大楼历经 30 年风雨依然完好。在如此巨大的冲击下,大楼虽然晃动近 1 m 但未立即倾倒,无论内部还是外部并无严重塌落,充分证明大楼原结构的设计和施工没有问题。

(2) 内因

钢结构作为一种结构体系,尤其在超高层建筑中有无以伦比的优势。但耐火性能差是自身致命的缺陷。试验表明:低碳钢在 200 ℃ 以下钢材性能变化不大,在 200 ℃ 以上,随温度升高弹性模量降低,强度下降,变形增大,500 ℃ 时弹性模量为常温的 50%,700 ℃ 时基本失去承载能力。本次撞击北楼的波音 767 飞机装载 51 t 燃油,撞击南楼的波音 757 飞机装载 35 t 燃油。尽管世贸中心大楼的钢结构采用了防火涂料等防护物,但在如此罕见的熊熊大火面前也无能为力,在爆炸、断电、消防系统失灵、火势无法及时扑灭的情况下,高温将使其不得不软化,最终导致塌落。

另外,世贸中心大楼采用外筒结构体系,该体系存在剪力滞后效应,且外柱截面仅为 450 mm×450 mm,厚度仅为 7.5~12.5 mm,因此,抵抗水平撞击的能力较差。若采用截面及厚度较大的巨型钢柱、钢—混凝土组合柱或采用约翰·考克大厦的巨型外交叉支撑,也许飞机在撞击时会在大楼的外部发生爆炸,不会进入楼内引发火灾,本次灾难也许能够幸免。

3) 几点解释

针对前面困惑的问题,解释如下。

① 飞机撞击大楼中上部,之所以下部倒塌,是由于上部楼层塌落后产生巨大的竖向冲击力。

② 大楼之所以垂直塌落而非倾倒,不是水平冲击力过大导致基础倾覆的问题,而是竖向冲击力导致结构整体失稳或断裂。

③ 大楼之所以在撞击后持续 1 h 左右才倒塌,是由于楼层在火灾的作用下钢材软化、防火涂料失效有一个过程。

④ 北楼先撞,南楼先塌。北楼撞击的飞机重量 156 t,燃油 51 t,持续 1 小时 43 分倒塌;而南楼撞击的飞机重量 104 t,燃油 35 t,持续 1 小时零 2 分倒塌。南楼先塌的主要原因是南楼被撞击的部位较低,且位于外缘并带有撕裂性质。

⑤ 大楼的设计和施工不存在致命缺陷,当今世界上任何一幢超高层全钢结构建筑遭此袭击,恐怕"无一幸免"。

3. 对未来超高层建筑发展的几点建议

反思纽约世贸中心大楼倒塌的教训,展望未来超高层钢结构的发展,在此谈几点体会和建议。

① 本次灾难纯属人为破坏,在未来是否再建造超高层钢结构建筑,应该慎重,但全盘否定不妥,因为该结构体系具有众多优点。

② 在未来的超高层建筑中,结构体系的选择值得研究。在全钢结构、钢筋混凝土结构的基础上,重点开发钢—混凝土组合结构,以提高整体延性和抗冲击力。

③ 加大力度开展钢结构防火领域的研究,目前的研究水平主要停留在构件的耐火性能阶段,缺乏整体结构防火的概念。另外,防火措施虽然较多,但业主存在侥幸心理,往往为节省造价,防火做法达不到设计所要求的耐火等级。

④ 超高层建筑的安全性较差,一旦发生火灾、风灾、地震等自然灾害,或人为破坏和质量事故,人员的疏散、救生是一大难题。应加强救灾领域的系统研究和人员培训。

⑤ 超高层建筑往往是一个国家或城市的象征,属标志性建筑。因此,在处理安全和经济的问题上,一定要把安全作为重中之重。

⑥ 超高层建筑中能否引入高科技防御系统和监测系统值得探讨。

【思考与练习】

4-1 钢结构的缺陷的类型及原因有哪些?
4-2 钢结构材料事故类型、原因及影响因素有哪些?
4-3 钢结构构件事故有类型、原因及影响因素哪些?
4-4 钢结构连接事故有类型、原因及影响因素哪些?
4-5 钢结构结构事故有类型、原因及影响因素哪些?
4-6 当您将来从事钢结构工程设计时,如何防范事故的发生?
4-7 当您将来从事钢结构加工制作安装时,如何防范事故的发生?
4-8 当您将来从事钢结构的工程监理时,如何防范事故的发生?
4-9 当您将来成为钢结构的使用方,如何防范事故的发生?
4-10 当您面对钢结构坍塌事故的惨状时,将有何感想?如何应用所学知识分析事故的原因?

第5章 特种结构事故分析

5.1 概述

特种结构是具有特殊用途、结构形式独特的支挡结构、贮液池、水塔、筒仓、烟囱、电视塔等特殊结构。由于特种结构有的体系较复杂,有的没有现成的规范或技术规程可参考,因此在具体的工程中由于设计、施工和使用不当造成的特种结构的工程事故较多,在事故的分析过程中遇到的疑难问题也较多。本章力求通过几例特种结构的事故分析,培养大家的感性认识,提高分析问题和解决问题的能力。

5.2 特种结构事故分析实例

【工程实例5-1】 饱和热水塔腐蚀裂纹及处理

1. 工程事故概况

某公司于2004年4月投用的1台饱和热水塔,在2005年4月使用一年后热水塔的下封头发生泄漏。对下封头的环缝和拼缝内、外表面进行渗透探伤,发现内表面拼缝的两侧热影响区存在大量的纵向裂纹,断续长1800 mm,部分已经裂穿(裂纹长100 mm),环缝未发现缺陷。

对裂纹部位的母材、焊缝、热影响区进行硬度测定,均在正常范围内。简单地用磁铁检验,未发现材料具有明显的磁性。

检查设备的运行记录,未发现超温现象。单位工艺技术人员也证实设备一直在正常的工艺参数下运行。

检查设备的质量证明书,发现封头成形后未进行固溶处理。设计图样也没有固溶处理的要求。

2. 事故原因分析

奥氏体不锈钢的晶间腐蚀是形成腐蚀裂纹并导致泄漏的最主要原因。在容器制造过程中,在经热加工、焊接或热处理时,不锈钢材料在450 ℃~850 ℃温度区域滞留,在晶界边界有富铬的碳化物 $Cr_{23}C_6$ 析出,于是在晶界造成贫铬区,影响其耐蚀性,产生晶间腐蚀倾向。

0Cr18Ni9是不含稳定化元素的奥氏体不锈钢,经过焊接热循环的作用,在焊接接头附近的母材会出现晶间腐蚀敏化区。

更重要的是奥氏体不锈钢封头在热压成形过程中,因厚度尺寸大,热滞性大,线膨胀系数大,经过敏化温度范围(450 ℃～850 ℃)时间较长,造成晶间贫铬,如果未采用相应的热处理措施,则易发生晶间腐蚀。因此,OCr18 Ni9 材料在制造和加工后,最好进行固溶处理(1010 ℃～1150 ℃快冷),以避免发生晶间腐蚀。经现场取样作金相检查分析,发现在热影响区有碳化物析出,这是造成贫铬而导致晶间蚀的重要原因。

3. 事故处理

由于裂纹太多且分布广,最适宜的方案是将热水塔的下封头整体更换,但这需要较长的时间,生产上不允许。所以,只能采取在裂纹处贴补不锈钢钢板遮盖住裂纹,并在贴补完成后对角焊缝进行渗透探伤。年度大修时,该公司决定对热水塔的下封头进行整体更换。首先要求制造厂提供的下封成形后必须经过固溶处理,在热水塔上焊制支撑部件,然后将热水塔的下封头整体更换,下封头焊接严格按焊前制定的焊接工艺进行,避免焊接接头过热,并防止焊缝增碳。焊后快速冷却,待每层完全冷却后再焊接下一层,力求避免晶间腐蚀。焊接后,对封头对接焊缝进行 100 %的射线探伤,全部二级合格。对封头对接焊缝和封头拼缝进行 100%渗透探伤,未发现缺陷。硬度测定数据也都在正常范围内。在更换下封头的同时,对饱和热水塔的其他部位进行了检验,进行了射线和渗透抽查。

【工程实例 5-2】 清水池倾斜事故分析与处理

1. 工程事故概况

某市自来水厂储水面积为 10 000 t 清水池,是采用无梁楼盖的矩形现浇钢筋混凝土结构,该池东西向长 30 m,南北向长 92 m(见图 5-1),水池净空高 4 m,采用天然基础。1994 年 5 月清水池土建施工完毕,因连日台风暴雨,使基坑积水,加上工地停电,无法抽水,造成清水池上浮倾斜。

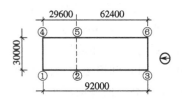

图 5-1 清水池平面

2. 事故原因分析

1994 年 6 月 14 日,设计人员在未抽水的情况下,进行了初步检查,发现清水池东、北两边浮起,其中东北角水池顶和水池其他池角最大高差达 177 mm。6 月 18 日在清水池内外的水抽干后,设计人员对清水池进行了全面的检查又发现以下破坏情况。

① 在清水池外侧的东北角,有一段底板与垫层分离,最大分离口有 125 mm。

② 在清水池内东边第 1 排柱与第 2 排柱之间,靠第 2 排柱的柱托边的底板上有一纵向裂缝,裂缝处底板表面剥落,并且东北角的底板上翘。

③ 清水池顶板离西边池壁约 1 m 处,在图 5-1 中⑤～⑥点的长度范围内有微细裂纹。

④ 清水池中部分柱子出现水平裂缝,此外东北角还有 3 个柱子有竖向裂缝。

⑤ 清水池内壁靠东北角的池底上 1 m 左右的壁板面有鸡爪状斜向裂缝。

⑥ 清水池内180砖墙（即导流墙）有斜裂缝，最大宽度20 mm，靠伸缩缝处砖墙发生平面移动，位移达30 mm。

⑦ 橡胶伸缩缝两侧的底板、顶板和池壁稍有错位，其中底板、顶板发生上下错位，池壁发生左右内外错位，错位上大下小。并且伸缩缝两侧的底板、顶板和池壁抹面及混凝土脱落，并有漏水现象。

根据上述各种状况，可以认为发生破坏的原因是因台风暴雨来临之前，清水池西边及东南角外侧已回填土，池顶靠西边及南边有0.5～1 m左右的覆土，池外靠东北角一带无覆土，并且排水沟被堵死，使整个厂区的雨水全汇流到清水池外侧基坑。连日暴雨造成工地停电，无法抽水，使得池内有1 m积水，池外东北角一带积水达到3 m。而清水池设计要求是：清水池外施工结束后，四周马上回填土，池顶覆土0.7 m；在清水池内无水时，最高允许地下水位是底板面上2 m。因清水池外东北积水超过设计要求，同时又因池外回填土和池顶覆土不均匀，导致清水池受到的作用力不均匀，水池东北角受到向上的力大于设计要求，比水池其余各部分受到的向上的力大。所以，造成水池各部分向上移动的位移不均匀，因此水池发生倾斜而破坏。

3. 事故处理

1）水池复位

因清水池东北角上浮，水池呈倾斜状，所以首先要将水池尽可能的回复原位。做法为：在池外积水抽干后，在上浮的东北角，沿池壁底板底与垫层之间，每隔1 m设置1根长500 mm，宽100 mm，厚度由实际高差确定的木方（见图5-2）。将夹层中的碎石清除，并用高压水将沙泥冲干净，而后在池顶覆土，覆土高度小于0.17 m，利用水池自重和覆土重量使水池慢慢的复位。在复位过程中，随着高差的逐渐减小，将设置的木方逐一抽走。在整个复位过程中必须注意观察池体的变化。当采用以上措施已不能使水池进一步复位或池体出现裂缝时，必须停止覆土。而后再用高压灌浆将底板与垫层之间的裂缝填满。水池垫层底与地基土之间的空隙亦需用灌浆填满。采用高压灌浆时要特别注意灌浆的压力、速度和水泥浆的浓度。

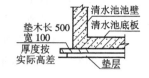

图5-2 局部剖面

2）伸缩缝处的修复

因伸缩缝处的池壁、底板和顶板遭到破坏，发生漏水现象，所以伸缩缝需加固处理，做法为将清水池外竖向伸缩缝两侧池壁的抹面凿开并清洗完毕后，在清水池池壁的外侧，伸缩缝的两侧沿池壁各加一个平面尺寸300 mm×150 mm的混凝土柱，柱采用C25混凝土，纵向筋2Φ14，箍筋Φ10@100，箍筋与池壁筋焊接在一起，两柱间填止水胶泥。池内底板、壁板重新做橡胶止水伸缩缝（见图5-3、图5-4）。在伸缩缝两侧沿清水池顶板各加宽300 mm、厚100 mm的C25细石混凝土，伸缩缝处用沥青填满（见图5-5）。

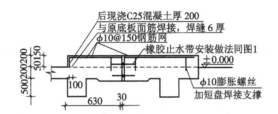

图 5-3 清水池底板伸缩缝大样

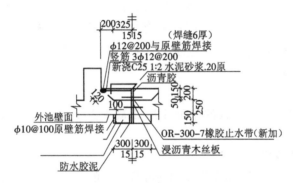

图 5-4 清水池壁伸缩缝大样

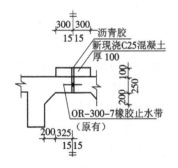

图 5-5 清水池顶板伸缩缝大样

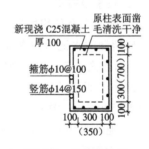

图 5-6 柱加固配筋

3）池内部的修复

水池内部的柱、内壁和底板都有损失现象，根据现场观察分析，认为池内部的损失主要是由于受水池倾斜的影响，有的构件受力发生变化，超过设计要求而破坏。考虑到破坏程度不大，所以不同构件采用不同的方法进行加固，补强。

（1）柱子加固处理

对于柱身有竖向裂缝或柱身水平裂缝≥2 mm 的柱子，将裂缝段的混凝土凿去，露出柱筋；柱的其他部分凿去抹面，表面凿毛，清洗干净，在整个柱高范围内，在柱四周包厚 100 mm 的 C25 混凝土，纵向钢筋 $\phi14@150$，箍筋 $\phi10@100$（见图 5-6）。

对于柱身水平裂缝＜2 mm 者，凿去表面抹面，清洗干净后，用 1∶1 水泥砂浆重新抹面。

(2) 内壁修复

水池内壁面有鸡爪状裂缝的或抹面松壳的，凿去表面抹面，清洗干净后，用1∶1水泥砂浆重新抹面。

(3) 底板修复

按图5-1所示将②、⑤号点～③、⑥号点之间长62.4 m，宽30 m（即整个水池宽度）的底板的表面抹面凿去，混凝土表面凿毛，并清洗干净，而后浇厚200 mm的C25混凝土，板面配ϕ10 @150的双向钢筋网，钢筋网端与池壁钢筋，柱下托的钢筋网焊接，池底每隔1500 mm×1500 mm（底板有裂缝的部分，每隔900 mm×900 mm）钻孔，用ϕ10膨胀螺丝固定后，加焊短筋与新钢筋焊接，起到增加新旧混凝土接合及支撑钢筋网的作用（见图5-3）。

(4) 顶板修复

将水池顶板的微细裂纹处的抹面凿去，混凝土表面凿毛，并清洗干净，用1∶1水泥砂浆分3次填补。

(5) 池内导流墙修复

将池内开裂的导流墙，和在橡胶伸缩缝位置上的砖墙拆去重新砌筑，且对应橡胶伸缩缝处的砖墙，留30 mm宽的竖缝，不得填充此缝，以免失去伸缩缝的作用。

【工程实例5-3】 钢筋混凝土水池裂缝的分析与处理

1. 工程事故概况

1) 水池施工及使用概况

出现裂缝的水池为污水处理厂的初沉池，是钢筋混凝土圆形水池，内径18.5 m，外19.3 m，池高4.5 m，池内液位设计深度为4 m，池壁顶端外围设环形走道板，内侧距池壁顶1 m设溢流堰并与池壁整体浇筑，池底板为变厚钢筋混凝土板，池壁下基础底板厚500 mm，中心板厚300 mm。地基为低压缩性黏土，承载力特征值为180 kPa。池体采用C25防水混凝土，壁内抹面20厚1∶2防水砂浆。水池采用整体现浇，不设伸缩缝，池内液体为工业废水，温度为30～35 ℃，混凝土试块抗压强度为35 MPa。

2) 裂缝分布及池体材料的检测

池壁顶部出现的微细裂缝沿圆周环向呈现出有规则的分布，主要分布在上部1.2 m的范围内，此范围内侧为溢流槽，无储水。对个别裂缝凿去面层后发现，裂缝内外已贯通，环向间隔2 m左右，最大裂缝宽度0.28 mm。裂缝沿池壁向下延伸，竖直长度约为1.5 m，并明显呈现出上大下小的形态。1 m以下的外裂缝宽度均不超过0.18 mm，外表干燥，可确定此处的裂缝应不会贯穿。

对三个裂缝位置处的池壁混凝土强度和钢筋配置进行检测。混凝土强度检测采用回弹仪，检测结果分别为30.4、32.5、35（MPa），相应此三个测位的混凝土强度等级应为C30～C35，超过原设计强度等级C25。同时，超声波检测裂缝处混凝土，未发现孔洞、蜂窝。表明混凝的震捣质量较好,另外采用钢筋探测仪对钢筋进行检测,了解池壁的实际配筋与设计的符合状况,检测结果为壁顶部圈梁下部钢筋与其下部第一排水平钢筋的距离均超过 250 mm,明显偏大。局部开凿检测外侧钢筋保护层厚度为 36 mm。

2. 事故原因分析

1) 水池结构验算

为分析裂缝成因及裂缝对水池结构使用的影响,依据原设计条件对水池结构进行复核验算,作用荷载为结构自重、静水压力和温度,其中温度作用一般分为两种形式,既池内水与池外气温的不同而形成的壁面温差,及施工期间混凝土浇筑完毕时的温度与使用期间的最高或最低温度之差,这种温差沿壁厚不变,用池壁中面处的温差代表,称为中面季节温差。一般通过设置伸缩缝来减少中面季节温差对水池的影响,对圆形水池不宜设置伸缩缝,只能采用计算这种温差作用的方法,但此作用在壁根部效应大、中部小,而池壁根部的温差变化较小,所以,根部的环向拉力比理论计算的要小的多(甚至出现压应力),且它在内力最不利组合中不起控制作用,所以一般可只考虑壁面温差作用。

基本设计条件:混凝土强度等级 C25,液位高 4 m,污水温度 30℃,气温 −8℃,钢筋混凝土热阻 0.228 $m^2 \cdot h \cdot ℃/kJ$,池壁总热阻 0.450 $m^2 \cdot h \cdot ℃/kJ$。

由于池壁内溢流槽的存在而使池壁接触液面的实际高度为 3.5 m,设计超高 1 m,此范围池壁内外是直接暴露在大气中的,其下部分池壁内侧则是与温度为 30°的废水接触,二者存在一个附加的温差作用,它是由池壁中面季节温差所引起的,为分析这种作用对池壁的影响,采用结构分析通用程序对池壁进行壁面和季节两种温差工况下的有限元分析,将池壁沿高度分为 12 个单元,经热工计算后,上部 1 m 范围内中面平均温度为 −8℃,下部为 16.5℃,并假定池壁浇筑时气温 32℃为混凝土零应力状态。

2) 裂缝分析

在实际壁面温差和静水压力的共同作用下,水池池壁全截面均处于偏心受拉状态,池壁确实会出裂缝,并且在离池顶 1.2 m 的非储水区范围内的计算裂缝宽度已超过规范允许的最大裂缝宽度,而以下储水区范围内,计算裂缝宽度和实际发生的宽度均小于规范允许值,应属规范允许的正常值。

对于受温度荷载作用较敏感的敞口水池来说,这种温度作用与主要集中在上部的壁面温差荷载及静水压力的作用组合在一起,加剧并导致池壁上部裂缝的进一步开展和裂缝的全截面贯通。对于这种扩大的温度作用,目前的水池设计规范中没有考虑,原设计中也就没有考虑,这也是造成水池裂缝的因素之一。

在从水池的工程实际检测来看,在环向荷载作用最大的池壁顶端,多数环向钢筋的间距为 250 mm,均超过了设计要求的间距 150 mm,造成池壁抗拉、抗弯强度的降低和对裂缝约束作用的下降,同时水泥用量的偏大及混凝土浇筑的时间正值炎热的夏季,极易使得混凝土因水化热而导致收缩裂缝的产生。另外,从使用过程上,水池在闭水试验后空置了较长一段时间,随即注入池内的污水温度即达 45℃ 左右,是导致水池上部内力在短时间内超过水池设计承载力而迅速出现裂缝的直接原因,这些裂缝的出现,使得池壁混凝土由初始温度作用产生的应力很快地得到释放,新的裂缝不再出现,当生产正常、污水温度很快地稳定以后,上述池壁在温度荷载产生的应力作用下,进一步扩大已有裂缝的宽度并贯通,在此基础上向下延伸,达到一定深度后,形成内外应力的平衡,裂缝不再发展。因此初沉池的这些裂缝是温度和各种不利因素组合后直接或间接作用的结果。

3. 事故处理

根据实测结果和设计复核,水池结构的强度和储水区的抗裂度均能满足设计要求,池壁上部的贯通性裂缝处于非储水区,使用上应无大的影响。对于进入储水区的裂缝由于并没有出现渗水,裂缝没有贯通。考虑到以后的温度变化很可能使池壁截面出现偏心受拉与轴心受拉交替作用状态,对此部分池壁的抗裂和耐久性将是不利的,为此,裂缝应予修补并进行结构加固。

处理方法采用增设环箍加固—裂缝修补—最终加固三个程序进行。首先在池壁上部外侧设置钢板环箍,以提高结构的承载能力,环箍选用 100 mm×5 mm 的扁钢条,在水池上部高度方向设置三道,池顶走道板下设一道,其下间隔两个 1 m 设置两道,每道设四个搭接点,为使环箍能够收紧起到紧箍作用,扁钢条与一块垂直钢板焊接,从上至下用 3 个 $\phi22$ 的螺栓连接,先连接中间螺栓,然后收紧并对裂缝进行化学注浆处理,以防止钢筋锈蚀,增强池壁的整体性和耐久性。注浆前要清理裂缝表面的浮渣并用针筒注射灌浆,将浆液充满裂缝间隙,养护一周后再逐步紧固其余螺栓,三道都紧固后,将螺栓、螺帽焊接固定并对水池外壁重新粉刷。

【工程实例 5-4】 某铁塔倒塌的事故分析

1. 工程事故概况

某通讯铁塔建于 20 世纪 90 年代,总高度为 70 m,为四边形角钢铁塔,采用普通螺栓连接。该塔在正常使用过程中,由于大风作用,于 2002 年 4 月突然倒塌,其倒塌现场如图 5-7 所示。经现场测量后复原,该塔的轮廓尺寸如图 5-8 所示。

2. 工程事故分析

在事故分析过程中,由于该塔缺乏必要的设计和施工资料,而为了获取必要的数据,决定从该塔有代表性的区段上截取了 6 根杆件(4 根弦杆和 2 根斜杆),分别做成板状标准试件进行材性试验。根据试验结果,其屈服荷载、极限荷载、延伸率规定符合《碳素结构钢》(GB 700—1988)、《钢结构工程施工质量

图 5-7 塔的倒塌现场

验收规范》(GB 50205 — 2001)的要求,该塔的钢材属于 Q235 结构钢。

图 5-9 所示该塔的破坏现场,可以看出如下两点。

① 该塔的连接螺栓均采用单螺帽连接,无任何螺栓防滑移措施。从现场可以看出,由于在风荷载作用下的结构振动的影响,许多螺帽已经严重松动,个别的已濒于脱落,加上原螺栓孔的孔径偏大,削弱了有效截面面积,严重降低了该塔的整体强度和刚度。

② 由现场测量可知,该塔自第 4 节开始,几乎所有的斜杆型号均为 L40×4,比规范中规定的 L45×4 要小,虽然能减小迎风面积,但它使得整个塔架结构整体刚度严重降低。

将整个塔架看成是一个朝上的悬臂结构,由动力平衡方程可知,结构的自振频率 ω 的计算公式为

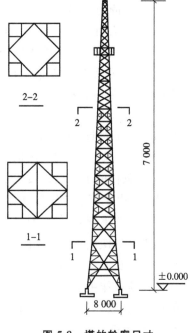

图 5-8 塔的轮廓尺寸

$$\omega = \sqrt{\frac{k_{11}}{m}} = \sqrt{\frac{1}{m\delta_{11}}} = \sqrt{\frac{g}{w\delta_{11}}} = \sqrt{\frac{g}{\Delta st}}$$

则结构的自振周期 T 为 $T = \frac{2\pi}{\omega} = 2\pi\sqrt{\frac{m}{k_{11}}} = 2\pi\sqrt{\frac{\Delta st}{g}}$

在悬臂结构中,$\Delta st = \frac{mgl^3}{3EI}$,代入上式得 $T = 2\pi\sqrt{\frac{ml^3}{3EI}}$

式中　g——为重力加速度;

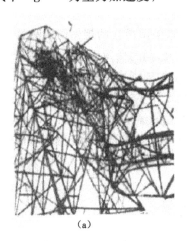

(a)

(b)

图 5-9 节点破坏

δ_{11}——为结构上质点沿振动方向施加单位荷载时质点沿振动方向所产生的静力位移；

Δst——为由于重量 mg 的作用，质点沿振动方向所产生的静力位移；

l——为质点到固定端支座处的垂直距离；

EI——为结构的整体刚度。

由此可知，结构的刚度越小，结构的周期越长。一般钢结构塔架的自振周期约为：$T = 0.013H = 0.91$ s。由于上述因素的存在，该结构的自振周期远大于一般塔架结构的自振周期而更接近于脉动风的卓越周期，加大了脉动风荷载对该塔的影响，对结构的抗风十分不利，这也是造成该塔倒塌的又一重要原因。

③ 该塔弦杆的主节点连接无节点板，斜杆与弦杆的连接直接用螺栓连接于弦杆的两肢上。由于节点处螺栓孔较多，使得弦杆在主节点处横截面净面积减小，从而降低了杆件的承载力，使弦杆在压力未达到其计算的临界压力时就已经发生失稳。该塔采用 $\phi18$ 的螺栓连接，故该截面净面积为：$1216 - 18 \times 8 \times 2$ mm = 928 mm^2，$928/1216 = 76.3\%$，仅为原截面的 3/4，故弦杆节点连接处由于截面显著削弱，该截面易在荷载作用下发生屈服。从现场的破坏形态看，该塔的倒塌是属于典型的压杆失稳，且其破坏处均为主立杆的节点处。

3. 事故结论及建议

经过现场观测和计算分析，该通讯塔的倒塌主要是由以下因素造成的。

① 塔的弦杆和斜杆截面尺寸偏小、强度不足是造成该塔在风荷载等荷载组合作用下发生突发性整体倒塌破坏的主要原因。

② 节点连接和构造不当，塔的弦杆与斜杆相交的主节点处采用螺栓直接连接，没有设置节点板，这大大降低了该节点处的刚度，使得弦杆两肢节点处由于螺栓孔过分集中而产生应力集中现象，而弦杆节点处的刚度得不到补强，属于违反规范问题，也为该塔的倒塌留下了隐患。

③ 施工质量控制不严，塔架的螺栓连接中，由于未采用适当的螺帽防滑移措施，使得部分螺栓严重松动，造成塔架的整体刚度降低较大，同时使得塔架的自振周期延长，从而加大了脉动风荷载对塔架的动力影响，进一步加大了该塔倒塌的可能性。鉴于以上计算分析结果得知，由于这种类型的铁塔存在着许多的质量隐患，建议对该类型的铁塔应尽快进行加固处理或者拆除，以免造成更大的经济损失。同时，在进行铁塔设计时，除了要求按照《建筑结构荷载规范》（GB 50009—2001）进行荷载取值外，还应根据当地的实际环境状况进行荷载值的修正，并应重视铁塔连接节点的处理，避免安全隐患的产生。

【工程实例 5-5】 鱼洞长江大桥边跨现浇支架失稳

1. 工程及事故概况

鱼洞长江大桥工程起于大渡口陈庚路，止于巴南区渝南大道，全长约 10.538 km，双向六车道，路基宽 34.5 m，道路红线按 54 m 控制，线路范围内有长江大桥一座,为155+2×260+155 m预应力混凝土连续钢构桥,主桥和引桥长1549.26 m,桥面宽33 m,引道长8178.74 m,有线路桥三座,共计长810 m,分离式立交桥三处,平交两处,互通式立交桥六座(其中四座作为规划实施),占地面积为101 ha。鱼洞长江大桥边跨支架采用4片贝雷梁组合成一个立柱,平台梁也采用贝雷梁,为两跨边续支架,中间两排共10个立柱受力最大,混凝土全部浇筑后,全部失稳,立柱扭成了S形,均为横桥向失稳,高约30 m的立柱,横向联系太薄弱,6 m才设一道。

2. 事故处理方案

出事后马上召开专家会,形成了前期处理方案,箱梁实测变形约6 cm,开裂情况没有检查到,由于支架靠近两栋居民楼,为了防止支架进一步变形甚至倒塌,先对第一次已浇筑混凝土的预应力进行了张拉,使箱梁有一个上挠,拉力约占设计的60%,这样就使支架的荷载得到减轻,避免支架继续失稳,该桥最初的设计方案是采用万能杆件支架,后来没有采纳,贝雷梁拼装起来比万能杆件快,但贝雷梁一般是当梁使用,由于各片之间联系弱,很少当立柱使用。图5-10所示为支架失稳后的照片。

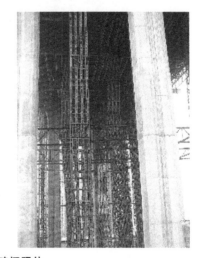

图5-10 支架破坏照片

【思考与练习】

5-1　特种结构的事故类型及原因有哪些？

5-2　特种结构设计时应涉及哪些规范？

5-3　如何防范特种结构事故的发生？

第6章 土木工程的检测技术

6.1 概述

检测技术是土木工程事故分析采取的主要手段之一,具体是指通过详细调查以及采取各种检测仪器和检测方法对发生事故的结构进行针对性检测,确定事故发生的原因,为事故的处理提供依据。

在鉴定过程中,首先,应进行事故现场调查工作,在调查阶段主要需要做以下工作:收集被调查工程的原设计图纸、施工验收资料及有关原材料的试验资料,现场调查工程的结构形式、环境条件、使用期间的变更情况、结构材料的质量及其存在问题,进一步明确需通过检测获得补充数据的内容。根据调查结果和确定的检测目的、内容和范围,选择一种或数种检测方法,并对被检测工程划分检测单元,确定测区和测点数。测试前应对设备、仪器检查并应进行标定,而在计算分析过程中,若发现测试数据不足或出现异常情况,应组织补充测试。在检测工作完毕,应及时提出符合检测目的的检测报告,检测工作的具体程序如图 6-1 所示。

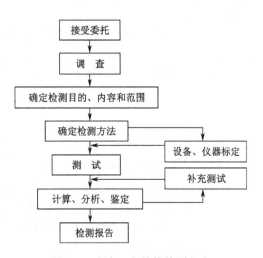

图 6-1 土木工程结构检测程序

6.2 砌体结构的检测技术

6.2.1 检测方法分类及其选用原则

砌体工程的现场检测方法,按对墙体损伤程度,可分为以下两类:非破损检测方法和局部破损检测方法。非破损检测方法是指在检测过程中,对砌体结构的既有性能没有影响。而局部破损检测方法则在检测过程中,对砌体结构的既有性能有局部的、暂时的影响,但可修复。

如按测试内容分,则砌体工程的现场检测方法可分为下列几类:① 检测砌体抗压强度:原位轴压法、扁顶法等;② 检测砌体工作应力、弹性模量:扁顶法等;③ 检测砌体抗剪强度:原位单剪法、原位单砖双剪法等;④ 检测砌筑砂浆强度:推出法、筒压法、砂浆片剪切法、回弹法、点荷法、射钉法等;⑤ 检测砖的抗压强度:现场取样测定法、回弹法等。

在具体选择检测方法时,可根据检测目的、设备及环境条件,依据表6-1进行选择。需要注意的是,对于砖柱和宽度小于2.5 m的墙体,不宜选用有局部破损的检测方法。

表 6-1 砌体结构的检测方法选择

序号	检测方法	特　点	用途	限 制 条 件
1	原位轴压法	属原位检测,直接在墙体上测试,测试结果综合反映了材料质量和施工质量;直观性、可比性强;设备较重;检测部位局部破损	检测普通砖砌体的抗压强度	槽间砌体每侧的墙体宽度应不小于1.5 m;同一墙体上的测点数量不宜多于1个,测点数量不宜太多;限用于240 mm砖墙
2	扁顶法	属原位检测,直接在墙体上测试。测试结果综合反映了材料质量和施工质量;直观性、可比性较强;扁顶重复使用率较低;砌体强度较高或轴向变形较大时,难以测出抗压强度;设备较轻;检测部位局部破损	检测普通砖砌体的抗压强度;测试古建筑和重要建筑的实际应力;测试具体工程的砌体弹性模量	槽间砌体每侧的墙体宽度不应小于1.5 m;同一墙体上的测点数量不宜多于1个,测点数量不宜太多
3	原位单剪法	属原位检测,直接在墙体上测试,结果综合反映了施工质量和砂浆质量;直观性强;检测部位局部破损	检测各种砌体的抗剪强度	测点选在窗下墙部位,且承受反作用力的墙体应有足够长度;测点数量不宜太多
4	原位单砖双剪法	属原位检测,直接在墙体上测试,测试结果综合反映了施工质量和砂浆质量;直观性较强;设备较轻便;检测部位局部破损	检测烧结普通砖砌体的抗剪强度,其他墙体应经试验确定有关换算系数	当砂浆强度低于5 MPa时,误差较大
5	推出法	属原位检测,直接在墙体上测试,测试结果综合反映了施工质量和砂浆质量;设备较轻便;检测部位局部破损	检测普通砖墙体的砂浆强度	当水平灰缝的砂浆饱满度低于65%时不宜选用

续表

序号	检测方法	特　点	用途	限制条件
6	筒压法	属取样检测;仅需利用一般混凝土试验室的常用设备;取样部位局部损伤	检测烧结普通砖墙体中的砂浆强度	测点数量不宜太多
7	砂浆片剪切法	属取样检测;专用的砂浆测强仪和其标定仪,较为轻便;试验工作较简便,取样部位局部损伤	检测烧结普通砖墙体中的砂浆强度	
8	回弹法	属原位无损检测,测区选择不受限制,回弹仪有定型产品,性能较稳定,操作简便;检测部位的装修面层仅局部损伤	检测烧结普通砖墙体中的砂浆强度　适宜于砂浆强度均质性普查	砂浆强度不应小于2 MPa
9	点荷法	属取样检测;试验工作较简便;取样部位局部损伤	检测烧结普通砖墙体中的砂浆强度	砂浆强度不应小于2 MPa
10	射钉法	属原位无损检测,测区选择不受限制;射钉枪、子弹、射钉有配套定型产品,设备较轻便;墙体装修面层仅局部损伤	烧结普通砖和多孔砖砌体中,砂浆强度均质性普查	定量推定砂浆强度,宜与其他检测方法配合使用　砂浆强度不应小于2 MPa;检测前需要用标准靶检校
11	现场取样测定法	属取样检测;具体方法同砖试验方法;结果准确	检测砖的抗压强度	—

6.2.2　检测方法的基本原理及操作要点

1. 原位轴压法

原位轴压法是在墙体上开凿两条水平槽孔,安装原位压力机,测试槽间砌体的抗压强度,并将抗压强度换算为标准砌体抗压强度的方法。该方法适用范围较广,既可用于砂浆强度较低、变形较大的砌体,又适用于砌体强度较高的砌体,测试结果既能直接反映砌体的砌筑质量,又能反映砖和砂浆的基本情况。

1) 一般规定

① 原位轴压法适用于推定 240 mm 厚普通砖砌体的抗压强度。检测时,在墙体上开凿两条水平槽孔,安放原位压力机。原位压力机由手动油泵、扁式千斤顶、反力平衡架等组成,其工作状况如图 6-2 所示。

② 测试部位应具有代表性,并应符合下列规定。第一,测试部位宜选在墙体中

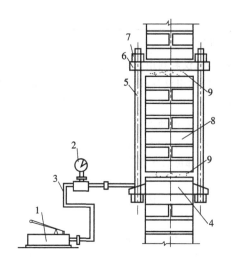

图 6-2 原位压力机测试工作状况
1—手动油泵;2—压力表;3—高压油管;4—扁式千斤顶;5—拉杆(共4根);
6—反力板;7—螺母;8—槽间砌体;9—砂垫层

部距楼、地面1 m左右的高度处;槽间砌体每侧的墙体宽度不应小于1.5 m。第二,同一墙体上,测点不宜多于1个,且宜选在沿墙体长度的中间部位;多于1个时,其水平净距不得小于2.0 m。第三,测试部位不得选在挑梁下、应力集中部位以及墙梁的墙体计算高度范围内。

2)测试设备的技术指标

① 原位压力机主要技术指标,应符合表6-2的要求。

表6-2 原位压力机主要技术指标

项 目	指 标	
	450型	600型
额定压力/kN	400	500
极限压力/kN	450	600
额定行程/mm	15	15
极限行程/mm	20	20
示值相对误差/(%)	±3	±3

② 原位压力机的力值应按定度或校验确定,定度或校验有效期为半年。

3)试验检测步骤

① 在测点上开凿水平槽孔时,应遵守下列规定。

a. 上水平槽的尺寸(长度×厚度×高度)为250 mm×240 mm×70 mm;使用

450型压力机时的下水平槽的尺寸为250 mm×240 mm×70 mm,而使用600型压力机时的下水平槽的尺寸为250 mm×240 mm×140 mm。b. 上下水平槽孔应对齐,两槽之间应相距7皮砖,净距约430 mm。c. 开槽时,应避免扰动四周的砌体;槽间砌体的承压面应修平整。

② 在槽孔间安放原位压力机时,应符合下列规定。

a. 在上槽内的下表面和扁式千斤顶的顶面,应分别均匀铺设湿细砂或石膏等材料的垫层,垫层厚度可取10 mm。b. 将反力板置于上槽孔,扁式千斤顶置于下槽孔,安放四根钢拉杆,使两个承压板上下对齐后,拧紧螺母并调整其平行度;四根钢拉杆的上下螺母间的净距误差不应大于2 mm。c. 正式测试前,应进行试加荷载试验,试加荷载值可取预估破坏荷载的10%。检查测试系统的灵活性和可靠性,以及上下压板和砌体受压面接触是否均匀密实。经试加荷载,测试系统正常后卸荷,开始正式测试。

③ 正式测试时,应分级加荷。每级荷载可取预估破坏荷载的10%,并应在1~1.5 min内均匀加完,然后恒载2 min。加荷至预估破坏荷载的80%后,应按原定加荷速度连续加荷,直至槽间砌体破坏。当槽间砌体裂缝急剧扩展和增多,油压表的指针明显回退时,槽间砌体达到极限状态。

④ 试验检测过程中,如发现上下压板与砌体承压面因接触不良,致使槽间砌体呈局部受压或偏心受压状态时,应停止试验。此时应调整试验装置,重新试验,无法调整时,应更换测点。

⑤ 试验过程中,应仔细观察槽间砌体初裂裂缝与裂缝开展情况,记录逐级荷载下的油压表读数、测点位置、裂缝随荷载变化情况简图等。

2. 扁顶法

1) 一般规定

扁顶法是在砖墙的水平灰缝处安放扁式液压千斤顶(简称扁顶)测得墙受压工作应力、砌体弹性模量和砌体抗压强度的方法。该方法适用于砂浆强度范围在1~5 MPa的普通砖砌体的检测。当砌体强度较高或砌体轴向变形较大时,不易测出抗压强度。该方法的测试结果既能直接反映砌体的砌筑质量,又能反映砖和砂浆的基本情况。

① 本方法适用于推定普通砖砌体的受压工作应力、弹性模量和抗压强度。检测时,在墙体的水平灰缝处开凿两条槽孔,安放扁顶。加荷设备由手动油泵、扁顶等组成。其工作状况如图6-3所示。

② 测试部位应具有代表性,并符合下列规定。a. 同一设计强度等级砌筑单位为一个检测单元,每个检测单元应布置不少于6个测区,每个测区应布置不少于1个测点。b. 测试部位宜选择墙体中部距楼、地面1 m左右的高度处,槽间砌体每侧的墙体宽度不应小于1.5 m。c. 同一墙体上,测点不宜多于1个,且宜设置于沿墙体长度的中间部位;多于1个时,槽间砌体的水平净距不得小于2.0 m。d. 测试部位严

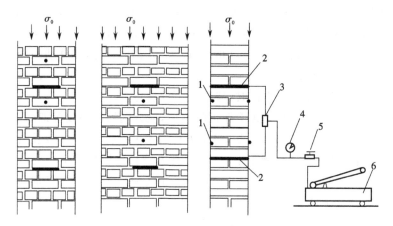

图 6-3 扁顶法测试装置与变形测点布置
(a)测试受压工作应力;(b)测试弹性模量抗压强度
1—变形测量脚标(两对);2—扁式液压千斤顶;3—三通接头;4—压力表;
5—溢流阀;6—手动油泵

禁选在挑梁下、应力集中部位以及墙梁的墙计算高度范围内。

2)测试设备的技术指标

① 扁顶由 1 mm 厚合金钢板焊接而成,总厚度为 5~7 mm,大面尺寸分别为 250 mm×250 mm、250 mm×380 mm、380 mm×380 mm 和 380 mm×500 mm,对厚墙体可选用前两种扁顶,对 370 mm 厚墙体可选用后两种扁顶。

② 扁顶的主要技术指标,应符合表 6-3 的要求。

表 6-3 扁顶主要技术指标

项目	指标	项目	指标
额定压力/kN	400	极限行程/mm	15
极限压力/kN	480		
额定行程/kN	10	示值相对误差/(%)	±3

③ 每次使用前,应校验扁顶的力值。
④ 手持式应变仪和千分表的主要技术指标应符合表 6-4 的要求。

表 6-4 手持式应变仪和千分表的主要技术指标

项目	指标
行程/mm	1~13
分辨率/mm	0.001

3) 试验检测步骤

(1) 检测步骤第一步

实测墙体的受压工作应力时，应符合下列要求。

① 在选定的墙体上，标出水平槽的位置并应牢固粘贴两对变形测量的脚标。脚标应位于水平槽正中并跨越该槽；脚标之间的标距应相隔四皮砖，应取 250 mm 为宜。试验前应记录标距值，精确至 0.1 mm。

② 使用手持应变仪或千分表在脚标上测量砌体变形的初读数，应测量 3 次并取其平均值。

③ 在标出水平槽位置处，剔除水平灰缝内的砂浆。水平槽的尺寸应略大于扁顶尺寸。开凿时不应损伤测点部位的墙体及变形测量脚标。应清理平整槽的四周，除去灰渣。

④ 使用手持式应变仪或千分表在脚标上测量开槽后的砌体变形值，待读数稳定后方可进行下一步试验工作。

⑤ 在槽内安装扁顶，扁顶上下两面宜垫尺寸相同的钢垫板，并应连接试验油路（见图 6-3 所示）。

⑥ 正式测试前的试加荷载试验，应记录油压表初度数，然后分级加荷。每级荷载应为预估破坏荷载的 5%，并应在 1.5~2 min 内均匀加完，恒荷 1~2 min 后测读变形值。当变形值接近开槽前的读数时，应适当减小加荷级差，直至实测变形值达到开槽前的读数，然后卸荷。

(2) 检测步骤第二步

实测墙内砌体抗压强度或弹性模量，应符合下列要求。

① 在完成墙体的受压工作应力测试后，开凿第二条水平槽，上下槽应互相平行、对齐。当选用 250 mm×250 mm 扁顶时两槽之间相隔 7 皮砖，净距宜取 430 mm 为宜；当选用其他尺寸的扁顶时，两槽之间相隔 8 皮砖，净距宜取 490 mm 为宜。遇有灰缝不规则或砂浆强度较高而难以凿槽的情况，可以在槽孔处取出一皮砖，安装扁顶时应采用钢制楔形垫块调整其间隙。

② 在上下槽内安装扁顶。

③ 试加荷载，应符合标准要求。

④ 正式测试时应采用分级加荷方法，每级荷载可取预估破坏荷载的 10%，并应在内均匀加完，然后恒载 1~2 min。加荷至预估破坏荷载的 80% 后，应按原定加荷速度连续加荷，直至槽间砌体破坏。当槽间砌体裂缝急剧扩展和增多时，油压表的指针明显回退，槽间砌体达到极限状态。

当需要测定砌体受压弹性模量时，应在槽间砌体两侧各粘贴一对变形测量脚标，位于槽间砌体的中部，脚标之间相隔 4 条水平灰缝，净距宜取 250 mm 为宜。试验前应记录标距值，精确至 0.1 mm。按上述加荷方法进行试验，测记逐级荷载下的变形值，加荷的应力上限不宜大于槽间砌体极限抗压强度的 50%。

⑤ 当槽间砌体上部压应力小于0.2 MPa时,应加设反力平衡架,方可进行试验。反力平衡架可由两块反力板和四根钢拉杆组成。

⑥ 试验测试过程中,应仔细观察并做好记录。试验记录内容应包括描绘测点布置图、墙体砌筑方式、扁顶位置、脚标位置、轴向变形值、逐级荷载下的油压表读数、裂缝随荷载变化情况简图等。

(3) 检测步骤第三步

当仅需要测定砌体抗压强度时,应同时开凿两条水平槽,按要求进行试验。

3. 原位单剪法

1) 一般规定

① 原位砌体通缝单剪法(简称原位单剪法)是指在砌体结构的适宜部位安装千斤顶,直接进行沿砌体通缝截面的单剪试验,确定砌体沿通缝截面抗剪强度的方法。

② 本方法适用于推定砖砌体沿通缝截面的抗剪强度。检测时,测试部位宜选在窗洞口或其他洞口下三皮砖范围内,试件具体尺寸应符合图6-4的规定。

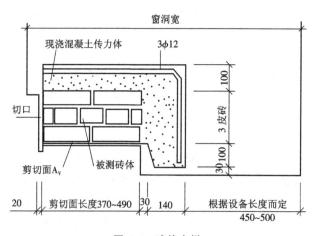

图6-4 试件大样

③ 试件的加工过程中,应避免扰动被测灰缝。

2) 测试设备的技术指标

① 测试设备包括螺旋千斤顶或卧式液压千斤顶、荷载传感器及数字荷载表等。试件的预估破坏荷载值应在千斤顶、传感器最大测量值的20%~80%之间。

② 检测前,应标定荷载传感器及数字荷载表,其示值误差和示值差动性指标均不应大于3%。

3) 试验检测步骤

① 同一设计强度等级砌筑单位为一个检测单元,每个检测单元应布置不少于6个测区,每个测区应布置不少于1个测点。

② 在选定的墙体上,按图6-5所示,应采用振动较小的工具加工切口,现浇钢筋混凝土传力件。

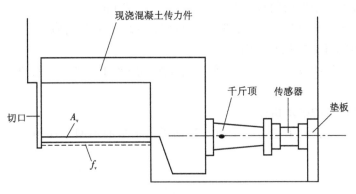

图 6-5 测试装置

③ 精确测量被测灰缝的受剪面尺寸,精确至 1 mm。

④ 按图 6-5 要求安装千斤顶及测试仪表,千斤顶的加力轴线与被测灰缝顶面应对齐。

⑤ 应缓慢、均匀、连续地施加水平荷载,并控制试件在 2~5 min 内破坏。当试件沿受剪面滑动,千斤顶开始卸荷时,即判定试件达到破坏状态。记录破坏荷载值,结束试验。再预定剪切面(灰缝)破坏,此次试验有效。

⑥ 加荷试验结束后,翻转已破坏的试件,检查剪切面破坏特征及砌体砌筑质量,并进行详细记录。

4. 原位单砖双剪法

1) 一般规定

① 原位单砖双剪法是对砌体的单块顺砖进行原位双剪试验,确定砌体沿通缝截面抗剪强度的方法。

② 本方法适用于推定烧结普通砖砌体的抗剪强度。检测时,将原位剪切仪的主机安放在墙体的槽孔内,其工作状况如图 6-6 所示。

③ 本方法宜选用释放受剪面上部压应力 σ_0 作用下的试验方案;当能准确计算上部压应力 σ_0 时,也可选用在上部压应力 σ_0 作用下的试验方案。

④ 在测区内选择测点,应符合下列规定。

a. 每个测区随机布置的 n_1 个测点,在墙体两面的数量宜接近或相等。

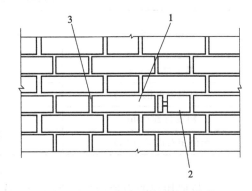

图 6-6 原位单砖双剪试验示意图
1—剪切试件;2—剪切仪主机;3—掏空的竖缝

以一块完整的顺砖及其上下两条水平灰缝作为一个测点(试件)。

b. 试件两个受剪面的水平灰缝厚度应为 8～12 mm。

c. 下列部位不应布设测点：门、窗洞口侧边 120 mm 范围内；后补的施工洞口和经修补的砌体；独立砖柱和窗间墙。

d. 同一墙体的各测点之间，水平方向净距不应小于 0.62 m，垂直方向净距不应小于 0.5 m。

2) 测试设备的技术指标

① 原位剪切仪的主机为一个附有活动承压钢板的小型千斤顶。其成套设备如图 6-7 所示。

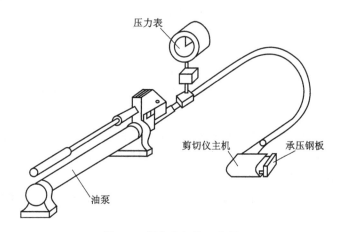

图 6-7 原位剪切仪示意图

② 原位剪切仪的主要技术指标应符合表 6-5 的规定。

表 6-5 原位剪切仪主要技术指标

项 目	指 标	
	75 型	150 型
额定推力/kN	75	150
相对测量范围/(%)	20～80	
额定行程/mm	>20	
示值相对误差/(%)	±3	

③ 原位剪切仪的力值应每半年校验一次。

3) 试验检测步骤

① 当采用带有上部压应力 σ_0 作用的试验方案时，应按图 6-6 的要求，将剪切试件相邻一端的一块砖掏出，清除四周的灰缝，制备出安放主机的孔洞，其截面尺寸不得小于 115 mm×65 mm，掏空、清除剪切试件另一端的竖缝。

② 当采用释放试件上部压应力 σ_0 的试验方案时,尚应掏空水平灰缝,掏空范围由剪切试件的两端向上按 45°角扩散至灰缝,掏空长度应大于 620 mm,深度应大于 240 mm。

③ 试件两端的灰缝应清理干净。在开凿清理过程中,严禁扰动试件;如发现被推砖块有明显缺棱掉角或上、下灰缝有明显松动现象时,应舍去该试件。被推砖的承压面应平整,如不平时应用扁砂轮等工具磨平。

④ 如图 6-8 所示,将剪切仪主机放入开凿好的孔洞中,使仪器的承压板与试件的砖块顶面重合,仪器轴线与砖块轴线吻合。若开凿孔洞过长,在仪器尾部应另加垫块。

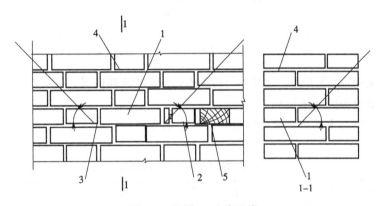

图 6-8 释放 σ_0 方案示意
1—试样;2—剪切仪主机;3—掏空竖缝;4—掏空水平缝;5—垫块

⑤ 操作剪切仪,匀速施加水平荷载,直至试件和砌体之间相对位移,试件达到破坏状态。加荷的全过程宜为 1~3 min。

⑥ 记录试件破坏时剪切仪测力计的最大读数,精确至 0.1 个分度值。采用无量纲指示仪表的剪切仪时,尚应按剪切仪的校验结果换算成以 N 为单位的破坏荷载。

5. 推出法

1) 一般规定

① 推出法是用推出仪从墙体上水平推出单块丁砖,测得水平推力及测出砖下的砂浆饱满度,以此评定砌筑砂浆抗压强度的方法。

② 本方法适用于推定 240 mm 厚普通砖墙中的砌筑砂浆强度,所测砂浆的强度等级宜为 M1~M5。检测时将推出仪安放在墙体的孔洞内。推出仪由钢制部件、传感器、推出力峰值测定仪等组成,其工作状况如图 6-9 所示。

③ 选择测点应符合下列要求。

a. 测点宜均匀布置在墙上,并应避开施工中的预留洞口。

b. 被推丁砖的承压面可采用砂轮磨平,并应清理干净。

c. 被推丁砖下的水平灰缝厚度应为 8~12 mm。

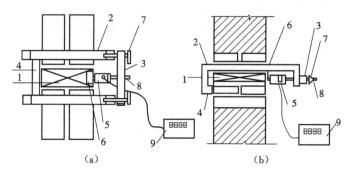

图 6-9 推出仪及测试安装
(a)平剖面；(b)纵剖面
1—被推出丁砖；2—支架；3—前梁；4—后梁；5—传感器；6—垫片；
7—调平螺丝；8—传力螺杆；9—推出力峰值测定仪

d. 测试前，被推丁砖应编号，并详细记录墙体的外观情况。

2）测试设备的技术指标

① 推出仪的主要技术指标应符合表 6-6 的要求。

表 6-6 推出仪的主要技术指标

项 目	指标	项 目	指标
额定推力/kN	30	额定行程/mm	80
相对测量范围/(%)	20～80	示值相对误差/(%)	±3

② 力值显示仪器（或仪表）应符合下列要求。

a. 最小分辨值为 0.05 kN，力值范围为 0～30 kN。

b. 具有测力峰值保持功能。

c. 仪器读数显示稳定，在 4 h 内的读数漂移应小于 0.05 kN。

③ 推出仪的力值应每年校验一次，其测力精度应符合表 6-6 规定。

3）试验检测步骤

① 取出被推丁砖上部的两块顺砖（见图 6-10），应遵守下列规定。

a. 使用冲击钻在图 6-10 所示 A 点打出约 40 mm 的孔洞。

b. 用锯条自 A 至 B 点锯开灰缝。

c. 将扁铲打入上一层灰缝，取出两块顺砖。

d. 用锯条锯切被推丁砖两侧的竖向灰缝，直至下皮砖顶面。

e. 开洞及清缝时，不得扰动被推丁砖。

② 安装推出仪（见图 6-9），用尺测量前梁两端与墙面距离，使其误差小于 3 mm。传感器的作用点，在水平方向应位于被推丁砖中间，铅垂方向应距被推丁砖下表面之

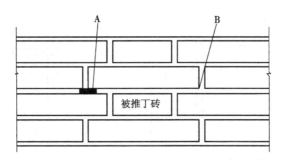

图 6-10 试件加工步骤示意

上 15 mm 处。

③ 旋转加荷螺杆对试件施加荷载,加荷速度宜控制在 5 kN/min。当被推丁砖和砌体之间发生相对位移时,试件达到破坏状态。记录推出力 N_{ij}。

④ 取下被推丁砖,用百格网测试砂浆饱满度 B_{ij}。

6. 筒压法

1) 一般规定

① 筒压法是指从烧结普通砖砌体中,取一定数量并加工与烘干成符合一定级配要求的砂浆颗粒,装入承压筒中,施加一定的静压力(筒压荷载)后,测定其破损程度,以筒压值表示,据此评定砌筑抗压强度的方法。

② 本方法适用于推定烧结普通砖墙中的砌筑砂浆强度。检测时,应从砖墙中抽取砂浆试样,在试验室内进行筒压荷载试验,测试筒压比,然后换算为砂浆强度。

③ 本方法所测试的砂浆品种及其强度范围,应符合下列要求。

a. 中、细砂配制的水泥砂浆,砂浆强度为 2.5~20 MPa。

b. 中、细砂配制的水泥石灰混合砂浆(以下简称混合砂浆),砂浆强度为 2.5~15.0 MPa。

c. 中、细砂配制的水泥粉煤灰砂浆(以下简称粉煤灰砂浆),砂浆强度为 2.5~20 MPa。

d. 石灰质石粉砂与中、细砂混合配制的水泥石灰混合砂浆和水泥砂浆(以下简称石粉砂浆),砂浆强度为 2.5~20 MPa。

④ 本方法不适用于推定遭受火灾、化学侵蚀等砌筑砂浆的强度。

2) 测试设备的技术指标

① 承压筒(见图 6-11)可用普通碳素钢或合金钢自行制作,也可用测定轻骨料筒压强度的承压筒代替。

② 其他设备和仪器包括:50~100 kN 压力试验机或万能试验机;砂摇筛机;干燥箱;孔径为 5 mm、10 mm、15 mm 的标准砂石筛(包括筛盖和底盘);水泥跳桌;称量为 1 000 g,感量为 0.1 g 的托盘天平。

3) 试验检测步骤

① 在每一测区,从距墙表面 20 mm 以内的水平灰缝中凿取砂浆约 4 000 g,砂浆

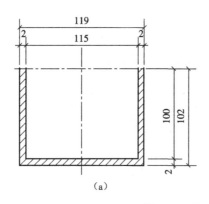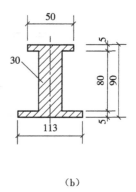

图 6-11 承压筒构造
(a)承压筒剖面；(b)承压盖剖面

片(块)的最小厚度不得小于 5 mm。各个测区的砂浆样品应分别放置并编号，不得混淆。

② 使用手锤击碎样品，筛取 5～15 mm 的砂浆颗粒约 3 000 g，在 105±5℃ 的温度下烘干至恒重，待冷却至室温后备用。

③ 每次取烘干样品约 1 000 g，置于孔径 5 mm、10 mm、15 mm 标准筛所组成的套筛中，机械摇筛 2 min 或手工摇筛 1.5 min。称取粒级 5～10 mm 和 10～15 mm 的砂浆颗粒各 250 g，混合均匀后即为一个试样。共制备三个试样。

④ 每个试样应分两次装入承压筒。每次约装 1/2，在水泥跳桌上跳振 5 次。第二次装料并跳振后，整平表面，安上承压盖。如无水泥跳桌，可按照砂、石紧密体积密度的试验方法颠击密实。

⑤ 将装料的承压筒置于试验机上，盖上承压盖，开动压力试验机，应于 20～40 s 内均匀加荷至规定的筒压荷载值后，立即卸荷。不同品种砂浆的筒压荷载值分别为：水泥砂浆、石粉砂浆为 20 kN；水泥石灰混合砂浆、粉煤灰砂浆为 10 kN；特细砂混合砂浆为 5 kN。

⑥ 将施压后的试样倒入由孔径 5 mm 和 10 mm 标准筛组成的套筛中，装入摇筛机摇筛 2 min 或人工摇筛 1.5 min，筛至每隔 5 s 的筛出量基本相等。

⑦ 称量各筛筛余试样的重量(精确至 0.1 g)，各筛的分计筛余量和底盘剩余量的总和，与筛分前的试样重量相比，相对差值不得超过试样重量的 0.5%；当超过时，应重新进行试验。

7. 砂浆片剪切法

1) 一般规定

① 砂浆片剪切法是指从砌体水平灰缝中取出砂浆片，加工后，使用专用的砂浆测强仪测定其抗剪强度，换算为砌筑砂浆抗压强度的方法。

② 本方法适用推定烧结普通砖砌体中的砌筑砂浆强度。检测时应从砖墙中抽

取砂浆片试样。采用砂浆测强仪测试其抗剪强度,然后换算为砂浆强度。砂浆测强仪的工作状况如图 6-12 所示。

③ 从每个测点处,取出两个砂浆片,一片用于检测,一片备用。

2) 测试设备的技术指标

① 砂浆测强仪的主要技术指标应符合表 6-7 的要求。

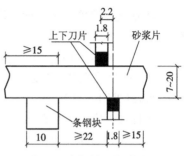

图 6-12 砂浆测强仪工作原理

表 6-7 砂浆测强仪主要技术指标

项 目		指 标
上下刀片刃口厚度/mm		1.8±0.02
上下刀片中心间距/mm		2.2±0.05
试验荷载 N_v 范围/N		40～1400
示值相对误差/(1.8%)		±3
刀片行程	上刀片	>30
	下刀片	>3
刀片刃口面面度/mm		0.02
刀片刃口面棱角线直线度/mm		0.02
刀片刃口棱角垂直度/mm		0.02
刀片刃口硬度/HRC		55～58

② 砂浆测强标定仪的主要技术指标应符合表 6-8 的要求。

表 6-8 砂浆测强标定仪主要技术指标

项 目	指 标
标定荷载 N_b 范围/N	40～1400
示值相对误差/(%)	±1
N_b 作用点偏离下刀片中心面距离/mm	±0.2

③ 砂浆测强仪的力值应每半年校验一次。

3) 试验检测步骤

① 制备砂浆片试件,应遵守下列规定。

a. 从测点处的单块砖大面上取下的原状砂浆大片,编号后,分别放入密封袋(如塑料袋)内。

b. 同一个测区的砂浆片,应加工成尺寸接近的片状体,大面、条面均匀平整,单个试件的各向尺寸宜为:厚度7~15 mm,宽度15~50 mm,长度按净跨度以不小于22 mm为宜(见图6-12)。

c. 试件加工完毕后应放入密封袋内。

② 砂浆试件含水率,应与砌体正常工作时的含水率基本一致。如试件呈冻结状态,应缓慢升温解冻,并在与砌体含水率接近的条件下试验。

③ 砂浆试件的剪切试验,应遵守下列程序。

a. 调平砂浆测强仪,使水准泡居中。

b. 将砂浆试件置于砂浆测强仪内,并用上刀片压紧。

c. 开动砂浆测强仪,对试件匀速连续施加荷载,加荷速度不宜大于10 N/s,直至试件破坏。

④ 试件未沿刀片刃口破坏时,此次试验作废,应取备用试件补测。

⑤ 试件破坏后,应记读压力表指针读数,并根据砂浆测强仪的校验结果换算成剪切荷载值。

⑥ 用游标卡尺或最小刻度为0.5 mm的钢板尺量测试件破坏截面尺寸,每个方向量测两次,分别取平均值。

8. 回弹法

1) 一般规定

① 回弹法是使用砂浆回弹仪检测砂浆表面硬度,根据回弹值和碳化深度评定砌筑砂浆抗压强度的方法。

② 本方法适用于推定烧结普通砖砌体中的砌筑砂浆强度。检测时应用回弹仪测试砂浆表面硬度,用酚酞试剂测试砂浆碳化深度,以此两项指标换算为砂浆强度。

③ 测位宜选在承重墙的可测面上,并避开门窗洞口及预埋件等附近的墙体,墙面上每个测位的面积宜大于0.3 m²。

④ 本方法不适用于推定高温、长期浸水、化学侵蚀、火灾等情况下的砂浆抗压强度。

2) 测试设备的技术指标

① 砂浆回弹仪的主要技术性能指标应符合表6-9的要求,其示值系统为指针直读式。

② 砂浆回弹仪应每半年校验一次。

③ 在工程检测前后,均应对回弹仪在钢砧上做率定试验。

3) 试验检测步骤

① 测位处的粉刷层、勾缝砂浆、污物等应清除干净,弹击点处的砂浆表面,应仔细打磨平整,并除去浮灰。

表 6-9 砂浆回弹仪技术性能指标

项　　目	指　　标
冲击动能/J	0.196
弹击锤冲程/mm	75
指针滑块的静摩擦力/N	0.5±0.1
弹击球面曲率半径/mm	25
在钢砧上率定平均回弹值/R	74±2
外形尺寸/mm	60×280

② 每个测位内均匀布置 12 个弹击点。选定弹击点应避开砖的边缘、气孔或松动的砂浆。相邻两弹击点的间距不应小于 20 mm。

③ 在每个弹击点上,使用回弹仪连续弹击 3 次,第 1、2 次不读数,仅记读第 3 次回弹值,精确至 1 个刻度。测试过程中,回弹仪应始终处于水平状态,其轴线应垂直于砂浆表面,且不得移位。

④ 在每一测位内,选择 1～3 处灰缝,用游标尺和 1% 的酚酞试剂测量砂浆碳化深度,读数应精确至 0.5 mm。

9. 点荷法

1) 一般规定

① 点荷法是在砂浆片的大面上施加集中的点荷载至破坏,据此换算为砂浆抗压强度的方法。

② 本方法适用于推定烧结普通砖砌体中的砌筑砂浆强度。检测时应从砖墙中抽取砂浆片试样,采用试验机测试其点荷载值,然后换算为砂浆强度。

③ 从每个测点处,宜取出两个砂浆大片,一片用于检测,一片备用。

2) 测试设备的技术指标

① 小吨位压力试验机(最小读数盘宜为 50 kN 以内)。

② 自制加荷装置作为试验机的附件,应符合下列要求。

a. 钢质加荷头是内角为 60°的圆锥体,锥底直径为 40 mm,锥体高度为 30 mm;锥体的头部是半径为 5 mm 的截球体,锥球高度为 3 mm(图 6-13);其他尺寸可自定。需加荷头 2 个。

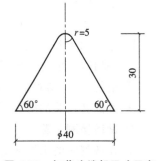

图 6-13 加荷头端部尺寸示意

b. 加荷头与试验机的连接方法,可根据试验机的具体情况确定,宜将连接件与加荷头设计为一个整体附件;在满足上款要求的前提下,也可制作其他专用加荷附件。

3）试验检测步骤

① 制备试件，应遵守下列规定。

a. 从每个测点处剥离出砂浆大片。

b. 加工或选取的砂浆试件应符合下列要求：厚度为 5~12 mm，预估荷载作用半径为 15~25 mm，大面应平整，但其边缘不要求非常规则。

c. 在砂浆试件上画出作用点，量测其厚度，精确至 0.1 mm。

② 在小吨位压力试验机上、下压板上分别安装上、下加荷头，两个加荷头应对齐。

③ 将砂浆试件水平放置在下加荷头上，上、下加荷头对准预先画好的作用点，并使上加荷头轻轻压紧试件，然后缓慢匀速施加荷载至试件破坏。试件可能破坏成数个小块。记录荷载值，精确至 0.1 kN。

将破坏后的试件拼接成原样，测量荷载实际作用点中心到试件破坏线边缘的最短距离即荷载作用半径，精确至 0.1 mm。

10. 射钉法

1）一般规定

① 射钉法是一种以动能将射钉射入被测砌体的水平灰缝中，依据成组射钉的射入量确定砂浆抗压强度的方法。

② 本方法适用于推定烧结普通砖和多孔砖砌体中 M2.5~M15 范围内的砌体砂浆强度。检测时采用射钉枪将射钉射入墙体的水平灰缝中，根据射钉的射入量推定砂浆强度。

③ 每个测区的测点，在墙体两面的数量宜平均。

2）测试设备的技术指标

① 测试设备包括射钉、射钉器、射钉弹和游标卡尺。

② 射钉、射钉器和射钉弹的计量性能需按规定配套校验。其校验结果应符合下列各项指标的规定。

a. 在标准靶上的平均射入量为 29.1 mm。

b. 平均射入量的允许偏差为 ±5%。

c. 平均射入量的变异系数不大于 5%。

③ 射钉、射钉器和射钉弹每使用 1000 发或半年，应作一次计量校验。

④ 经配套校验的射钉、射钉器和射钉弹，必须配套使用。

3）试验检测步骤

① 在各测区的水平灰缝上，按相关规定标出测点位置。测点处的灰缝厚度不应小于 10 mm；在门窗洞口附近和经修补的砌体上不应布置测点。

② 清除测点表面的覆盖层和疏松层，将砂浆表面修理平整。

③ 应事先量测射钉的全长 l_1；将射钉射入测点砂浆中，并量测射钉外露部分的长度 l_2；射钉的射入量应按下式计算

$$l = l_1 - l_2$$

对长度 l、l_1、l_2 指标的取值应精确至 0.1 mm。

④ 射入砂浆中的射钉,应垂直于砌筑面且无擦靠块材的现象,否则应舍去和重新补测。

6.3 混凝土结构的检测技术

6.3.1 混凝土结构裂缝的检测

混凝土结构裂缝的检测是判断结构受力状态和预测剩余寿命的重要依据之一,对混凝土结构作可靠性鉴定必须对结构的裂缝状态进行检测和分析。产生裂缝的原因很多,大致可分为受力裂缝和非受力裂缝两大类。裂缝的形态各异,能否正确区分要依靠检测人员的理论知识水平和工程经验的丰富程度。裂缝检测的项目主要包括以下内容。

① 裂缝的部位、数量和分布状态。
② 裂缝的走向,横向、纵向还是斜向,裂缝是否还在发展等。
③ 裂缝的宽度、长度和深度。
④ 裂缝的形态,如八字形、十字交叉形等,裂缝是上宽下窄还是下宽上窄等。
⑤ 裂缝是否贯通,是否有析出物,是否引起混凝土剥落等。

裂缝的检测方法有:裂缝长度可用钢尺、卷尺等量测,裂缝宽度可用电子裂缝检测仪、裂缝宽度对比卡、刻度放大镜等。

造成裂缝出现和发展的原因常常是综合的,在鉴定时要区分出主、次原因。特别要区分是沿主筋的纵向裂缝或垂直于受力主筋的横向裂缝,还是温差或收缩裂缝等。

1. 沿主筋纵向裂缝的检查

现场检查发现,如果出现沿筋裂缝,则较多且宽,有的宽度显著大于规范的界限值。有时没有明显的沿筋裂缝,但出现保护层脱落或构件掉角等,其情况实际比仅出现沿筋裂缝还严重。沿筋裂缝的宽度较宽,测量时采用裂缝宽度对比卡即可,对于宽度很宽的裂缝,也可以采用钢尺测量。如因定级需要,须提高裂缝宽度测量精度时,应采用电子裂缝检测仪或者读数放大镜。

2. 垂直于受力主筋的横向裂缝的检查

横向裂缝是受力裂缝,须认真观察,并精确测量其宽度,注意最大裂缝宽度有没有超过规范限值。观测横向裂缝时,应依据经验,在构件的受拉区进行查找。

3. 温差裂缝和收缩缝的检查

温差裂缝易产生于受过较大温差作用的部位,比如屋面。收缩缝常产生于边界受到约束的大面积和大体积混凝土中。经观察,温差裂缝和收缩缝的裂缝宽度较宽,但钢筋中应力并不大。

6.3.2 回弹法检测混凝土强度

回弹法是用一弹簧驱动的重锤,通过弹击杆(传力杆),弹击混凝土表面,并测出重锤被反弹回来的距离,以回弹值(反弹距离与弹簧初始长度之比)作为与强度相关的指标,来推定混凝土强度的一种方法。由于测量在混凝土表面进行,所以应属于表面硬度法的一种。

1. 检测准备

检测前,一般需要了解结构或构件名称、外形尺寸、数量及混凝土设计强度等级;水泥品种、安定性、强度等级;砂、石种类、粒径;外加剂或掺合料的品种、掺量、施工时材料计量情况等;模板、浇筑、养护情况以及成型日期;配筋及预应力情况;结构所处环境条件及存在的问题等。其中以了解水泥的安全性合格与否最为重要,若水泥的安全性不合格,则不能采用回弹法检测。

2. 检测方法

当了解了被检测的混凝土结构情况后,需要在构件上选择及布置测区。所谓"测区"是指每一试样的测试区域。每一测区相当于该试样同条件下混凝土的一组试块。行业标准《回弹法检测混凝土抗压技术规程》(JGJ/T 23—2001)规定,取一个结构或构件混凝土作为评定混凝土的最小单元,不应少于 10 个测区。但对某一方向尺寸小于 4.5 m 且另一方向尺寸小于 0.3 m 的结构或构件,其测区数量可适当减少,但不应少于 5 个。测区的大小以能容纳 16 个回弹测点为宜。测区表面应清洁、平整、干燥,不应有疏松层、饰面层、粉刷层、浮浆、油垢、蜂窝麻面等。必要时刻采用砂轮清除表面杂物和不平整处。测区宜均匀布置在结构检测面上,相邻测区间距不宜过大,当混凝土浇筑质量比较均匀时,可酌情增大间距,但不宜大于 2;结构的受力部位及易产生缺陷部位(如梁与柱相接的节点处)需布置测区;测区优先考虑布置在混凝土浇筑的侧面(与混凝土浇筑方向相垂直的贴模板的一面)。如不能满足这一要求时,可选在混凝土浇筑的表面或地面;测区必须避开位于混凝土内保护层附近设置的钢筋和埋入铁件。对于弹击时产生颤动的薄壁、小型的构件,应设置支撑加以固定。

按上述方法选取试样和布置测区后,先测量回弹值。测试时回弹仪应始终与测面相垂直,并不得打在气孔和外露石子上。每一测区的两个测面用回弹仪各弹击 8 点,如一个测区只有一个测面,则需测 16 点。同一测点只允许弹击一次,测点宜在测面范围内均匀分布,每一测点的回弹值读数准确至一度,相邻两测点的净距一般不小于 20 mm,测点距构件边缘与外露钢筋、预埋铁件的间距不宜小于 30 mm。

回弹完后即测量构件的碳化深度,用合适的工具在测区表面形成直径为 15 mm 的孔洞,清除孔洞中的粉末和碎屑后(注意不能用液体冲洗孔洞),立即用 1% 的酚酞酒精溶液滴在混凝土孔洞内壁的边缘处,用碳化深度测量仪或其他工具测量自测表面至深部不变色,边缘处与测面相垂直的距离不少于 3 次,该距离即为该测区的碳化深度值。当相邻测区的混凝土质量或回弹值与它基本相同时,那么该测区的碳化深度值也可代表相邻测区的碳化深度值,当碳化深度差值大于 2.0 mm 时,应在每一测区测量碳化深度值。

6.3.3 超声回弹综合法检测混凝土强度

超声回弹综合法是 20 世纪 60 年代发展起来的一种非破损检测方法,由于精度高,已在我国混凝土工程中广泛使用。该方法是以超声声速和回弹值综合反映混凝土强度的。该方法采用超声仪和回弹仪,在结构混凝土同一测区分别测量声时值及回弹值,然后利用已建立起来的测强公式推算该测区混凝土强度的一种方法。采用综合法检测混凝土强度,实质上就是超声法和回音法两种单一检测方法的综合测试。

1. 检测准备

1) 资料准备

需进行综合法测试的结构或者构件,在检测前应收集必要的工程资料。

2) 被测结构或构件准备

检测结构或构件时要布置测区,测区是进行超声、回弹测试的测量单元。测区布置应符合下列规定。

① 按单个构件测试时,应在构件上均匀布置测区,且不少于 10 个。

② 当对同批构件抽样检测时,构件抽样数应不少于用批构件的 30%,且不少于 10 件,每个构件测区数不少于 10 个。

③ 对长度小于或等于 2 m 的构件,其测区数量可适当减少,但不应少于 3 个。

每个构件的测区,应满足以下要求。

a. 测区的布置应在构件混凝土浇灌方向的侧面。

b. 测区应均匀分布,相邻两测区的间距不宜大于 2 m。

c. 测区宜避开钢筋密集区和预埋铁件。

d. 测区尺寸为 200 mm×200 mm;相对应的两个 200 mm×200 mm 方块应视为一个测区。

e. 测试面应清洁、平整、干燥,不应有接缝、饰面层、浮浆和油垢,并避开蜂窝、麻面部位,必要时可用砂轮片清除杂物并磨平不平整处,并擦净残留粉尘。

结构和构件上的测区应注明编号,并记录测区所处的位置和外观质量情况。每一测区宜先进行回弹测试,然后进行超声测试。对于非同一测区的回弹值及超声声速值,在计算混凝土强度换算值时不得混用。

2. 测试过程

1) 回弹值的测量和计算

回弹值的测量与计算方法同回弹法。

2) 超声声速值的测量与计算

① 超声声速值的测量。

超声仪必须是符合技术要求并具有质量检查合格证。超声测点应布置在回弹测试的同一次测区内。应保证换能器与混凝土耦合良好,且发射和接收换能器的轴线应在同一直线上。每个测区内的相对测试面上,应布置3个测点。

② 超声声速值的计算。

声速值按下列公式计算

$$v_i = l/t_{mi}$$
$$t_{mi} = (t_1 + t_2 + t_3)/3$$

式中　v_i——测区声速值(km/s);

　　　l——超声测距(mm);

　　　t_{mi}——第 i 个测区平均声时值 μs;

　　　t_1、t_2、t_3——测区中三个测点的声时值。

当在混凝土浇筑的顶面与底面测试时,由于上表面砂浆较多且强度偏低,底面粗骨料较多且强度偏高,综合起来与成型侧面是有区别的,另浇筑表面不平整,也会使声速偏低,所以进行上表面与底面测试时声速应进行修正

$$v_a = 1.034\ v_i$$

式中　v_a——修正后的测区声速值(km/s)。

6.3.4　后装拔出法检测混凝土强度

拔出法是一种半破损检测方法,其试验是把一个用金属制作的锚固件预埋入未硬化的混凝土浇筑构件(预埋法),或在已硬化的混凝土构件上钻孔埋入一个锚固件(后装法),然后根据测试锚固件拔出时的拉力,来确定混凝土的拔出强度,并据此推算混凝土的立方抗压强度。对发生事故的已有工程进行检测时,所采用的是后装拔出法。

由于拉拔强度与混凝土抗压强度之间的稳定关系不易建立,因而拉拔强度只能用作定性衡量混凝土的质量好坏。

1. 检测方法

1) 测点布置

根据工程需要,后装拔出试验可分为按单个构件和同批构件按批抽样检测两种。当按单个构件检测时,应在构件上均匀布置3个测点。拔出试验完成后,如果3个拔出力数值中最大或最小值与中间值之差不超过中间值的15%,则可用该3个值来推算构件混凝土强度;若3个拔出力数值中最大或最小值与中间值之差大于中间值的15%,则应在最小拔出力测点附近再加2个测点。

当按批抽样检验时,抽验的构件数应不少于同批构件总数的30%,且不少于10件,每个构件不应少于3个测点。

测点应尽可能布置在混凝土的成型侧面,并应在构件受力较大及薄弱部位布置测点,两测点间距应大于10倍锚固深度,测点距构件边缘应不小于4倍锚固深度,测点应避开表面缺陷及钢筋和预埋件,反力支承面应平整、清洁、无浮浆与饰面。

2) 钻孔、磨槽与拔出操作

钻孔与混凝土表面应相互垂直,垂直度偏差不大于3°。环形槽是拉拔时的主要着力点,应力求槽面平整,槽深约为3.6～4.5 mm。将孔清理干净后把胀簧塞入孔中,通过胀杆使胀簧锚固台阶嵌入环形槽内,然后安装拔出仪。

用拔出仪按0.5～1.0 kN/s的速度施加拉力,直至破坏,记录拔出力,精确至0.1 kN。

检测完毕后,应对局部破损区用高于构件混凝土强度的细石混凝土或砂浆修补。

2. 强度计算

混凝土强度应根据事先建立的测强曲线公式换算,通常优先选用如下线性方程。

6.3.5 钻芯法检测混凝土强度

钻芯法是利用专用钻机,从结构混凝土中钻取芯样以检测混凝土强度或观察混凝土内部质量的方法。由于它对结构混凝土造成局部损伤,因此是一种破损的现场检测手段。国际标准组织提出了"硬化混凝土芯样的钻取检查及抗压试验"国际标准草案(ISO/DIS 7034)。中国工程建设标准化委员会也制定了《钻芯法检测混凝土强度技术规程》(CECS03:88),这一方法已在结构混凝土的质量检测中得到了普遍的应用,取得了明显的技术经济效益,达到了一个新的水平。

用钻芯法检测混凝土的强度、裂缝、接缝、分层、孔洞或离析等缺陷,具有直观、精度高等特点,因此广泛应用于工业与民用建筑、水工大坝、桥梁、公路、机场跑道等混凝土结构或构筑物的质量检测。

1. 钻芯法使用条件

在正常生产情况下,混凝土结构应按"钢筋混凝土工程施工及验收规范"的要求,制作立方体标准养护试块进行混凝土强度评定的验收。只有在下列情况下才可以进行钻取芯样检测其强度,并作为处理混凝土结构事故的主要技术依据。

① 其一是立方体试块的强度很高,而结构混凝土的外观质量很差;其二是试块强度较低而结构外观质量较好或者是因为试块的形状、尺寸、养护等不符合要求,而影响了试验结果的准确性。

② 混凝土结构因水泥、沙石质量较差或因施工、养护不良发生了质量事故。

③ 采用超声、回弹等非破损法检测混凝土强度时,其测试提前是混凝土的内外质量基本一致,否则会产生较大误差,因此在检测部位的表层与内部的质量有明显的差异,或者在使用期间遭受化学腐蚀、火灾,硬化期间遭受冻害的混凝土均可采用钻芯法检测其强度。

④ 使用多年的混凝土结构;如需加固、改造或因工艺流程的改变荷载发生了变化需要了解某些部位的混凝土强度。

⑤ 对施工有特殊要求的结构和构件,如机场跑道测厚等。

用钻取的芯样除可进行抗压强度试验外,也可进行抗劈强度、抗冻性、抗渗性、吸水性及容量的测定。此外,可检查混凝土的内部缺陷,如裂缝深度、孔洞和疏松大小及混凝土中粗骨料的级配情况等。

试验表明,当混凝土的龄期过短或强度没有达到 10 MPa 时,在钻芯过程中容易破坏砂浆和粗骨料之间的黏结力,钻出的芯样表面变得较粗糙,甚至很难取出完整芯样,因此在钻芯前,应根据混凝土的配合比、龄期等情况对混凝土的强度予以预测,以保证钻芯工作的顺利进行及检测结果的准确性。

钻芯法检测混凝土质量除具有直观、可靠、精度高、应用广等优势外,也有一定局限性。

钻芯时易对结构造成局部损伤,因而对于钻芯位置的选择及钻芯数量等均受到一定限制,而且他所代表的区域也是有限的。

钻芯机及芯样加工配套机具与非破损测仪器相比,比较笨重,移动不够方便,测试成本也较高。

钻芯后的孔洞需要修补,尤其当钻断钢筋时更增加了修补工作的困难。

2. 芯样试件的技术要求

芯样高度应为直径的 0.95~2.0 倍。先要锯切其两端。端面要平整,其不平度应控制在每 100 mm 长度内不大于 0.05 mm。端面不平,可以磨平,也可以用水泥净浆找平。找平层厚度要薄,控制在 2 mm 以内。要使找平层的强度等于或稍高于芯样强度,又要保证找平层与芯样端面之间有良好的黏结。

芯样端面与轴线之间垂直度偏差过大,会降低芯样强度。根据试验研究结果,参照国外有关标准,芯样端面褐轴线间的垂直度偏差应控制在 2°以内,采用备有球座的压力试验机破型,才可满足要求。

试验受压时,由于含水会损失强度,也称软化作用。强度损失的数值与混凝土的密实性和吸水性有关。鉴于混凝土构件在使用时可能遇到水的实际情况,并与国外一些国家的试验标准相一致,芯样在试压前,应在清水中浸泡两昼夜。

6.3.6 混凝土缺陷的超声检测

1. 混凝土的缺陷

混凝土材料的缺陷是指因技术管理不善和施工疏忽,造成结构混凝土内部存在空洞、疏松、施工缝;或由于工艺违章、配料错误造成低强度区;严重的分层离析造成组织构造不均匀;使用过程产生裂缝以及化学侵蚀、冻害、火烧的损坏层等。缺陷的存在,不同程度地削弱了结构的整体性、力学性能和耐久性。超声波检测缺陷,旨在发现质量问题,探明隐存缺陷的位置和范围,提出补救的措施。

混凝土是一种典型的非均质材料。由于生产技术条件难免有差异和混凝土材料组织构造的随机性,按生产技术和管理水平、应用和经济效果权衡,在符合质量保证率的条件下,所允许的一定范围的强度波动则不属于测缺的内容。至于混凝土组织中存在小气孔的细微缺陷是不可避免的,除区域性缺陷外,混凝土质量超声波检测是不包括这些不连续、单独的细微缺陷。

2. 超声测缺的方法

(1) 直接穿透法

在混凝土试体的相对位置布置换能器,这种方法包括发射、接收两种换能器垂直方向的斜向传播的两种布置方法。该法的灵敏度和准确性均好,能提供比较准确的声通路距离,是通常采用的方法。

(2) 直角传播法

对于大体积的结构或受实际的测试面的限制,有时也采用这种直角方式布置换能器,其探测的灵敏度不如直接穿透法。

(3) 单面平测法

在结构混凝土只有一个可测面的情况下,可采用单面平测法。它可以检测混凝土水池顶面、底板、飞机跑道、路面和大坝等构筑物的浅层缺陷和裂缝深度。由于探测时脉冲能量大部分进入混凝土中,所以接收的信号仅反映混凝土表层的质量,不能探测深处的缺陷;此外,探测强度较高的混凝土表面下的低强度或缺陷区是极为困难的。这种方法不能准确地确定声通道的距离,使计算材料的声速值产生偏差。

(4) 钻孔对测法

当结构地测试较大时,为了提高测试地灵敏度,可在测区适当位置钻出平行于测面地测试孔,测孔直径 45~50 mm,深度视测试需要而定,测孔中采用径向振动式换能器,用清水耦合;在结构侧面布置厚度振动式换能器,用油耦合,对构件作对测或斜测。

6.3.7 钢筋锈蚀的检测

结构混凝土中钢筋的锈蚀使钢筋截面缩小,锈蚀的体积增大产生混凝土胀裂、剥落、降低钢筋与混凝土的黏着力等结构破坏现象,它直接影响结构的安全性和耐久性。通常对已建的结构进行结构鉴定和可靠性诊断时,必须对钢筋锈蚀状况进行检测。

混凝土是碱性材料(pH 值介于 10~13),浇筑质量良好的混凝土中钢筋受到周围混凝土的碱性成分的保护而处于钝化状态,使钢筋免受锈蚀。由于混凝土质量差和工作环境恶劣等原因,如结构混凝土产生裂缝,以致氧气、水分或者有害物浸入,或因水泥化学成分与空气中二氧化碳结合发生碳化,使保护层碱度下降,均能破坏钝化状态,使钢筋遭到锈蚀。

钢筋因锈蚀而在表面出现电位差,检测时采用铜—硫酸铜作为参考电极的半电池探头、半电池检测法,以钢筋表面层上某一点的电位与安置在表面上的铜—硫酸铜参考电极的电位作比较进行测定。

检测电路实际上是用导线把钢筋与一只毫伏表连接,再把表的另一端与铜—硫酸铜或银－氯化银参考电极连接,参考电极的头部装有木塞和海绵,保证接地情况良好。电表上读数与所测位置处的钢筋电位有关,按照刻度盘读出的大量数值后就可以确定钢筋表面正极区和负极区,从而确定钢筋上锈蚀的部位。

6.3.8 钢筋数量的检测

钢筋数量和位置的检测,一般可在构件上进行,凿去保护层,即可看到钢筋的数量并测量其直径及保护层厚度。此外,对于据混凝土外表面一定深度范围内的钢筋,可用钢筋探测仪来进行探测,钢筋探测仪的精度日益提高,其用途也日益广泛。

6.4 钢结构的检测技术

6.4.1 钢结构工程的检测内容

钢结构工程检测内容主要包括三个部分:钢结构材料检测、钢结构连接检测(包括紧固件检测和焊缝无损探伤)及钢结构性能检测。

1. 钢结构材料检测

钢结构用材料可分为三大类,即结构(构件)用材料,结构连接用材料(焊接用材料)及结构防护用材料。

1) 结构用材料检测

结构用材料是指结构承重用材料,主要包括结构用钢材、结构用铝合金及连接用材料等。结构材料检测主要内容有以下几点。

(1) 结构材料的力学性能检测

结构材料的力学性能检验用以确定所用材料的力学性能指标是否符合相应的国家标准规定,力学性能主要包括:材料的强度性能、塑性性能、冲击韧性、弹性模量、冷弯性能、硬度等。

对于焊接结构用材料,同时应检验其焊接性能(包括施工上的可焊接性及使用上的可焊接性)是否符合相应的国标规定。

(2) 结构材料成分的化学分析

通过材料的化学分析,确定结构材料的化学成分是否符合有关的国标规定,进口材料应按相应的国家标准或国际标准(ISO)的规定执行。

(3) 结构材料的金相分析

对结构材料进行金相分析,以确定材料的低倍(断扣)组织,非金属夹杂物是否符合国际规定。

(4) 结构材料的物理分析

物理分析用以确定材料的密度、弹性模量、线膨胀系数、导热性、材料的内部缺陷等。

(5) 结构材料的表面质量

材料的表面质量是材料技术标准要求的内容之一,表面质量包括材料(型材)表面的裂纹、气孔、结疤、折叠及夹杂等,材料表面质量应符合相应的国际规定。

2) 焊接用材料的检测

焊接用材料主要有焊条、焊丝、焊剂等。

① 焊条的检测内容有:焊条尺寸、熔敷金属化学成分、焊缝熔敷金属力学性能、焊缝射线探伤、焊条药皮、药皮含水量等。对不锈钢焊条,应测定熔敷金属耐腐蚀性、熔敷金属铁素体含量。

② 焊丝的检测内容有:焊丝的化学成分、焊丝力学性能及射线探伤,焊丝直径及偏差、焊丝镀层,焊丝松弛直径及翘距、焊丝对接光滑程度、焊丝表面质量、熔敷金属力学性能及冲击试验、焊缝射线探伤等。

③ 焊剂的检测内容有:焊剂颗粒度、焊剂含水量、焊剂抗滑性、机械夹杂物、焊接工艺性能、熔敷金属拉伸性能、熔敷金属的 V 型缺口冲击吸收功、焊接试板射线探伤、焊剂硫、磷含量、焊缝扩散氢含量等。

所有检测项目均应符合相应的国标规定。

3) 结构防护用材料检测

结构防护材料指形成结构表面保护膜的材料,主要有防腐防锈涂料及防火涂料。检测内容包括涂料的化学成分、物理性能(黏度、干燥时间、盐水性等)成膜表面光泽、机械性能、耐腐蚀性及涂层表面治疗测定等。

涂料的性能测试应进行涂料涂装试验。

2. 钢结构连接检测

钢结构的连接有三种方式:紧固件连接、焊接连接和铆钉连接,其中铆接已经少用,多被高强度螺栓连接取代;焊接连接是最常用的连接方式,因而焊缝质量的检测是钢结构检测的主要内容之一。

(1) 紧固件连接检测

紧固件检测以一个连接副为单位进行,一个连接副包括一个螺、一个螺母及垫圈。检测内容包括以下部分。

① 螺栓(铆钉)尺寸的检测。

② 螺纹尺寸的检测。

③ 螺栓(铆钉)表面质量检测。

④ 连接件表面质量检测。

⑤ 连接副承载能力试验。

⑥ 高强螺栓连接的抗滑系数规定。

其中连接副的承载能力和抗滑系数(摩擦系数)需通过试验。

(2) 焊缝连接检测

检测内容包括以下四方面。

① 焊缝尺寸。
② 焊缝表面质量。
③ 焊缝无损探伤。
④ 焊缝熔敷金属的力学性能。

焊缝的表面质量可用肉眼观察或用放大镜；焊缝的（内部缺陷）无损探伤需用无损检测技术，常用射线法、超声波法、磁粉法、渗透法等；焊缝的力学性能应进行试验测定。

在焊缝的无损探伤中，超声波（A 波）检测是应用最广、操作方便且经济的检测方法。

3. 钢结构的性能检测

钢结构性能的检测包括两个方面，即结构及构件的承载能力及正常使用的变形要求检测，主要检测内容有以下几点。

① 结构形体及构件几何尺寸的检测。
② 结构连接方式及构造的检测。
③ 结构承受的荷载及效应核定（或测定）。
④ 结构及构件的强度核算。
⑤ 结构及构件的刚度测定及核算。
⑥ 结构及构件的稳定性核算。
⑦ 结构的变形（挠度等）测定。
⑧ 结构的动力性能测定及核算。
⑨ 结构构件的疲劳性能核算及测定。

结构性能的测定，既需要用专用设备，也需要根据相应的国家规范、规程进行复核、计算。对于一个具体的钢结构工程，检测内容一般应由检测单位依据相关检测标准、规范、检测管理法规及设计要求提出，对无明确规定的检测项目可以根据实际需要由检测单位和建设单位共同确定。在现行《钢结构工程施工质量验收规范》(GB 50205—2001)中对原材料检测有明确规定，该规定指出：钢结构工程所采用的钢材，应具有质量证明书，并应符合设计要求。当对钢材的质量有疑义时，应按国家现行有关标准的规定进行抽样检验。

关于焊接连接的检测在《钢结构工程施工质量验收规范》(GB 50205—2001)、《建筑钢结构焊接规程》(JGJ 81—1991)中有明确规定。

此外，对螺栓连接及其他检测项目在相关的标准规范中都有不同程度的要求。

6.4.2 钢结构工程的检测技术

钢结构工程应用的日益广泛，促进了钢结构工程检测技术的发展。目前检测方法正逐步完善，检测项目日益齐全，相关标准、规范的制订已基本满足检测工作的需求，并且新的方法、技术仍在不断开发研究，尤其检测的智能化已得到了充分地重视。

本节就国内外关于力学性能、理化分析、无损探伤、结构性能等领域的检测技术现状及发展作一简单的阐述。

1. 力学性能检测

原材料、焊接接头及螺栓均须进行力学性能的检测。就原材料而论，其力学性能通常是指钢材在标准条件下均匀拉伸、冷弯、冲击等单独作用下显示出的各种性能。

材料的拉伸试验是检测结构用钢材工作性能可靠且经济的常用检测方法。

单向拉伸试验简单易行，试件受力明确，对钢材缺陷的反应较为敏感，试验所得各项力学性能指标对复杂受力状态下的应力应变强度因子的确定也具有意义。

拉伸原则上可在各种类型的拉力试验机上进行，试件的伸长可采用各种类型的引伸计测定，荷载作用下的应力应变曲线可由 $X-Y$ 函数仪记录，亦可利用计算机技术，对试验数据进行连机处理。就目前的发展趋势来看，数据的计算机连机处理是一个发展方向。

冷弯性能，是指钢材在常温下承受弯曲变形的能力。冷弯试验的目的在于检测钢材弯曲加工的工艺性能。冷弯试验能严格检验钢材内部组织缺陷，也是考察钢材在复杂应力状态下发展塑性变形能力的一种方法。焊接接头的冷弯试验能揭示焊件表面的未熔合、微裂纹和夹杂物等。冷弯试验可在压力试验机或万能试验机上按一定的弯心直径要求进行。试验时应有足够硬度的支承辊和不同直径的弯心，弯心也应有足够的硬度。

冲击韧性是指钢材在冲击荷载作用下于断裂时吸收机械能的一种能力。冲击韧性对钢材的化学成分、内部组织、焊接中的微裂纹的等都非常敏感，且随着温度的降低而变化，当温度降低到某一温度时，某一特定钢材会出现冲击韧性突然降低的现象，此温度称为钢材冲击韧性转变温度。因此冲击韧性可作为钢材低温脆性断裂的一项力学性能指标。

另外钢材随时间的变化，强度会提高，但冲击韧性会降低，这种现象称作"时效"，时效敏感性大的钢材，用于直接承受动力荷载的结构，有突然脆性断裂的可能，亦应进行冲击韧性试验。

冲击试验，多数是在摆锤式冲击试验机上进行的。试件可采用梅氏 U 形缺口试件或夏比 V 形缺口试件。而我国和日本均规定采用夏比 V 形缺口进行试验。

此外，作为钢材力学性能指标的硬度，与钢材的强度存在一定关系。硬度有布氏硬度、洛氏硬度、维氏硬度、显微硬度之分。常用的硬度指标为布氏硬度。布氏硬度试验是将一定直径的淬硬性钢球，在规定的压力下，压入试件表面，并保持一定的时间，卸荷后，用压痕单位球面积上所承受荷载的大小作为所测钢材的硬度值。钢材的硬度试验可在试验机上进行。

焊接接头的弯折试验等均可在弯折试验机上进行。

扭剪型高强螺栓的预拉力检测可用螺栓轴向力测试仪进行检测。

高强螺栓连接的抗滑移系数可在拉力试验机上进行试验。

高强度大六角头螺栓连接副扭矩系数的复验有两种试验方法。一种是在螺栓试验机上进行，与试验机相连的记录装置记录扭矩－轴力曲线，扭矩轴力的数值读至刻度值的 1/2 为止。然后利用下列公式确定扭矩系数

$$K = T/d_1 \times p$$

式中　K——扭矩系数；
　　　T——扭矩；
　　　d_1——螺栓公称直径；
　　　p——螺栓轴力。

另一种试验方法是，用螺栓轴力计算测螺栓的轴力，在量测轴力的同时，测定并记录施加于螺母上的扭矩值，然后根据计量的螺栓预拉力及扭矩值，按上式推算扭矩系数。在日本，两种检测方法均使用，我国则建议采用后一种测试方法。

2. 理化性能检测

钢结构，尤其是焊接钢结构，由于加工制作、焊接、构造不当等原因，有往往会产生断裂，断裂的影响因素之一是材质质量问题，如某些化学成分过高、晶粒粗大、有夹杂物等，为了防止脆性断裂的发生需要检测材质的物理化学性质。

物理分析包括宏观分析与微观分析。宏观分析系采用 20 倍以下的放大镜或低倍显微镜观察断口形状。微观分析目前主要采用透射电子显微镜、扫描电子显微镜等进行断口的微观分析，宏观分析反映全貌、微观分析揭示本质。物理分析具有鉴别断裂材质的组织结构、夹杂物等功能。

化学分析，主要是检测原材料及连续材料中各种化学成分的含量，尤其是有害元素的化学含量。目前采用的主要方法有吸光光度法，原子吸收法。滴定法、红外线吸收法、气体容量法等。

金相分析常用的检测方法为金相宏观试验及金相微观试验，其中金相式样的制备尤为关键，直接决定试验结果的可靠性。

3. 焊缝无损探伤

焊缝的检测包括外观检查和无损检查。关于无损检查《建筑钢结构焊接规程》(JGJ 81—1991) 推荐采用射线探伤、超声波探伤、磁粉探伤、渗透探伤等四种检测方法。

射线探伤有照相法、荧光屏法和电离法三种方法，目前普遍采用的是照相法。荧光屏法和电离法存在精度差、灵敏度低、探伤厚度小等缺陷，目前使用较少。随着数字图像处理技术的发展，射线探伤正在向实时检测过程控制方向发展。

超声探伤具有灵敏度高、检测深度大、缺陷定位准确、易于操作、对人体无害等优点，故超声波无损检测技术在国内外均得到了广泛的应用。

超声探伤仪按其工作方式可分为：脉冲反射式探伤仪、连续式探伤仪、调频式探伤仪。若按显示方法划分，则有 A、B、C 三种型号。目前普遍采用的是 A 型探伤仪，该探伤仪依据示波管荧光屏上时间扫描基线上的讯号，判断焊缝内部缺陷。B 型探伤仪能把探头移动路线所切割的被探试件断面情况显示出来。该仪器常采用浸液

法,有利于自动化探伤。C型探伤仪用于超声成像检测,能显示试件内部缺陷的全貌,且具有较大的检测厚度,主要用于科研工作。目前超声检测以手工为主,随着自动化和智能型超声探伤仪的开发研制,超声成象系统的研制,超声检测技术将会跃上一个新的台阶。

磁粉探伤是利用在强磁场中,铁磁性材料表层缺陷产生的漏磁场吸附磁粉的现象,进行试件表面缺陷的无损检测。

磁粉探伤检测漏磁的方法,可分为磁粉法、磁感应法、磁记录法。就磁粉探伤操作方法而言,有磁粉干法检验,磁粉湿法检验。全自动荧光磁粉探伤设备的开发,将会把磁粉探伤工作推进到一个新的阶段。

渗透法是利用红色染料及荧光染料的渗透性检测试件表面缺陷的方法。有着色法和荧光法两种。

除上述四种常用的无损探伤方法,声发射无损探伤在动态监测结构性能方面也有着广泛的应用前景。所谓声发射无损检测,是利用被测试件在外部作用下速度的放弹性能而产生应力波的物理现象进行检测的一种方法。利用声发射技术监测焊接结构的疲劳损伤全过程已获得成功,国外正在开展用声发射技术监测建筑及桥梁结构的稳定性研究。

另外,全息探伤技术能检测试件表面及内部缺陷尺寸的位置及大小,并能获得缺陷的空间信息,因此应用前景看好。激光全息探伤,超声波全息探伤都已有应用。

4. 结构性能检测

结构性能检测,涉及的面很宽,从受力特性上可分为静力检测和动力检测。

静力检测主要是检测结构构件在拉、压、弯、扭、剪单独及其组合作用下的强度及稳定性。所采用的设备大体可分为加载装置/传感器、观测装置、记录仪等。目前国内结构性能检测试验加载装置较为粗制,有时难以模拟实际支承形式和受力状态,明显和发达国家存在差距。有些加力设备吨位过小,难以满足实验要求。对于实验数据的采集和分析,目前不少单位已利用计算机技术实现了实验数据的连机分析。

结构动力性能取决于结构的材料、形式、各部分的细部构造等,很难用纯理论的方法去分析,必须进行动力性能测试。动力性能测试分为动力特性测试和动力反应测试两个内容。

动力特性主要是指结构的自振周期、振型、阻尼等动力参数。其测试方法有共振法、自由振动法、脉冲法。

共振法的特点是机理明确,提供参数全面,数据分析简单可靠,试验所用设备主要是激振器。常用的有机械式起振器、电动液压起振器、电磁式激振器等。

自由振动法测试结构的振动特性可采用荷载激励法,如突加激励、突卸激励等。具体做法可采用张拉释放撞击,放小火箭。常用打桩架、撞钟设备或反冲激振器施加冲击荷载。

脉冲法,亦称环境随机振动法。环境随机振动必然引起建筑物的响应,由于环境振动是随机的,建筑物的响应也是随机的,而且是一个随机过程。在测试时可利用测振传感器测量地面运动的脉源和建筑物的结构响应。将测试结果送到专用计算机,通过傅立叶变换由所测时程曲线得到频谱图,然后利用峰值法定出各阶频率,由半功率法得到结构阻尼。该方法实验简单,分析处理较复杂。

用于结构动力反应测试的试验有:结构伪静力试验、结构拟动力试验、抗震动力加载试验。

结构在地震作用下,受反复水平荷载的作用,且结构以本身的变形来吸收地震能量,尤其是进入塑性状态后的变形。为了模拟这一过程,常采用静态的反复加力试验,称其为伪静力试验。伪静力试验所用加载设备有液压加载设备,电液伺服加载系统。支承装置有抗侧力试验台座、反力墙,移动式抗水平反力支架等。伪静力试验在国内外抗震试验中均被采用。

拟动力试验,又称伪动力试验,计算机—加载联机试验,用计算机检测和控制整个试验过程。结构的恢复力可直接由试验中结构的位移和荷载来量测,结合输入的地震加速度记录,由计算机直接完成非线形地震响应分析。试验采用的设备有:电液伺服加载器、计算机、传感器等。该试验在国内外抗震研究中均广泛采用。

抗震动力加载试验有:人工地震加载试验,天然地震加载试验、结构模拟地震振动台试验。

人工地震加载可采用地面或地下爆炸的方式使地面瞬间产生运动,然后测量爆炸影响范围内建筑物的各种动力参数。

天然地震动力加载,实际上是把地震区看做是一个试验场,在地震高发区内,预先布置好各种观察设备及不同结构类型的建筑结构,于震中或震后调查结构的反应,一般是宏观反应。

地震模拟振动台加载试验是利用振动台台面输入地震波,结构输出动力反应,借助于系统识别方法,得到结构的各种动力参数,其主要设备是振动台和数据处理系统。20世纪80年代我国从国外引进的振动台在当时是先进的,现在看来和国外还存在相当大的差距。

【思考与练习】

6-1 简述土木工程检测的基本程序。
6-2 砌体结构的现场检测有哪些方法?各种方法的适用范围是什么?
6-3 混凝土结构的现场检测有哪些方法?各种方法的适用范围是什么?
6-4 钢结构的现场检测有哪些方法?各种方法的适用范围是什么?

第7章 土木工程事故处理

7.1 概述

土木工程事故的处理程序十分重要。分析事故的最终目的是为了处理事故。由于事故处理具有复杂性、危险性、连锁性、选择性及技术难度大等特点,因此事故处理必须持科学、谨慎的观点,并严格遵守一定的处理程序。

7.1.1 事故处理必备的条件

① 处理目的应十分明确。
② 事故情况清楚。
一般包括事故发生的时间、地点、过程、特征描述、观测记录及发展变化规律等。
③ 事故性质明确。
通常应明确三个问题:是结构性还是一般性问题;是实质性还是表面性问题;事故处理的紧迫程度。
④ 事故原因分析准确、全面。
事故处理就像医生给人看病一样,只有弄清病因,方能对症下药。
⑤ 事故处理所需资料应齐全。
资料是否齐全直接影响到分析判断的准确性和处理方法的选择。

7.1.2 事故处理的基本要求及注意事项

事故处理通常应达到以下四项要求。
安全可靠、不留隐患。
满足使用或生产要求。
经济合理。
施工方便、安全。
要达到上述要求,事故处理必须注意以下事项。
(1) 综合治理
首先,应防止原有事故处理后引发新的事故;其次,注意处理方法的综合应用,以取得最佳效果;再者,一定要消除事故根源,不可治表不治里。
(2) 事故处理过程中的安全
国内外有些事故在工程处理过程中或者说在加固改造的过程中倒塌,造成了更大的人员和财产损失,为避免此类事故的发生,应注意以下问题。

① 对于严重事故,岌岌可危,随时可能倒塌的建筑,在处理之前必须有可靠的支护。

② 对需要拆除的承重结构部分,必须事先制定拆除方案和安全措施。

③ 凡涉及结构安全的,处理阶段的结构强度和稳定性十分重要,尤其是钢结构容易失稳问题应引起足够重视。

④ 重视处理过程中由于附加应力引发的不安全因素。

⑤ 在不卸载条件下进行结构加固,应注意加固方法的选择以及对结构承载力的影响。例如,国内曾发生过钢屋架受拉弦杆及腹杆由于采用端焊缝加固致使截面软化而引发的倒塌事故。

(3) 事故处理的检查验收工作

目前,对新建筑施工,由于引入工程监理,在"三控两管一协调"方面发挥了重要作用。但对于建筑物的加固改造和事故处理及检查验收工作重视程度不够,应予以加强。

7.1.3 事故处理的程序

事故处理一般工作程序为:申报或委托→成立鉴定小组→事故调查→事故原因分析→结构可靠性鉴定→事故调查报告→处理前复查→处理方案→处理设计→施工方案→施工检查验收。

(1) 申报或委托

凡重大工程事故,施工单位无权处理,必须上报。

(2) 成立鉴定小组

鉴定小组的成立通常应与委托方签定合同,明确鉴定的目的和范围。

(3) 事故调查

事故调查一般分为初步调查和详细调查,主要调查事故的内容、范围、性质等,为事故原因分析及处理方法确定提供依据。

(4) 事故原因分析

主要从建造阶段、正常使用阶段、老化阶段等三个方面来分析事故原因。

(5) 结构可靠性鉴定

通常包括安全性、适用性和耐久性等三项内容。

(6) 事故调查报告

通常包括以下内容:工程概况,事故概况,事故是否作过处理,事故调查中的实测数据和各种试验数据,事故原因分析,结构可靠性鉴定结果,事故处理建议等。

(7) 处理前复查

处理前复查工作的重点是查清是否留有隐患,确定事故的直接原因及性质,并认真做好记录工作,必要时应拍摄照片或录像。

（8）处理方案

处理方案确定的依据是事故调查报告、实地勘察成果以及用户的要求等。

（9）处理设计

处理设计既要保证安全，也要注意经济性及可行性，采取合理的构造措施对结构十分重要。要避免在加固过程中发生倒塌事故。

（10）施工方案

施工方案是确保设计要求和满足规范要求的关键。不合理或错误的施工方案将导致加固过程中新事故的发生。

（11）施工检查验收

事故处理完毕后，应根据规范规定及设计要求进行检查验收，并办理竣工验收文件。

7.2 砌体结构的事故处理

砌体结构常见事故有裂缝、刚度不足、强度不足等几种情况。加固前应首先从整体上考虑。当结构工程事故是由于地基不均匀沉降引起时，不能直接加固墙体，而应首先进行地基基础的加固处理。否则，对墙体的加固没有效果。对工程裂缝应进行修补；对强度和刚度不足的墙体可采用加大截面法。加大截面法可分为加附壁柱、钢筋混凝土/水泥砂浆网片加固、外包钢加固等。当砌体整体性不够或没有设置圈梁时，也可增加圈梁或钢拉杆。

7.2.1 附壁柱加固砖墙

图 7-1 所示为砖附壁柱加固砖墙示意图。

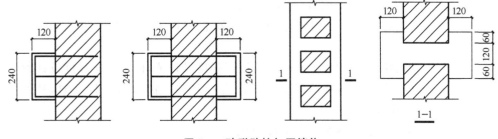

图 7-1 砖附壁柱加固墙体

如图 7-2 所示为混凝土附壁框加固砖墙的示意图。

砖附壁柱加固时，插筋直径可取 4 mm 或 6 mm，插筋竖向间距为 240 mm，砖墙用较高等级的混合砂浆砌筑。

混凝土附壁柱加固时，纵向钢筋直径不小于 12 mm，拉筋直径 6 mm，U 形拉筋纵向间距 240 mm，混凝土强度等级 C15 或 C20，截面厚度不小于 50 mm。

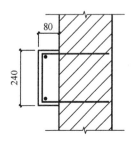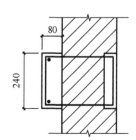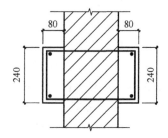

图 7-2 混凝土附壁柱加固墙体

加固时,应将结合面上的粉刷层凿去,并冲洗干净。加固至楼层标高时,应采取可靠措施保证和楼板顶紧并连接可靠。新加构件参与计算时,其强度应乘以不大于 0.9 的折减系数。

(1) 砖附壁柱加固计算

因为加固前墙体不可能做到完全卸荷,所以后加部分的强度要进行折减,加固后墙体的受压承载力可按下式计算:

$$N \leqslant \varphi(fA + 0.9f_1A_1) \tag{7.1}$$

式中 N——轴向力设计值;

φ——高厚比 β 和轴向力的偏心距 e 对受压构件承载力的影响系数;

f、f_1——原砖墙和后加附壁柱的抗压强度设计值;

A、A_1——原砖墙和后加附壁柱的截面面积。

(2) 混凝土附壁柱加固计算

基于同样的原因,考虑到应力滞后效应,后加部分不能贡献全部的承载能力,加固后墙体可按下式计算其承载力:

$$N \leqslant \varphi_{com}[fA + \alpha(f_cA_c + \eta_sf'_yA'_s)] \tag{7.2}$$

式中 φ_{com}——组合砖砌体构件的稳定系数;

α——新浇附壁柱的材料强度折减系数,根据原有砌体的状况可取 0.9~0.95;

f_c——后加附壁柱混凝土或砂浆的抗压强度设计值,砂浆抗压强度设计值可取为同强度等级的混凝土设计值的 70%,当砂浆为 M7.5 时,其值为 3MPa;

A_c——混凝土或砂浆面层的截面面积;

η_s——受压钢筋的强度系数,当为混凝土面层时,取 1.0;为砂浆面层时,取 0.9;

$f'_yA'_s$——受压钢筋的抗压强度设计值及截面面积。

偏心受压组合砌体的承载力可按下式计算:

$$N \leqslant fA' + \alpha(f_cA'_c + \eta_sf'_yA'_s) - \sigma_sA_s \tag{7.3}$$

或

$$Ne_N \leqslant fS_s + \alpha[f_cS_{c,s} + \eta_sf'_yA'_s(h_0 - a')] \tag{7.4}$$

此时受压区高度 x 可按下式确定：
$$fS_N + \alpha(f_c S_{c,N} + \eta_s f'_y A'_s e'_N) - \sigma_s A_s e_N = 0 \tag{7.5}$$

式中 A'——原砌体受压部分面积；

A'_c——混凝土或砂浆面层受压部分面积；

S_s——砖砌体受压部分面积对受拉钢筋重心的面积矩；

$S_{c,s}$——混凝土或砂浆面层受压部分的面积对受拉钢筋的面积矩；

S_N——砖砌体受压部分的面积对轴向力作用点的面积矩；

$S_{c,N}$——混凝土或砂浆面层受压部分的面积对轴向力作用点的面积矩；

$e'_N e_N$——分别为受压钢筋和受拉钢筋重心至轴向力作用点的距离；计算时要考虑附加偏心距 e_i 的影响，$e_i = \frac{\beta^2 h}{2200}(1 - 0.022\beta)$

σ_s——受拉钢筋的应力。

7.2.2 钢筋网片加大截面法加固砖墙

图 7-3 所示为钢筋网片加大截面法加固示意图。

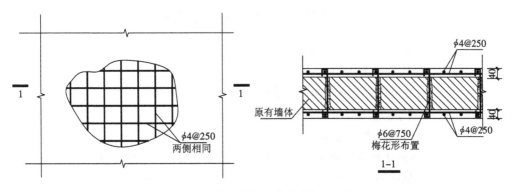

图 7-3 钢筋网片加大截面法加固墙体

当墙体承载力严重不足时，或墙体上有较多裂缝而修补困难时，可采用钢筋网片加大截面法加固。该方法亦称夹板墙加固法，加固后墙体的整体性、承载能力及延性均有大幅度提高。

夹板墙的厚度，一般不小于 30 mm；一般采用水泥砂浆或喷射细石混凝土，钢筋保护层厚度不小于 10 mm，钢筋网直径可在 3～8 mm 之间，钢筋网格间距可在 150～600 mm 之间。

1) 正截面受压计算

钢筋网片加固后，构件成为组合砌体，可按照式(7.1)～式(7.5)进行正截面受压承载力计算。

2) 斜截面受剪承载力计算

影响夹板墙抗剪承载力的因素很多，主要有上部墙体的压应力、砂浆面层的厚度和抗剪强度、夹板墙中钢筋数量及其强度等级、原砖墙的厚度及其抗剪强度。根据试验及理论分析。夹板墙的抗剪承载力可按下式进行计算。

$$V_k \leqslant \frac{(f_v+0.7\sigma_0)A_k}{1.9} \tag{7.6}$$

式中　V_k——楼层第 k 道夹板墙承受的剪力；

　　　σ_0——夹板墙在 1/2 层高处截面的平均压应力；

　　　A_k——楼层第 k 道夹板墙在 1/2 层高处的横截面面积（扣除门窗洞口面积）。对于空斗砖墙与空心砖墙，均取包括空斗与空心部分面积在内的截面面积。

　　　f_v——夹板墙折算成原砖砌体的抗剪强度，建成折算抗剪强度。根据不同的修复和加固条件，取下列两种情况计算后的较小值。

面层砂浆强度控制时

$$f_v = \frac{nt_1}{t_m}f_{v1} + \frac{2}{3}f_m + \frac{0.03nA_{sv1}}{\sqrt{s}t_m}f_{yv} \tag{7.7}$$

钢筋强度控制时

$$f_v = \frac{0.4nt_1}{t_m}f_{v1} + 0.26f_m + \frac{0.35nA_{sv1}}{\sqrt{s}t_m}f_{yv} \tag{7.8}$$

式中　t_1——砂浆面层的厚度，mm；

　　　t_m——原砖墙厚度，mm；

　　　n——一道夹板墙的加固面层层数；

　　　f_{v1}——面层砂浆抗剪强度，MPa。$f_{v1}=1.4\sqrt{M}$；

　　　M——面层砂浆强度等级；

　　　f_m——砖砌体通缝抗剪强度设计值，对不修复裂缝的开裂墙体，取零。

　　　A_{sv1}——单根钢筋的截面面积；

　　　s——钢筋网钢筋的间距，mm。

7.2.3　外包角钢加固砖柱

如图 7-4 所示为外包角钢加固砖柱示意图。

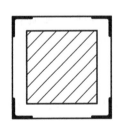
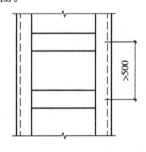

图 7-4　外包角钢加固砖柱

外包角钢和原有砖砌体之间用高强度等级水泥砂浆填充,角钢截面不宜小于∟50×5。在基础部位,外包角钢应有可靠的锚固措施。

外包角钢加固后,砖柱成为组合砖柱。由于角钢和缀板对砖柱有一定的横向约束作用,原有砖柱的承载能力将有所提高。可参考组合砖柱及夹板墙的计算方法进行计算。

7.2.4 裂缝修补

常用的裂缝修补方法是对砌体裂缝内部进行高压灌浆。浆液可采用水泥砂浆或其他复合类灌浆料。

水泥浆液水灰比宜取 0.7~1.0,为防止水泥浆液沉淀,常掺加适量悬浮剂,构成混合浆液。悬浮剂一般采用聚乙烯醇、水玻璃或 107 胶。当采用取乙烯醇作为悬浮剂时,首先把聚乙烯醇溶解于水中形成水溶液,然后加搅拌边掺入水泥即可。其配比为(重量比)聚乙烯醇:水 = 2:98;然后按水泥:水溶液(重量比)= 1:0.7 比例配成混合浆液。当采用水玻璃时,只要将 2%(按水重量计)的水玻璃溶液倒入刚搅拌好的纯水泥浆中搅拌均匀即可。

当采用 107 胶时,先将适量的 107 胶溶于水或溶液,然后用这种溶液,拌制灌浆液。

灌浆的一般方法步骤如下。

① 清理裂缝,使通道贯通。

② 布置灌浆嘴,一般布置在裂缝交叉处或裂缝端部,布嘴间距根据裂缝宽度大小确定,一般在 250~500 mm 之间。对较厚的墙体(如 370 mm 墙)应在墙体两侧均设置灌浆嘴,灌浆嘴应用水泥砂浆固定,图 7-5 所示为灌浆嘴示意图。

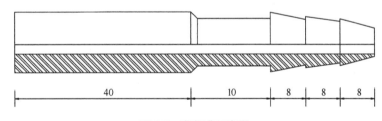

图 7-5 灌浆嘴示意图

③ 用加有促凝剂的 1:2 水泥砂浆嵌缝,以避免灌浆时浆液外溢。

④ 待封闭层砂浆达到一定强度后,先向每个灌浆嘴中灌入适量清水使灌浆通道畅通,再用 0.2~0.25 MPa 的压缩空气检查通道泄露程度,然后进行压力灌浆。灌浆顺序自下而上,当附近灌浆嘴溢出或灌浆嘴不进料时可停止灌浆。灌浆压力控制在 0.2 MPa,不宜超过 0.25 MPa。灌浆过程中墙体局部冒浆时,应停止灌浆约 15 min 或用快硬水泥浆临时堵塞,然后再进行灌浆。

⑤ 全部灌浆后,停 30 min 再进行二次补灌,以提高灌浆密实度。

⑥ 拆除灌浆嘴,表面清理。

7.2.5 砌体结构的整体性加固处理

前已述及,对出现工程事故的或年代久远需要提高安全度的结构,加固处理时应立足于结构整体。不能头疼医头、脚疼医脚。出现工程事故的结构,应首先寻找事故的根源,从源头入手进行加固;然后修复表面的破坏或破损。对使用年代久远的和设计时没有考虑抗震设防的结构,应进行整体加固。增加能够提高抗震性能的构造柱、圈梁等,对墙体抗震承载力不足的结构,进行墙片的加大截面法加固。

【工程实例7-1】

某办公楼,建造于20世纪70年代,设计时没有考虑抗震设防。办公楼长39.2 m,宽14.4 m;高四层,局部五层,顶部为大开间会议室。没有设计构造柱和圈梁,局部墙体洞口过大。后因办公楼需进行装修,进行了检测鉴定。经抗震验算,发现结构抗震承载能力严重不足,地震时不能保证结构的安全(见图7-6)。

根据结构的特点和方便施工的原则,进行了如下加固处理措施。

① 在结构角部和外部纵横墙交接处增加构造柱;构造柱有矩形、L形等。
② 沿结构外墙每层增设圈梁。
③ 在结构内部沿横墙增设钢拉杆。
④ 局部墙体上原有洞口封堵。
⑤ 局部增设墙体,将原有大开间变成小开间。
⑥ 减轻不必要荷重。

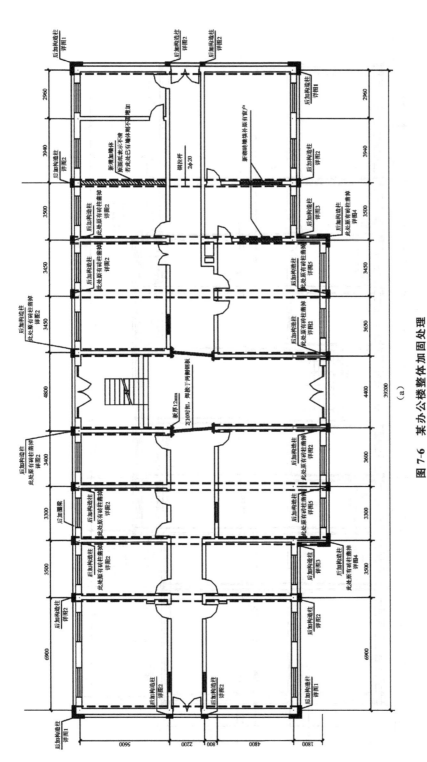

图 7-6 某办公楼整体加固处理

(a) 一层加固平面图；(b) 二层加固平面图；(c) 四层加固平面图；(d) 详图；(e) 详图

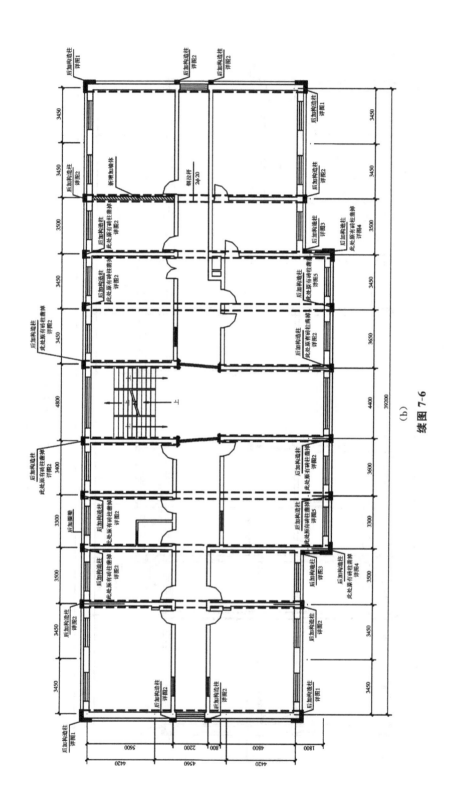

续图 7-6

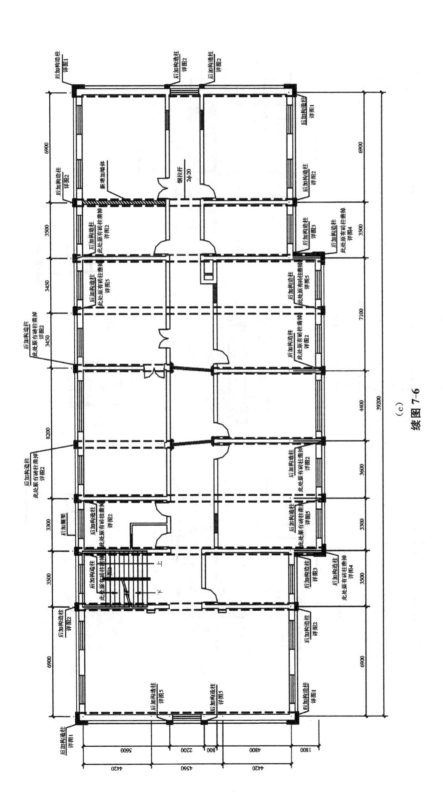

续图 7-6

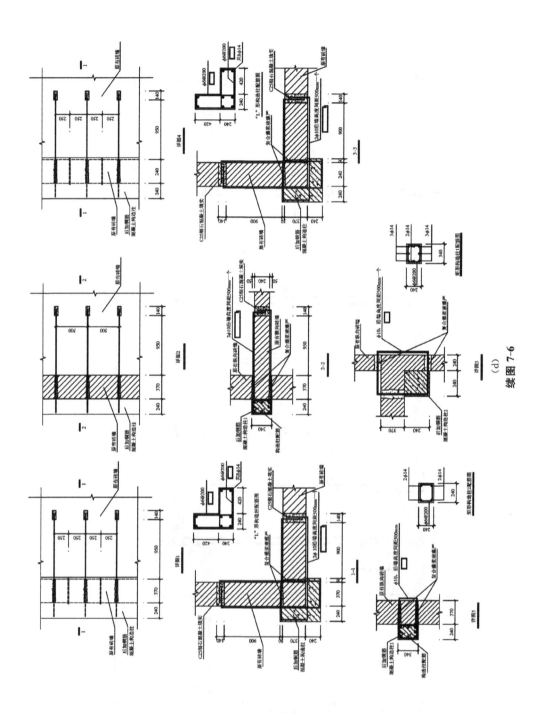

续图 7-6

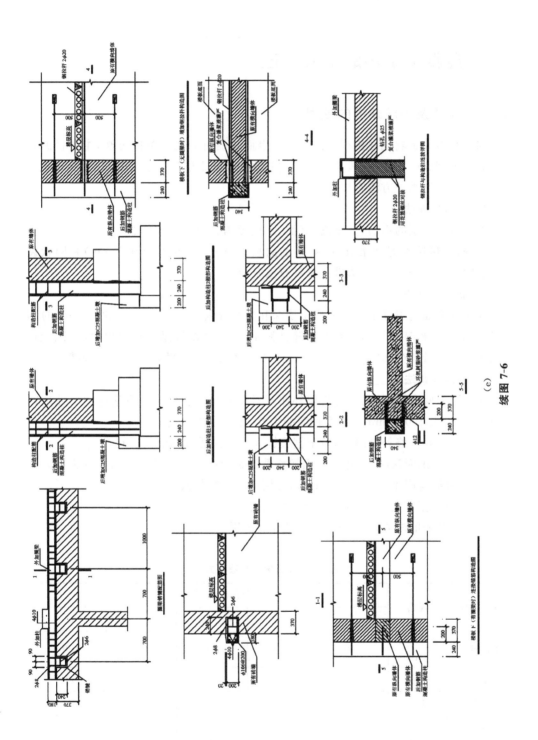

续图 7-6 (e)

7.3 混凝土结构的事故处理

7.3.1 裂缝及表层缺损的处理

对承载力无影响或影响很小的裂缝及表面缺损可采用修补的方法,主要目的是使建筑物外观完好,并防止风化、腐蚀、钢筋锈蚀及缺损的进一步发展,以提高建筑物的耐久性。常用修补方法有以下几种。

1)表面处理法

对混凝土表层的损伤,如蜂窝、麻面、缺棱掉角、表面疏松等轻微损伤,先清理混凝土表面,直接抹水泥砂浆修补;对微细的独立裂缝(宽度小于 0.2 mm)和网状裂缝,用低黏度且具有良好渗透性的修补胶液密封。

2)填充密封法

在构件表面沿裂缝走向骑缝凿出槽深和槽宽分别不小于 20 mm 和 15 mm 的 U 形槽,然后用改性环氧树脂或弹性填缝材料充填,并粘贴纤维复合材以封闭其表面。适用于处理数量较少而宽度大于 0.5 mm 的裂缝以及钢筋锈蚀所产生的裂缝。

3)压力灌浆法

在一定时间内,以较高压力将修补注浆料压入裂缝腔内。此方法适用于处理宽度较大(宽度大于 0.3 mm)、深度较深的裂缝,尤其是受力裂缝。

当采用灌浆法修补裂缝时,应根据裂缝大小选择适宜的灌浆材料。

① 当裂缝细而深时,宜用甲基丙烯酸酯类浆液或低黏度环氧树脂浆液灌注。

② 当裂缝宽度不小于 0.3 mm 时,可用环氧树脂浆液灌注。

③ 当裂缝宽度大于 2 mm 时,可用水泥类材料灌注。

树脂类浆液的配方,可按表 7-1 及表 7-2 采用。

表 7-1 环氧树脂浆液配方

材料名称	规格	配合比(重量比)				
		1	2	3	4	5
环氧树脂	6101 或 6105	100	100	100	100	100
糠醛	工业	—	20~25	—	50	50
丙酮	工业	—	20~25	—	60	60
邻苯二甲酸二丁酯	工业	—	—	10	—	—
甲苯	工业	30~40	—	50	—	—

续表

材料名称	规格	配合比（重量比）				
		1	2	3	4	5
苯酚	工业	—	—	—	—	10
乙二胺	工业	8～10	15～20	8～10	20	20
使用功能		1天后固化，流动性稍差	2天后弹性体，流动性好	1天固化，流动性较好	6天后弹性体，流动性很好	7天后弹性体，流动性很好

表 7-2　甲基丙烯酸酯类浆液配方

材　料　名　称	规　　格	配合比（重量比）		
		1	2	3
甲基丙烯酸甲酯	MMA	100	100	100
醋酸乙烯	—	—	18	0～15
丙烯酸	—	—	10	0～10
过氧化二苯甲酰	BPO	1.5	1.0	1～1.5
对甲苯亚磺酸	TSA	1.0	1.0～2.0	0.5～1.0
二甲基苯胺	DMA	1.0	0.5～1.0	0.5～1.5

7.3.2　增大截面加固法

1. 设计规定

① 本方法适用于钢筋混凝土受弯和受压构件的加固。

② 采用本方法时，按现场检测结果确定的原构件混凝土强度等级不应低于C10。

③ 当被加固构件界面处理及其黏结质量符合构造要求时，可按整体截面计算。

④ 正截面承载力应按现行国家标准《混凝土结构设计规范》(GB 50010—2002)的基本假定进行计算。

2. 受弯构件正截面加固计算

① 采用增大截面加固受弯构件时，应根据原结构构造和受力的实际情况，选用在受压区或受拉区增设现浇钢筋混凝土外加层的加固方式。

② 当仅在受压区加固受弯构件时，其承载力、抗裂度、钢筋应力、裂缝宽度及挠度的计算和验算，可按现行国家标准《混凝土结构设计规范》(GB 50010—2002)关于叠合式受弯构件的规定进行。若验算结果表明，仅需增设混凝土叠合层即可满足承载力要求时，也应按构造要求配置受压钢筋和分布钢筋。

③ 当在受拉区加固矩形截面受弯构件时（见图 7-7），其正截面受弯承载力应按

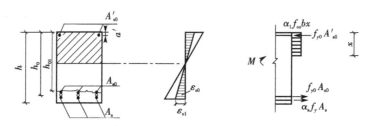

图 7-7 受弯构件加固计算

下列公式确定：

$$M \leqslant \alpha_s f_y A_s (h_0 - \frac{x}{2}) + f_{y0} A_{s0}(h_{01} - \frac{x}{2}) + f'_{y0} A'_{s0}(\frac{x}{2} - \alpha') \quad (7.9)$$

$$\alpha_1 f_{c0} b x = f_{y0} + A_{s0} + \alpha_s f_y A_s - f'_{y0} A'_{s0} \quad (7.10)$$

$$2\alpha' \leqslant x \leqslant \xi_b h_0 \quad (7.11)$$

式中 M——构件加固后弯矩设计值；

α_s——新增钢筋强度利用系数，取 $\alpha_s = 0.9$；

f_y——新增钢筋的抗拉强度设计值；

A_s——新增受拉钢筋的截面面积；

h_0、h_{01}——构件加固后和加固前的截面有效高度；

x——等效矩形应力图形的混凝土受压区高度，简称混凝土受压区高度；

f_{y0}、f'_{y0}——原钢筋的抗拉、抗压强度设计值；

A_{s0}、A'_{s0}——原受拉钢筋和原受压钢筋的截面面积；

α'——纵向受压钢筋合力点至混凝土受压区边缘的距离；

α_1——受压区混凝土矩形应力图的应力值与混凝土轴心抗压强度设计值的比值；当混凝土强度等级超不过 C50 时，取 $\alpha_1 = 1.0$；当混凝土强度等级为 C80 时，取 $\alpha_1 = 0.94$；其间按线性内插法确定；

f_{c0}——原构件混凝土轴心抗压强度设计值；

b——矩形截面宽度；

ξ_b——构件增大截面加固后的相对界限受压区高度，按下列公式确定。

$$\xi_b = \frac{\beta_1}{1 \pm \frac{\alpha_s f_y}{\varepsilon_{cu} E_s} + \frac{\varepsilon_{s1}}{\varepsilon_{cu}}} \quad (7.12)$$

$$\varepsilon_{s1} = (1.6 \frac{h_0}{h_{01}} - 0.6)\varepsilon_{s0} \quad (7.13)$$

$$\varepsilon_{s0} = \frac{M_{0k}}{0.87 h_0 A_{s0} E_s} \quad (7.14)$$

式中 β_1——计算系数，当混凝土强度等级不超过 C50 时，取为 0.8；当混凝土强度等级为 C80 时，取为 0.74；其间按线性内插法确定；

ε_{cu}——混凝土极限压应变，取 0.0033；

ε_{s1}——新增钢筋位置处,按平截面假设确定的初始应变值;当新增主筋与原主筋的连接采用短筋焊接时,可近似取 $h_{01}=h_0$,$\varepsilon_{s1}=\varepsilon_{s0}$;

ε_{s0}——加固前,在初始弯矩 M_{0k} 作用下原受拉钢筋的应变值。

当按以上公式算得的加固后混凝土受压区高度 x 与加固前原截面有效高度 h_{01} 之比大于原截面相对界限受压区高度 ξ_{b0} 时,应考虑原纵向受拉钢筋应力 σ_{s0} 尚达不到 f_{y0} 的情况。此时,应将上述两公式中的 f_{y0} 改为 σ_{s0},并重新进行验算。验算时,σ_{s0} 值可按下式确定

$$\sigma_{s0} = \left(\frac{0.8h_{01}}{x}-1\right)\varepsilon_{cu}E_s \leqslant f_{y0} \tag{7.15}$$

若算得的 $\sigma_{s0} < f_{y0}$,则应按验算结果确定加固钢筋用量;若算得的结果 $\sigma_{s0} \geqslant f_{y0}$,则表示原计算结果无须变动。

翼缘位于受压区的 T 形截面受弯构件,其受拉区增设现浇配筋混凝土层的正截面受承载力,应按以上计算原则和现行国家标准《混凝土结构设计规范》(GB 50010) 关于 T 形截面受弯承载力规定进行计算。

3. 受弯构件斜截面加固计算

① 受弯构件加固后的斜截面应符合下列条件。

当 $h/b \leqslant 4$ 时, $\quad\quad V \leqslant 0.25\beta_c f_c bh_0$ (7.16)

当 $h/b \geqslant 6$ 时, $\quad\quad V \geqslant 0.20\beta_c f_c bh_0$ (7.17)

当 $4 < b/h < 6$ 时,按线性内插法确定。

式中 V——构件加固后剪力设计值;

β_c——混凝土强度影响系数;按现行国家标准《混凝土结构设计规范》的规定值采用;

b——矩形截面的宽度或 T 形、工形截面的腹板宽度;

h_w——截面的腹板高度;对矩形截面,取有效高度;对 T 形截面,取有效高度减去翼缘高度;对工形截面,取腹板净高。

② 采用增大截面法加固受弯构件时,其斜截面受剪承载力应符合下列规定。

a. 当受拉区增设配筋混凝土层,并采用 U 形箍与原箍筋逐个焊接时

$$V \leqslant 0.7 f_{t0} bh_{01} + 0.7\alpha_c f_t b(h_0 - h_{01}) + 1.25 f_{yv0}\frac{A_{sv0}}{s_0}h_0 \tag{7.18}$$

b. 当增设钢筋混凝土三面围套,并采用加锚式或胶锚式箍筋时

$$V \leqslant 0.7 f_{t0} bh_{01} + 0.7\alpha_c f_t A_c + 1.25\alpha_s f_{yv}\frac{A_{sv}}{s}h_0 + 1.25 f_{yv0}\frac{A_{sv0}}{s_0}h_{01} \tag{7.19}$$

式中 α_c——新增混凝土强度利用系数,取 $\alpha_c = 0.7$;

f_t、f_{t0}——新、旧混凝土轴心抗拉强度设计值;

A_c——三面围套新增混凝土面积;

α_s——新增箍筋强度利用系数,取 $\alpha_s = 0.9$;

f_{sv} 和 f_{sv0}——新箍筋和原箍筋的抗拉强度设计值;

A_{sv} 及 A_{sv0}——同一截面内新箍筋各肢截面面积之和及原箍筋各肢截面面积之和；

s 或 s_0——新增箍筋或原箍筋沿构件长度方向的间距。

4. 受压构件正截面加固计算

① 采用增大截面加固钢筋混凝土轴心受压构件（见图 7-8），其正截面受压承载力应按下式确定

$$N \leqslant 0.9\varphi[f_{c0}A_{c0} + f'_{y0}A'_{s0} + \alpha_{cs}(f_c A_c + f'_y A'_s)] \tag{7.20}$$

式中 N——构件加固后的轴向压力设计值；

φ——构件稳定系数，根据加固后的截面尺寸，按现行国家标准《混凝土结构设计规范》的规范值采用；

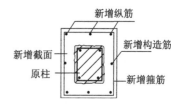

图 7-8 轴心受压构件增大截面加固

f_{c0}——原构件混凝土轴心抗压强度设计值；

A_{c0}——原构件的截面面积；

f'_{y0}、A'_{s0}——原构件纵向钢筋抗压强度设计值和截面面积；

A_c——新加部分混凝土的截面面积；

f'_y、A'_s——新加部分纵向钢筋的抗压强度设计值和截面面积；

α_{cs}——新加混凝土和新加纵向钢筋的强度综合利用系数，取 0.8。

② 采用增大截面加固钢筋混凝土偏心受压构件时，其矩形截面正截面承载力应按下列公式确定（见图 7-8、图 7-9）。

$$N \leqslant \alpha_1 f_{cc} bx + 0.9 f'_y A'_s + f'_{y0} A'_{s0} - 0.9\sigma_s A_s - \sigma_{s0} A_{s0} \tag{7.21}$$

$$Ne \leqslant \alpha_1 f_{cc} bx \left(h_0 - \frac{x}{2}\right) + 0.9 f'_y A'_s (h_0 - a'_s) + \sigma_{s0} A_{s0} (a_{s0} - a_s) \tag{7.22}$$

$$\sigma_{s0} = \left(\frac{0.8 h_{01}}{x} - 1\right) E_{s0} \varepsilon_{cu} \leqslant f_{y0} \tag{7.23}$$

$$\sigma_s = \left(\frac{0.8 h_0}{x} - 1\right) E_s \varepsilon_{cu} \leqslant f_y \tag{7.24}$$

式中 f_{cc}——新旧混凝土组合截面的混凝土轴心抗压强设计值，可按 $f_{cc} = \frac{1}{2}(f_{c0} + 0.9 f_c)$ 确定；

f_c、f_{c0}——分别为新旧混凝土轴心抗压强度设计值；

σ_{s0}——原构件受拉边或受压较小边纵向钢筋应力；当算得 $\sigma_{s0} > f_{y0}$ 时，取 $\sigma_s = f_y$；

σ_s——受拉边或受压较小边的新增纵向钢筋应力；当算得 $\sigma_s > f_y$ 时，取 $\sigma_s = f_y$；

A_{s0}——原构件受拉边或受压较小边纵向钢筋截面面积；

A'_{s0}——原构件受压较大纵向钢筋截面面积；

a_{s0}——原构件受拉边或受压较小边纵向钢筋合力点到加固后截面近边的距离;

a'_{s0}——原构件受压较大边纵向钢筋合力点到加固后截面近边的距离;

a_s——受拉边或受压较小边新增纵向钢筋合力点至加固后截面近边的距离;

a'_s——受压较大边新增纵向钢筋合力点至加固后截面近边的距离;

h_0——受拉边或受压较小边新增纵向钢筋合力点至加固后截面受压较大边缘的距离;

h_{01}——原构件截面有效高度。

e——偏心距,为轴向压力设计值 N 的作用点至新增受拉钢筋合力点的距离,应按现行国家标准《混凝土结构设计规范》的规定进行计算,但其增大系数 η 尚应乘以下列修正系数 ψ_η。

对围套或其他对称形式的加固:

当 $e_0/h \geqslant 0.3$ 时, $\psi_\eta = 1.1$

当 $e_0/h < 0.3$ 时, $\psi_\eta = 1.2$

对非对称形式的加固:

当 $e_0/h \geqslant 0.3$ 时, $\psi_\eta = 1.2$

当 $e_0/h < 0.3$ 时, $\psi_\eta = 1.3$

5. 构造规定

① 新增混凝土层的最小厚度,板不应小于 40 mm;梁、柱采用人工浇筑时,不应小于 60 mm;采用喷射混凝土施工时,不应小于 50 mm。

② 加固用的钢筋,应采用热轧钢筋。板的受力钢筋直径不应小于 8 mm;梁的受力钢筋直径不应小于 12 mm;柱的受力钢筋直径不应小于 14 mm;加锚式箍筋直径不应小于 8 mm;U 形箍直径应与原箍筋直径相同;分布筋直径不应小于 6 mm。

③ 新增受力钢筋与原受力钢筋的净间距不应小于 20 mm,并应采用短筋或箍筋与原钢筋焊接;其构造应符合下列要求。

当新增受力钢筋与原受力钢筋的连接采用短筋(见图 7-9(a))焊接时,短筋的直径不应小于 20 mm,长度不应小于其直径的 5 倍,各短筋的中距不应大于 500 mm。

当截面加固时设置 U 形箍筋(见图 7-9(c)),U 形箍筋应焊在箍筋上,单面焊缝长度应为箍筋直径的 10 倍,双面焊缝长度应为箍筋直径的 5 倍。

当用混凝土围套加固时,应设置环形箍筋或胶锚式箍筋(见图 7-9(b)或(d))。

梁的新增纵向受力钢筋,其两端可靠锚固;柱的新增纵向受力钢筋的下端应伸入基础并应满足锚固要求;上端应穿过楼板与上层柱脚连接或在屋面板处封顶锚固。

7.3.3 置换混凝土加固法

1. 设计规定

① 本方法适用于承重构件受压混凝土强度偏低或有严重缺陷的局部加固。

② 采用本方法加固梁式构件时,应对原构件加以有效的支顶。当采用本方法加固柱、墙等构件时,应对原构件、构件在施工全过程中的承载状态进行验算、观测和控制,置换界面处的混凝土不应出现拉应力,若控制有困难,应采取支顶等措施进行卸荷。

③ 采用本方法加固混凝土结构构件时,其非置换部分的原构件混凝土强度等级,以现场检测结果不应低于该混凝土结构建造时规定的强度等级为准。

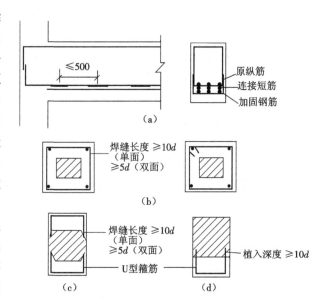

图 7-9 增大截面配置新增箍筋的连接构造
(a) 连接短筋的设置;(b) 封闭箍筋的构造;
(c) 原箍筋上焊接 U 型箍;(d) 植筋植入 U 型箍
注:d 为箍筋直径

2. 加固计算

① 当采用置换法加固钢筋混凝土轴心受压构件时,其正截面承载力按下式计算:

$$N \leqslant 0.9\varphi(f_{c0}A_{c0} + \alpha_c f_c + f'_{y0}A'_{s0}) \tag{7.25}$$

式中 N——构件加固后的轴向压力设计值;

φ——构件稳定系数,根据加固后的截面尺寸,按现行国家标准《混凝土结构设计规范》的规范值采用;

f_{c0}——原构件混凝土轴心抗压强度设计值;

A_{c0}——原构件的截面面积;

f'_{y0}、A'_{s0}——原构件纵向钢筋抗压强度设计值和截面面积;

A_c——新置换部分混凝土的截面面积;

α_c——置换部分新增混凝土的强度利用系数,当置换过程无支顶时,取 0.8;当置换过程采取有效的支顶措施时,取 1.0。

② 当用置换法加固钢筋混凝土偏心受压构件时,其正截面承载力应按下列两种情况分别计算。

压区混凝土置换深度 $h_n \geqslant x_n$,按新混凝土强度等级和现行国家标准《混凝土结构设计规范》的规定进行正截面承载力计算。

压区混凝土置换深度 $h_n < x_n$ 其正截面承载力按下式计算:

$$N \leqslant \alpha_1 f_c b h_n + \alpha_1 f_{c0} b(x_n - h_n) + f'_y A'_s - \sigma_s A_s \tag{7.26}$$

$$Ne \leq \alpha_1 f_c b h_n h_{0n} + \alpha_1 f_{c0} b(x_n - h_n) h_{00} + f_y' A_s'(h_0 - a_s') \qquad (7.27)$$

式中 e——轴向压力作用点至受拉钢筋合力点的距离;

x_n——加固后混凝土受压区高度;

h_n——受压区混凝土的置换深度;

h_0——纵向受拉钢筋合力点至受压区边缘的距离;

h_{0n}——纵向受拉钢筋合力点至置换混凝土形心的距离;

h_{00}——纵向受拉钢筋合力点至原混凝土$(x_n - h_n)$部分形心的距离;

A_s、A_s'——分别为受拉区、受压区纵向钢筋的截面面积;

b——矩形截面的宽度;

a_s'——纵向受压钢筋合力点至截面近边的距离;

f_y'——纵向受压钢筋的抗压强度设计值;

σ_s——纵向受拉钢筋的应力。

③ 当采用置换法加固钢筋混凝土受弯构件时,其正确面承载力应按下列两种情况分别计算。

压区混凝土置换深度 $h_n \geq x_n$,按新混凝土强度等级和现行国家标准《混凝土结构设计规范》的规定进行正截面承载力计算。

压区混凝土置换深度 $h_n < x_n$,其正确截面承载力应按下列公式计算:

$$\alpha_1 f_c b h_n + \alpha_1 f_{c0} b(x_n - h_n) = f_y A_s - f_y' A_s' \qquad (7.28)$$

$$M \leq \alpha_1 f_c b h_n h_{0n} + \alpha_1 f_{c0} b(x_n - b_n) h_{00} + f_y' A_s'(h_0 - a_s') \qquad (7.29)$$

式中 M—— 构件加固后的弯矩设计值;

f_y、f_y'—— 原构件纵向钢筋的抗拉、抗压强度设计值。

3. 构造规定

① 置换用混凝土的强度等级应比原构件混凝土提高一级,且不应低于 C25。

② 混凝土的置换深度,板不应小于 40 mm;梁、柱采用人工浇筑时,不应小于 60 cm;采用喷射法施工时,不应小于 50 mm。置换长度应按混凝土强度和缺陷的检测及验算结果确定,但对非全长置换情况,其两端应分别延伸不小于 100 mm 的长度。

③ 置换部分应位于构件截面受压区内,且应根据受力方向,将有缺陷的混凝土剔除;剔除位置应在构件整个宽度的一侧或对称的两侧;不得仅剔除截面的一隅。

7.3.4 外加预应力加固法

1. 设计规定

① 本方法适用于下列场合的梁、板、柱和桁架的加固。

a. 原构件截面偏小或需要增加其使用荷载。

b. 原构件需要改善其使用性能。

c. 原构件处于高应力、应变状态,且难以直接卸除其结构上的荷载。

② 采用外加预应力方法加固混凝土结构时,应根据被加固构件的受力性质、构造特点和现场条件,选择适用的预应力方法。

a. 对正截面受弯承载力不足的梁、板构件,可采用预应力水平拉杆进行加固;正截面和斜截面均需加固的梁式构件,可采用下撑式预应力拉杆进行加固;若工程需要,且构造条件允许,也可同时采用水平拉杆和下撑式拉杆进行加固。

b. 对受压承载力不足的轴心受压柱、小偏心受压柱以及弯矩变号的大偏心受压柱,可采用双侧预应力撑杆进行加固;若弯矩不变号,也可采用单侧预应力撑杆进行加固。

c. 对桁架中承载力不足的轴心受拉构件和偏心受拉构件,可采用预应力拉杆进行加固;对受拉钢筋配置不足的大偏心受压柱,也可采用预应力拉杆进行加固。

③ 当采用外加预应力方法对钢筋混凝土结构、构件进行加固时,其原构件的混凝土强度等级应基本符合现行国家标准《混凝土结构设计规范》对预应力结构混凝土强度等级的要求。

④ 当采用本方法加固混凝土结构时,其新增的预应力拉杆、撑杆、缀板以及各种紧固件和锚固件等均应进行可靠的防锈蚀处理。

⑤ 采用本方法加固的混凝土结构,其长期使用的环境温度不应高于 60 ℃。

⑥ 当被加固构件的表面有防火要求时,应按现行国家标准《建筑防火设计规范》(GB 50016—2006)规定的耐火极限要求,对预应力构件及其连接进行防护。

2. 加固计算

① 当采用预应力水平拉杆加固钢筋混凝土梁时,应按下列规定进行计算。

预应力水平拉杆的截面面积 A_p,可按下式估算

$$A_p = \Delta M / f_{py} \eta_1 h_{01} \tag{7.30}$$

式中　ΔM——加固梁的距中截面处受弯承载力需有的增量;

f_{py}——预应力钢拉杆抗拉强度设计值;

h_{01}——由被加固梁上缘到水平拉杆截面形心的距离;

η_1——内力臂系数,可取 0.85。

计算水平拉杆产生的作用效应增量 ΔN。

确定对水平拉杆施加的预应力值 σ_p,并应满足下式要求

$$\sigma_p + \Delta N / A_p < \beta_1 f_{py} \tag{7.31}$$

式中　A_p——实际选用的预应力水平拉杆总截面面积;

β_1——两根水平拉杆的协同工作系数,取 0.85。

按现行国家标准《混凝土结构设计规范》验算,被加固梁在跨中和支座截面的偏心受压承载能力,以及在支座附近的斜截面受剪承载能力。计算中将水平拉杆的作用效应作为外力,并在全部荷载作用下作偏心受压验算。若验算结果不能满足上述规范的要求时,可加大拉杆截面或改用其他加固方案。

按采用的施加预应力方法,计算施工中需要的控制量。

采用两根预应力水平拉杆横向拉紧时,横向张拉量 ΔH(见图 7-10),可按下式近似计算

$$\Delta H = L_1 \sqrt{2\sigma_p/E_s} \quad (7.32)$$

式中 ΔH——横向张拉量;
L_1——张拉后的斜段在张拉前的长度;
E_s——拉杆钢筋的弹性模量。

采用千斤顶张拉水平拉杆时,可用张拉力 $A'_p\sigma_p$ 或预加应力 σ_p 进行控制。

② 当用预应力下撑式拉杆加固钢筋混凝土梁时,宜按下述步骤进行设计计算。

预应力下撑式拉杆的截面面积 A_p,可用下式进行估算

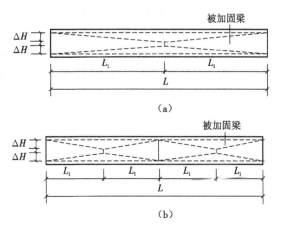

图 7-10 水平拉杆横向张拉
(a)一点张拉;(b)两点张拉

$$A_p = \Delta M / f_{py} \eta_2 h_{02} \quad (7.33)$$

式中 A_p——预应力下撑式拉杆的总截面面积;
f_{py}——下撑式钢拉杆抗拉强度设计值;
h_{02}——由下撑式拉杆中部水平段的截面形心到被加固梁上缘的垂直距离;
η_2——内力臂系数,取 0.80。

计算由于张拉预应力下撑式拉杆达到一定应力 σ_p 后,Z 引起下撑式拉杆中部水平段中的作用效应增量 ΔN。

确定下撑式拉杆施加的预加应力值 σ_p,并应满足下式要求

$$\sigma_p + \Delta N / A_p < \beta_2 f_{py} \quad (7.34)$$

按现行国家标准《混凝土结构设计规范》验算被加固梁在跨中和支座截面的偏心受压承载能力,以及由支座至拉杆弯折处的斜截面受剪承载能力。验算中将下撑式拉杆中的作用效应作为外力,若验算结果不能满足上述规范的要求时,可加大拉杆截面或改用其他加固方案。

按采用的施加预应力方法,确定施工中控制张拉时需用的控制量。

当采用两根预应力下撑式拉杆进行横向张拉时,可按下式计算横向张拉量 ΔH

$$\Delta H = \frac{L_2}{2} \sqrt{2\sigma_p/E_s} \quad (7.35)$$

式中 L_2——中部水平段的长度。

③ 当用预应力拉杆加固钢筋混凝土屋架时,宜按下述步骤进行设计计算。

a. 计算在设计荷载作用下原屋架各杆件中的作用效应。

b. 根据各杆件的作用效应、裂缝状况和屋架变形等情况确定预应力拉杆的加固位置方案。

c. 选定预应力拉杆的截面面积 A_p 和施加的预应力值 σ_p,并将 $\sigma_p A_p$ 视为外力作用,计算其在屋架各杆件引起的作用效应。

d. 现行国家标准《混凝土结构设计规范》的规定,验算屋架各杆件在最不利荷载组合(1、3款计算的作用效应叠加)作用下的杆件截面承载能力、裂缝宽度和抗裂度以及屋架的挠度,若验算结果不能满足上述规范的要求时,可调整预应力拉杆的截面面积或预加应力值,再重新验算。

e. 根据预应力的施加方法、锚夹具选用和施加预应力值的控制方法,验算锚夹具锚固处的混凝土局部受压承载能力。

④ 当用预应力撑杆加固轴心受压的钢筋混凝土柱时,宜按下述步骤进行设计计算。

确定加固后轴向压力设计值 N。

按现行国家标准《混凝土结构设计规范》验算原柱轴心受压承载能力 N_0:

$$N_0 = 0.9\varphi(f_{c0}A_{c0} + f'_{y0}A'_{s0}) \tag{7.36}$$

式中 φ——原柱的稳定系数;

A_{c0}、f_{c0}——原柱的截面面积和原柱的混凝土抗压强度设计值;

A'_{s0}、f'_{y0}——原柱的受压纵向钢筋总截面面积和抗压强度设计值。

计算需由撑杆承受的轴向压力 N_1

$$N_1 = N - N_0 \tag{7.37}$$

预应力撑杆的总截面面积可按下式计算

$$N_1 \leqslant \varphi \beta_3 f'_{py} A'_p \tag{7.38}$$

式中 A'_p——预应力撑杆的总截面面积;

β_3——撑杆与原柱的协同工作系数,取 0.9;

f'_{py}——撑杆钢材的抗压强度设计值。

预应力撑杆采用双侧设压杆肢,每一个压杆肢由两根角钢或一根槽钢构成。

用预应力撑杆加大钢筋混凝柱后,其轴向受压承载能力可按下式验算。

$$N_1 \leqslant 0.9\varphi(f_{c0}A_{c0} + f'_{y0}A'_{s0} + \beta_3 f'_{py}A'_p) \tag{7.39}$$

若验算结果不满足上述规范的要求时,可加大撑杆截面面积,再重新验算。

缀板计算。

缀板可按现行国家标准《钢结构设计规范》(GB 50017—2003)进行计算,其尺寸和间距应保证撑杆受压肢(或单根角钢)在施工时不致失稳。

确定预加应力值。

施工时的预加应力值 σ'_p,可按下式近似计算

$$\sigma'_p \leqslant \varphi_1 \beta_4 f'_{py} \tag{7.40}$$

式中 φ_1——用横向张拉法时压杆肢的稳定系数,其计算长度取压杆肢全长的一半;

用顶升法时,取撑杆全长,按格构式压杆计算稳定系数;

β_4——经验系数,取 0.75。

按采用的施加预应力方法,计算施工中的控制量。

当用千斤顶、楔子等进行竖向顶升安装撑杆时,顶升量 ΔL 可按下式计算

$$\Delta L = a_1 + L\sigma'_p/(\beta_5 E_a) \tag{7.41}$$

式中 E_a——撑杆钢材的弹性模量;

L——撑杆的全长;

a_1——撑杆端顶板与混凝土间的压缩量,取 2~4 mm;

β_5——经验系数,取 0.90。

当用横向张拉法(见图 7-11)安装撑杆时,横向张拉量 ΔH 按下式近似计算

$$\Delta H = a + L/2 \sqrt{2\sigma'_p/(\beta_5 E_a)} \tag{7.42}$$

实际弯折撑杆肢时宜将长度中点处的横向弯折量取为 $\Delta H + 3\sim 5$ mm,施工中只收紧 ΔH,以确保撑杆处于预压状态。

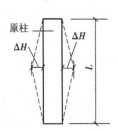

图 7-11 预应力撑杆横向张拉量计算图

⑤ 当用单侧预应力撑杆加固弯矩不变号的偏心受压钢筋混凝土柱时,按下述步骤设计计算。

确定该柱加固后需承受的最不利偏心荷载——轴向压力 N 和弯矩 M;

确定撑杆肢承受能力时,先试用两根较小的角钢或一根槽钢作撑杆肢,其有效受压承载能力取 $0.9f'_{py}A'_{p1}$。

据静力平衡条件,原柱加固后需承受的偏心受压荷载为

$$N_{01} = N - 0.9f'_{py}A'_p \tag{7.43}$$

$$M_{01} = M - 0.9f'_{py}A'_p a/2 \tag{7.44}$$

按现行国家标准《混凝土结构设计规范》对原柱截面受压承载能力进行验算

$$N_{01} \leqslant \alpha_1 f_{c0} bx + f'_{y0} A'_{s0} - \sigma_{s0} A_{s0} \tag{7.45}$$

$$N_{01} \cdot e \leqslant \alpha_1 f_{c0} bx(h_0 - 0.5x) + f'_{y0} A'_{s0}(h_0 - a_{s0}) \tag{7.46}$$

式中 $e = e_0 + 0.5h - a'_{s0}$;$e_0 = M_{01}/N_{01}$

b——原柱宽度;

x——原柱的混凝土受压区高度;

σ_{s0}——原柱受拉纵向钢筋的应力;

e——轴向力作用点至原柱受拉纵向钢筋合力点之间的距离;

a'_{s0}——受压纵向钢筋合力点至受压区边缘的距离。

当原柱偏心受压承载力不满足上述要求时,可加大撑杆截面面积,再重新验算。

缀板的设计应符合现行国家标准《钢结构设计规范》的有关规定。撑杆肢或角钢在施工时不得失稳。

施工时,撑杆的预加压应力值 σ'_p,宜取为 50～80 MPa。

横向张拉量 ΔH 的计算和要求按公式(7.42)确定。

⑥ 当用双侧预应力撑杆加固弯矩需变号的偏心受压钢筋混凝土柱时,可按受压荷载较大的一侧用单侧撑杆加固的步骤进行计算,角钢截面面积应满足柱加固后需承受的最不利偏心受压荷载,柱的另一侧用同规格的角钢组成压杆肢,使撑杆的双侧截面对称。

缀板设计,预加应力值 σ_p 的确定和施工时的横向张拉量 ΔH(或竖向顶升量 ΔL)的计算可按以上公式进行。

3. 构造规定

① 当采用预应力拉杆进行加固时,可用机张法或横向张拉法施工。用机张法时的有关构造要求,除本规范有规定外,尚应符合现行《混凝土结构设计规范》及《混凝土工程施工及验收规范》中的有关规定;采用横向张拉法施工时的构造,应遵守下列规定。

当用预应力水平拉杆或下撑式拉杆加固梁,且加固的张拉力较小(一般在 150 kN 以下)时,可选用两根直径为 12～30 mm 的 I 级钢筋;若加固的预应力较大,也可采用 II 级钢筋。当被加固梁的截面高度大于 800 mm 时,可采用型钢拉杆。当用预应力拉杆加固屋架时,可用 II 级、III 级、精轧螺纹钢筋、碳素钢丝或钢绞线等高强度钢材。

预应力水平拉杆或预应力下撑式拉杆中部的水平段距离被加固梁或加固屋架的下缘的净空不应大于 100 mm,以 30～80 mm 为宜。

预应力下撑式拉杆的布置如图 7-12 所示,其斜段宜紧贴在被加固梁的梁肋两旁,在被加固梁下应设厚度不小于 10 mm 的钢垫板,其宽度宜与被加固梁宽相等,而沿梁跨度方向的长度应不小于板厚的 4 倍,钢垫板下设直径不小于 20 mm 的钢垫棒,其长度不得小于被加固梁宽加 2 倍拉杆直径再加 40 mm,钢垫板宜用结构胶固定位置,钢垫棒可用点焊固定位置。

预应力拉杆端部的锚固构造。

被加固构件端部有传力预埋件可用时,可将预应力拉杆与传力预埋件焊接,通过焊缝传力。

如无传力埋件时,宜焊制专门的钢托套,套在混凝土构件上与拉杆焊接。钢托套可用型钢焊成,也可用钢板加焊加劲肋,如图 7-12(b)所示。钢托套与混凝土构件间的空隙,应用细石混凝土砂浆填塞密实。钢托套对构件混凝土的局部受压承载能力应经验算合格。

横向张拉通过拧紧螺栓的螺帽进行。拉紧螺栓的直径不得小于 16 mm,其螺帽的高度不得小于螺杆直径的 1.5 倍。拉紧螺栓及其附件的构造,如图 7-12(c)所示。

② 采用预应力撑杆进行加固时,应遵守下列规定。

预应力撑杆用的角钢,其截面不应小于 50 mm×50 mm×50 mm,压杆肢的两根

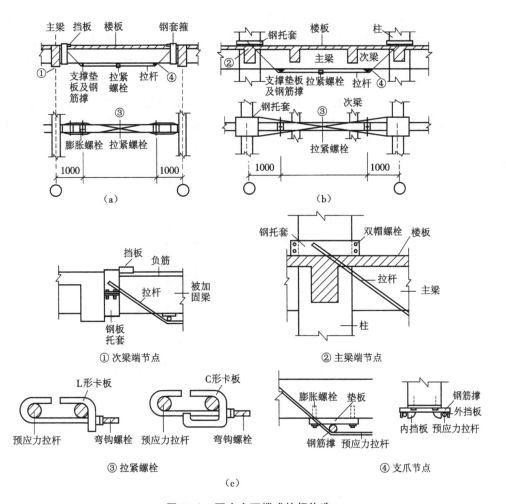

图 7-12 预应力下撑式拉杆构造

角钢用缀板连接,形成槽形截面。也可用单根槽钢作压杆肢。缀板的厚度不得小于 6 mm,其宽度不得小于 80 mm,其长度应按角钢与被加固柱之间的空隙大小确定。相邻缀板间的距离应保证单个角钢的长细比不大于 40。

压杆肢末端的传力构造如图 7-13 所示。压杆肢两根角钢与顶板(平行于缀板)间通过焊缝传力,顶板与承压角钢之间通过抵承传力。承压角钢宜嵌入被加固柱的

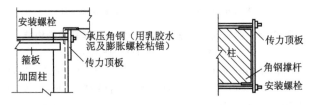

图 7-13 撑杆端传力构造图

柱身混凝土或柱头混凝土内25 mm左右。传力顶板宜用厚度不小于16 mm的钢板,其与角钢肢焊的板面及与承压角钢抵承的面均应刨平。承压角钢截面不得小于100 mm×75 mm×12 mm。为使撑杆压力能较均匀地传递,可在承压角钢之上或其外侧再加钢垫板。

当预应力撑杆采用螺栓横向拉紧的施工方法时,双侧加固的撑杆的两个压肢中部向外折弯,在弯折处通过拉紧螺栓建立预应力(见图7-14)。单侧加固的撑杆只有一个压杆肢,仍在中点处折弯,并采用螺栓进行横向张拉(见图7-15)。

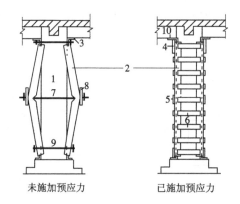

图 7-14 钢筋混凝土柱双侧预应力加固撑杆结构构造
(a)未施加预应力;(b)已施加预应力
1—被加固构件;2—加固撑杆角钢;3—传力角钢;4—传力顶板;5—撑杆连接板;
6—安装撑杆后焊在两撑杆间的连接板;7—拉紧螺栓;8—拉紧螺栓垫板;9—安装用拉紧螺栓;
10—凿掉混凝土表面,用水泥砂浆找平

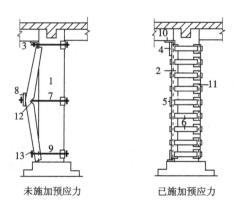

图 7-15 钢筋混凝土柱单侧预应力加固撑杆结构构造
(a)未施加预应力;(b)已施加预应力
1— 被加固构件;2—角钢加固撑杆;3—传力钢板;4—传力板;5—连接板;
6—安装撑杆后,由侧边焊上的连接板;7—拉紧螺栓;8—拉紧螺栓垫板;9—安装用拉紧螺栓;
10—凿掉混凝土表层后铺上水泥砂浆;11—固定箍的角钢;12—角钢切口;13—安装螺栓的垫板

弯折压杆肢之前,需在角钢的侧立肢上切出三角形缺口。缺口背面,应补焊钢板予以加强,如图 7-16 所示。

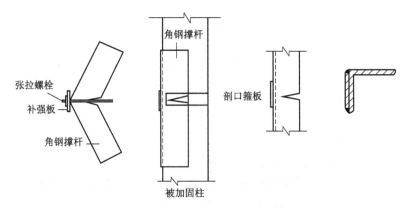

图 7-16 角钢缺口处加焊钢板加强

拉紧螺栓的直径不应小于 16 mm,其螺帽高度不应小于螺杆直径的 1.5 倍。

7.3.5 外黏型钢加固法

1. 设计规定

① 外黏型钢(角钢或槽钢)加固法适用于需要大幅度提高截面承载能力和抗震能力的钢筋混凝土梁、柱结构的加固。

② 采用外黏型钢加固混凝土结构构件(见图 7-17)时,应采用改性环氧树脂胶黏剂进行灌注。

2. 加固计算

① 采用外黏角钢或槽钢加固钢筋混凝土轴心受压构件时,其正截面承载力应按下式计算

$$N \leqslant 0.9\varphi(f_{c0}A_{c0} + f'_{y0}A'_{s0} + \alpha_a f'_a A'_a) \quad (7.47)$$

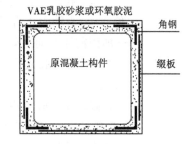

图 7-17 外黏型钢加固

式中 N——轴向压力设计值;

φ——轴心受压构件的稳定系数,可根据加固后的截面尺寸,按《钢结构设计规范》(GB50017—2003)表 5.2.1 的规定值采用;

α_a——型钢受压强度利用系数,除抗震设计外,可取 $\alpha_a=0.9$;

f'_a——型钢抗压强度设计值,按现行国家标准《钢结构设计规范》的规定采用;

A'_a——全部受压肢型钢的截面面积。

② 加固钢筋混凝土偏心受压构件时,其矩形截面正截面承载力按下列公式确定

$$N \leqslant \alpha_1 f_{c0}bx + f'_{y0}A'_{s0} - \sigma_{s0}A_{s0} + \alpha_a f'_a A'_a - \alpha_a \sigma_a A_a \quad (7.48)$$

$$Ne \leqslant \alpha_1 f_{c0}bx(h_0-\frac{x}{2})+f'_{y0}A'_{s0}(h_0-a'_{s0})+\sigma_{s0}A_{s0}-(a_{s0}-a_a)+\alpha_a f'_a A'_a(h_0-a'_a) \tag{7.49}$$

$$\sigma_{s0}=\left[\frac{0.8h_0}{x}-1\right]E_{s0}\varepsilon_{cu} \tag{7.50}$$

$$\sigma_a=\left[\frac{0.8h_0}{x}-1\right]E_{a0}\varepsilon_{cu} \tag{7.51}$$

式中　N——构件加固后轴向压力设计值；

　　　b——原构件截面宽度；

　　　x——混凝土受压区高度；

　　　f_{c0}——原构件混凝土轴心抗压强度设计值；

　　　f'_{y0}、A'_{s0}——原构件受压区纵向钢筋抗拉强度设计值和钢筋面积；

　　　σ_{s0}——受拉钢筋或受压较小边钢筋的应力，当 σ_{s0} 为拉应力且值大于 f_{y0} 时，取 $\sigma_{s0}=f_{y0}$；当 σ_{s0} 为压应力且其绝对值大于 f_{y0} 时，取 $\sigma_{s0}=-f_{y0}$；

　　　A_{s0}——原构件受拉边或受压较小边纵向钢筋截面面积；

　　　α_a——型钢受压强度利用系数，除抗震设计外，可取 $\alpha_a=0.9$；

　　　f'_a——型钢抗压强度设计值，按现行国家标准《钢结构设计规范》（GB 50017）的规定采用；

　　　A'_a——全部受压肢型钢的截面面积；

　　　σ_a——受拉肢或受压较小肢型钢的应力，可近似取 $\sigma_a=\sigma_{s0}$；

　　　A_a——全部受拉肢型钢截面面积；

　　　e——偏心距，为轴向压力设计值作用点至受拉区型钢形心的距离；

　　　h_{01}——加固前原截面有效高度；

　　　h_0——加固后受拉肢或受压较小肢型钢的截面形心至原构件截面受压较大边的距离；

　　　a'_{s0}——原截面受压较大边纵向钢筋合力点至原构件截面近边的距离；

　　　a'_a——受压较大肢型钢截面面形心至原构件截面近边的距离；

　　　a_{s0}——原构件受拉边或受压较小边纵向钢筋合力点至原截面近边的距离；

　　　a_a——受拉肢或受压较小肢型钢截面形心至原构件截面近边的距离；

　　　E_a——型钢的弹性模量。

3. 构造规定

① 采用外黏型钢加固法时，应优先选用角钢；角钢的厚度不应小于 5 mm，角钢的边长，对梁和衍架不应小于 50 mm，对柱不应小于 75 mm。沿梁、柱轴线方向应每隔一定距离用扁钢制作的箍板或缀板与角钢焊接。当有楼板时，U 形箍板或其附加的螺杆应穿过楼板，与另加的条形钢板焊接或嵌入楼板后予以胶锚。箍板与缀板均应在胶粘前与加固角钢焊接。箍板或缀板截面不应小于 40 mm× 4 mm，其间距不应大于 20r（r 为单根角钢截面的最小回转半径），且不应大于 500 mm；在节点区，其

间距应适当加密。

② 外包型钢两端应有可靠的连接和锚固(见图 7-18)。对外包型钢柱,角钢下端应视柱根弯矩大小伸到基础顶面或锚固于基础,中间穿过各层楼板,上端伸至加固层的上层上端板底面或屋顶板底面;对外包框架或连系梁,梁角钢应与柱角钢相互焊接,或用扁钢带绕柱外包焊接;对桁架,角钢应伸过该杆件两端的节点,或设置节点板将角钢焊在节点板上。

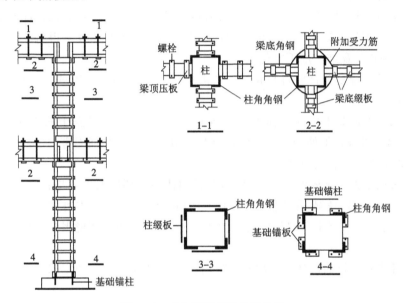

图 7-18 外包型钢框架连接构造

③ 当按本规范构造要求以外包型钢加固排架柱(见图 7-19)处时,应将加固型钢与原柱头顶部埋设件(承压钢板)相互焊接。对于二阶柱和上下柱交接处、牛腿处,应予以加强。

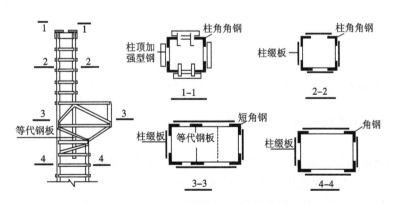

图 7-19 排架柱加固构造图

④ 采用外黏型钢加固钢筋混凝土构件时,型钢表面(包括混凝土表面)应抹厚度不小于 25 mm 的高强度等级水泥砂浆(应加钢丝网防裂)作防护层,也可采用其他具有防腐蚀和防火性能的饰面材防护。

7.3.6 粘贴纤维复合材加固法

1. 设计规定

① 本方法适用于钢筋混凝土受弯、轴心受压、大偏心受压及受拉构件的加固。

② 被加固的混凝土结构构件,其现场实测混凝土强度等级不得低于 C15,且混凝土表面的正拉黏结强度不得低于 1.5 MPa。

③ 外贴纤维复合材加固的混凝土结构构件,应将纤维受力方式设计成仅承受拉应力作用。

④ 粘贴在混凝土构件表面上的纤维复合材,不得直接暴露于阳光或有害介质中,其表面应进行防护处理。表面防护材料应对纤维及胶黏剂无害,且应与胶黏剂有可靠的黏结强度及相互协调的变形性能。

⑤ 采用本方法加固的混凝土结构,其长期使用的环境温度不应高于 60℃;处于特殊环境(如高温、高湿、介质侵蚀、放射等)的混凝土结构采用本方法加固时,除应按国家现行有关标准规定采取相应的防护措施外,尚应采用耐环境因素作用的胶黏剂,并按专门的工艺要求进行粘贴。

⑥ 纤维复合材的设计、计算指标必须按表 7-3 及表 7-4 的规定采用。

表 7-3 碳纤维复合材设计计算指标

性能项目		单向织物(布)		条形板	
		高强度Ⅰ级	高强度Ⅱ级	高强度Ⅰ级	高强度Ⅱ级
抗拉强度设计值 f_t/MPa	重要构件	1600	1400	1150	1000
	一般构件	2300	2000	1600	1400
弹性模量设计值 E_t/MPa	重要构件	2.3×10^5	2.0×10^5	1.6×10^5	1.4×10^5
	一般构件				
拉应变设计值 ε_f	重要构件	0.007	0.007	0.007	0.007
	一般构件	0.01	0.01	0.01	0.01

注:L 形板按高强度Ⅱ级条形杆的设计计算指标采用。

⑦ 当被加固构件的表面有防火要求时,应按现行国家标准《建筑防火设计规范》规定的耐火等级及耐火极限要求,对纤维复合材进行防护。

⑧ 采用纤维复合材对钢筋混凝土结构进行加固时,应采取措施卸除或大部分卸除作用在结构上的活荷载。

表 7-4 玻璃纤维复合材(单向织物)设计计算指标

类 别	项 目					
	抗拉强度设计值 f_t/MPa		弹性模量 E_t/MPa		拉应变设计值 ε_f/MPa	
	重要结构	一般结构	重要结构	一般结构	重要结构	一般结构
S玻璃纤维	500	700	7.0×10^4		0.007	0.01
E玻璃纤维	350	500	5.0×10^4		0.007	0.01

2. 受弯构件正截面加固计算

① 采用纤维复合材对梁、板等受弯构件进行加固时,除应遵守现行国家标准《混凝土结构设计规范》正截面承载力计算的基本假定外,尚应遵守下列规定。

纤维复合材的应力与应变关系取直线式,其拉应力 σ_f 等于拉应变 ε_f 与弹性模量 E_f 的乘积。

当考虑二次受力影响时,应按构件加固前的初始受力情况,确定纤维复合材的滞后应变。

在达到受弯承载能力极限状态前,加固材料与混凝土之间不致出现黏结剥离破坏。

② 受弯构件加固的相对界限受压区高度 ξ_{fb} 应按下列规定确定。

重要构件,采用构件加固前控制值的 0.75 倍,即

$$\xi_{fb}=0.75\xi_b \tag{7.52}$$

对一般构件,采用构件加固前控制值的 0.85 倍,即

$$\xi_{fb}=0.85\xi_b \tag{7.53}$$

式中 ξ_b——构件加固前的相对界限受压区高度,按现行国家标准《混凝土结构设计规范》的规定计算。

③ 在矩形截面受弯构件的受拉边混凝土表面上粘贴纤维符合材进行加固时,其正截面承载力应按下列公式确定

$$M \leqslant a_1 f_{c0} bx(h-\frac{x}{2}) + f'_{y0} A'_{s0}(h-a') - f_{y0} A_{s0}(h-h_0) \tag{7.54}$$

$$a_1 f_{c0} bx = f_{y0} A_{s0} + \varphi_f f_f A_{fe} - f'_{y0} A'_{s0} \tag{7.55}$$

$$\varphi_f = \frac{(0.8\varepsilon_{cu}h/x)-\varepsilon_{cu}-\varepsilon_{f0}}{\varepsilon_f} \tag{7.56}$$

式中 M——构件加固后弯矩设计值;

x——等效矩形应力图形的混凝土受压区高度,简称混凝土受压区高度;

b、h——矩形截面宽度和高度;

f_{y0},f'_{y0}——原截面受拉钢筋和受压钢筋的抗拉、抗压强度设计值;

A_{s0},A'_{s0}——原截面受拉钢筋和受压钢筋的截面面积;

a'——纵向受压钢筋合力点至截面近边的距离;

h_0——构件加固前的截面有效高度;

f_f——纤维复合材的抗拉强度设计值;

A_{fe}——纤维复合材的有效截面面积;

φ_f——考虑纤维复合材达不到设计值而引入的强度利用系数当 $\varphi_f \geqslant 1.0$ 时,取 $\varphi_f = 1.0$;

ε_{cu}——混凝土极限压应变,取 $\varepsilon_{cu} = 0.0033$;

ε_f——纤维复合材拉应变设计值;

ε_{f0}——考虑二次受力影响时,纤维复合材的滞后应变,应按式(7.60)计算,若不考虑二次力影响,取 $\varepsilon_{f0} = 0$。

④ 实际应粘贴的纤维复合材截面面积 A_f,应按下列公式计算:

$$A_f = A_{fe}/k_m \tag{7.57}$$

纤维复合材厚度折减系数 k_m 应按下列规定确定。

当采用预成型板时,$k_m = 1.0$;

当采用多层粘贴的纤维织物时,k_m 值按下列公式计算:

$$k_m = 1.16 - \frac{n_f E_f t_f}{308\,000} \leqslant 0.90 \tag{7.58}$$

式中 E_f——纤维复合材弹性模量设计值,MPa;

n_f 和 t_f——分别为纤维复合材(单向织物)层数和单层厚度。

⑤ 对受弯构件正弯矩区的正截面加固,其粘贴纤维复合材的截断位置应从其充分利用的截面算起,取不小于按下式确定的粘贴延伸长度

$$l_c = \frac{\varphi_1 f_f A_f}{f_{f,v} b_f} + 200 \tag{7.59}$$

式中 l_c——纤维复合材粘贴延伸长度,mm;

b_f——对梁为受拉面粘贴的纤维复合材的总宽度,mm;对板为 1 000 mm 板宽范围内粘贴的纤维复合材总宽度;

f_f——纤维复合材抗拉强度设计值;

$f_{f,v}$——纤维与混凝土之间的黏结强度设计值/MPa,取 $f_{f,v} = 0.40 f_t \varphi_1$;$f_t$ 为混凝土抗拉强度设计值,按现行国家标准《混凝土结构设计规范》(GB 50010)规定值采用;当 $f_{f,v}$ 计算值低于 0.40 时,取 $f_{f,v} = 0.40$ MPa;当 $f_{f,v}$ 计算值高于 0.70 时,取 $f_{f,v} = 0.7$ MPa;

φ_1——修正系数;对重要构件,取 $\varphi_1 = 1.45$;对一般构件,取 $\varphi_1 = 1.0$。

⑥ 对受弯构件负弯矩区的正截面加固,纤维复合材的截断位置距支座边缘的距离,除应根据负弯矩包络图按上式确定外,尚应符合构造规定。

⑦ 对翼缘位于受压区的 T 形截面受弯构件的受拉面粘贴纤维复合材进行受弯加固时,应按以上计算原则和现行国家标准《混凝土结构设计规范》中关于 T 形截面受弯承载力的计算方法进行计算。

⑧ 当考虑二次受力影响时，纤维复合材的滞后应变 ε_{f0} 应按下式计算：

$$\varepsilon_{f0} = \frac{a_f M_{0k}}{E_s A_s h_0} \tag{7.60}$$

式中 M_{0k}——加固前受弯构件验算截面上原作用的弯矩标准值；
a_f——综合考虑受弯构件裂缝截面内力力臂变化、钢筋拉应变不均匀以及钢筋排列影响等的计算系数，应按表 7-5 采用。

表 7-5 计算系数 a_f 值

ρ_{te}	≤0.007	0.010	0.020	0.030	0.040	≥0.060
单排钢筋	0.70	0.90	1.15	1.20	1.25	1.30
双排	0.75	1.00	1.25	1.30	1.35	1.40

注：1. 表中 ρ_{te} 为混凝土有效拉截面的纵向受拉钢筋配筋率，即 $\rho_{te} = A_s A_{te} A_{te}$ 为有效受拉混凝土截面面积，按现行国家标准《混凝土结构设计规范》的规定计算。
2. 当原构件钢筋应力 $\sigma_{s0} \leq 150$ MPa，且 $\sigma_{s0} \leq 0.05$ 时，表中 a_f 值可乘以调整系数 0.9。

⑨ 当纤维复合材全部粘贴在梁底面（受拉面）有困难时，允许将部分纤维复合材对称地粘贴在梁的两侧面。此时，侧面粘贴区域应控制在距受拉区边缘 1/4 梁高范围内，且应按下式计算确定梁的两侧面实际需要粘贴的纤维复合材截面面积 $A_{f,b}$

$$A_{f,1} = \eta_f A_{f,b} \tag{7.61}$$

式中 $A_{f,b}$——按梁底面计算确定的，但需要改贴梁的改两侧面的纤维复合材截面积；
η_f——考虑改贴梁侧面引起的力臂改变的修正系数，如表 7-6 所示。

表 7-6 修正系数 η_f 值

h_f/h	0.05	0.10	0.15	0.20	0.25
η_f	1.09	1.19	1.30	1.43	1.59

注：表中 h_f 为从梁受拉边缘算起的侧面粘贴高度；h 为梁截面高度。

⑩ 钢筋混凝土结构构件加固后，其正截面受弯承载力的提高幅度，不应超过 40%，并且应验算其受剪承载力，避免因受弯承载力提高后而导致构件受剪破坏先于受弯破坏。

⑪ 纤维复合材的加固量，对预成型板，不宜超过 2 层；对湿法铺层的织物，不宜超过 4 层，超过 4 层时，宜改用预成型板，并采取可靠的加强锚固措施。

3. 受弯构件斜截面加固计算

① 采用纤维复合材条带（以下简称条带）对受弯构件的斜截面受剪承载力进行加固时，应粘贴或垂直于构件轴线方向的环形箍或其他有效的 U 形箍。

② 受弯构件加固后的斜截面应符合下列条件

当 $h_w/b \leqslant 4$ 时，$\quad V \leqslant 0.25\beta_c f_{c0} bh_0$

当 $h_w/b \geqslant 6$ 时，$\quad V \leqslant 0.20\beta_c f_{c0} bh_0$ (7.62)

当 $4 < h_w/b < 6$ 时，按线性内插法确定。

式中 V——构件斜截面加固后的剪力设计值；

β_c——混凝土强度影响系数，按现行国家标准《混凝土结构设计规范》的规定值采用；

f_{c0}——原构件混凝土轴心抗压强度设计值；

b——矩形截面的宽度、T 形或工形截面的腹板宽度；

h_0——截面有效高度；

h_w——截面的腹板高度：对矩形截面，取有效高度；对 T 形截面，取有效高度减去翼缘高度；对 I 形截面，取腹板净高。

③ 当采用条带构成的环形（封闭）箍或 U 形箍对钢筋混凝土梁进行抗剪加固时，其斜面承载力应按下式确定

$$V \leqslant V_{b0} + V_{bf} \quad (7.63)$$

$$V_{bf} \leqslant \psi_{vb} f_f A_f h_f / s_f \quad (7.64)$$

式中 V_{b0}——加固前梁的斜截面承载力，应按现行国家标准《混凝土结构设计规范》计算；

V_{bf}——粘贴条带加固后，对梁斜截面承载力的提高值；

ψ_{vb}——与条带加锚方式及受力条件有关的抗剪强度折减系数（见表 7-7）；

f_f——受剪加固采用的纤维复合材料抗拉强度设计值，按表 7-7 的规定的抗拉强度设计值乘以调整系数 0.56 确定；当为框架梁或悬挑构件时，调整系数改取 0.28；

A_f——配置在同一截面处构成环形或 U 形箍的纤维复合材条带的全部截面面积；$A_f = 2n_f b_f t_f$，n_f 为条带粘贴的层数；b_f 和 t_f 分别为条带宽度和条带单层厚度；

h_f——梁侧面粘贴的条带竖向高度；对环形箍，$h_f = h$；

s_f——纤维复合材条带的间距。

表 7-7 抗剪强度折减系数 ψ_{vb} 值

条带加锚方式		环形箍及加锚封闭箍	胶锚或钢板锚 U 形箍	加织物压条的一般 U 形箍
受力条件	均布荷载或剪跨比 $\lambda \geqslant 3$	1.0	0.92	0.85
	$\lambda \leqslant 1.5$	0.68	0.63	0.58

注：当 λ 为中间值时，按线性插法确定。

4. 构造规定

① 当纤维复合材延伸至支座边缘仍不满足延伸长度的要求时,应在延伸长度范围内均匀设置 U 形箍锚固。U 形箍的宽度,对端箍,不应小于加固纤维复合材宽度的 2/3,且不应小于 200 mm;对中间箍,不应小于加固纤维复合材宽度的 1/2,且不应小于 100 mm。U 形箍的厚度不应小于受弯加固纤维复合材厚度的 1/2。

② 应在延伸长度范围内通长设置垂直于受力纤维方向的压条,压条的宽度不应小于受弯加固纤维复合材条带宽度的 3/5,压条的厚度不应小于受弯加固纤维复合材厚度的 1/2。

③ 在框架顶层梁柱的端节点处,纤维复合材只能贴至柱边缘而无法延伸时,应粘贴 L 形钢板和 U 形钢箍板进行锚固。

7.3.7 粘贴钢板加固法

1. 设计规定

① 本方法适用于对钢筋混凝土受弯、大偏心受压和受拉构件的加固。不适用于素混凝土构件,包括纵向受力钢筋配筋率低于现行国家标准《混凝土结构设计规范》规定的最小配筋率的构件加固。

② 被加固的混凝土结构构件,其现场实测混凝土强度等级不得低于 C15,且混凝土表面的正拉黏结强度不得低于 1.5 MPa。

③ 粘贴在混凝土构件表面上的钢板,其外表面应进行防锈蚀和防火处理。

④ 采用粘贴钢板对钢筋混凝土结构进行加固时,应采取措施卸除或大部分卸除作用在结构上的活荷载。

2. 受弯构件正截面加固计算

① 受弯构件加固后相对界限受压区高度应按下列规定计算确定。

对重要构件,采用加固前控制值 0.9 倍,即 $\xi_{b,sp} = 0.9\xi_b$

对一般构件,采用加固前控制值,即 $\xi_{b,sp} = \xi_b$

式中 ξ_b——构件加固前的相对界限受压高度。

② 在矩形截面受弯构件的受拉和受压面粘贴钢板进行加固时,其正截面承载力应符合下列规定

$$M \leqslant \alpha_1 f_{c0} bx \left(h - \frac{x}{2}\right) + f'_{y0} A'_{sp} H - f_{y0} A_{s0}(h - h_0) \tag{7.65}$$

$$\alpha_1 f_{c0} bx = \psi_{sp} f_{sp} + f_{y0} A_{s0} - f'_{y0} A'_{s0} - f'_{sp} A'_{sp} \tag{7.66}$$

$$\psi_{sp} = \frac{(0.8\varepsilon_{cu} h/x) - \varepsilon_{cu} - \varepsilon_{sp,0}}{f_{sp}/E_{sp}} \tag{7.67}$$

$$x \geqslant 2a'$$

式中 M——构件加固后弯矩设计值;

x——等效矩形应力图形的混凝土受压区高度,简称混凝土受压区高度;

$b、h$——矩形截面宽度和高度;

f_{sp}、f'_{sp}——加固钢板的抗拉、抗压强度设计值;

A_{sp}、A'_{sp}——受拉钢板和受压钢板的截面面积;

a'——纵向受压钢筋合力点至截面近边的距离;

h_0——构件加固前的截面有效高度;

ψ_{sp}——考虑二次受力影响时,受拉钢板抗拉强度有可能达不到设计值而引用的折减系数;当 $\psi_{sp}>1.0$ 时,取 $\psi_{sp}=1.0$;

ε_{cu}——混凝土极限压应变,取 $\varepsilon_{cu}=0.0033$;

$\varepsilon_{sp,0}$——考虑二次受力影响时,受拉钢板的滞后应变,应按式(7.64)规定计算,若不考虑二次受力影响,取 $\varepsilon_{f0}=0$。

③ 对受弯构件正弯矩区的正截面加固,受拉钢板的截断位置距其充分利用截面的距离不应小于按下式确定的粘贴延伸长度

$$l_{sp} = f_{sp} t_{sp} / f_{bd} \geqslant 170 \ t_{sp} \tag{7.68}$$

式中 l_{sp}——受拉钢板粘贴延伸长度,mm;

t_{sp}——粘贴的钢板总厚度,mm;

f_{sp}——加固钢板的抗拉强度设计值,MPa;

f_{bd}——钢板与混凝土之间的黏结强度设计值,MPa,按表7-8采用。

表 7-8 钢板与混凝土之间的黏结强度设计值 f_{bd}

混凝土强度等级	C15	C20	C25	C30	C35	C40	C45	C50	≥C60
f_{bd}	0.61	0.80	0.94	1.05	1.14	1.21	1.26	1.31	1.35

④ 当考虑二次受力影响时,加固钢板的滞后应变 $\varepsilon_{sp,0}$ 应按下式计算:

$$\varepsilon_{sp,0} = \frac{\alpha_{sp} M_{0k}}{E_s A_s h_0} \tag{7.69}$$

式中 M_{0k}——加固前受弯构件验算截面上作用的弯矩标准值;

α_{sp}——综合考虑受弯构件裂缝截面内力臂变化、钢筋拉应变不均匀以及钢筋排列影响的计算系数,按表7-9的规定采用。

表 7-9 计算系数 α_{sp} 值

ρ_{te}	≤0.007	0.010	0.020	0.030	0.040	≥0.060
单排钢筋	0.70	0.90	1.15	1.20	1.25	1.30
双排钢筋	0.75	1.00	1.25	1.30	1.35	1.40

注:1. 表中 ρ_{te} 为原有混凝土有效受拉截面的纵向受拉钢筋配筋率,即 $\rho_{te}=A_s/A_{te}$;A_{teE} 为有效受拉混凝土截面面积,按现行国家标准《混凝土结构设计规范》的规定计算。

2. 当原构件钢筋应力 $\sigma_{s0} \leqslant 150$ MPa,且 $\rho_{te} \leqslant 0.05$ 时,表中 α_{sp} 值可乘以调整系数 0.9。

⑤ 当钢板全部粘贴在梁底面(受拉面)有困难时,允许将部分钢板对称地粘贴在梁的两侧面。此时,侧面粘贴区应控制在距受拉边缘 1/4 梁高范围内,且应按下式计算确定梁的两侧面实际需粘贴的钢板截面面积 $A_{sp,1}$。

$$A_{sp,1} = \eta_{sp} A_{sp,b} \tag{7.70}$$

式中　η_{sp}——考虑改贴梁侧引起的力臂改变修正系数,按表 7-10 取值。

表 7-10　修正系数值 α_{sp} 值

h_{sp}/h	0.05	0.10	0.15	0.20	0.25
η_{sp}	1.11	1.23	1.37	1.54	1.75

注:表中 h_{sp} 为从梁受拉力边缘算起的侧面粘贴高度;h 为梁截面高度。

⑥ 钢筋混凝土结构构件加固后,其正截面受弯承载力的提高幅度,不应超过 40%,并且就验算其受剪承载力,避免受弯承载力提高后而导致构件受剪破坏先于受弯破坏。

⑦ 粘贴钢板的加固量,对受拉区和受压区,分别不应超过 3 层和 2 层,且钢板总厚度不应大于 10 mm。

3. 受弯构件斜截面加固计算

① 受弯构件加固后的斜截面应符合下列条件。

当 $h_w/b \leqslant 4$ 时,　　　　$V \leqslant 0.25 \beta_c f_{c0} b h_0$ 　　　　(7.71)

当 $h_w/b \geqslant 6$ 时,　　　　$V \leqslant 0.20 \beta_c f_{c0} b h_0$ 　　　　(7.72)

当 $4 < h_w/b < 6$ 时,按线性内插法确定。

式中　V——构件斜截面加固后的剪力设计值;

　　　β_c——混凝土强度影响系数,按现行国家标准《混凝土结构设计规范》的规定值采用;

　　　f_{c0}——原构件混凝土轴心抗压强度设计值;

　　　b——矩形截面的宽度、T 形或工形截面的腹板宽度;

　　　h_0——截面有效高度;

　　　h_w——截面的腹板高度。对矩形截面,取有效高度;对 T 形截面,取有效高度减去翼缘高度;对工形截面,取腹板净高。

② 采用加锚封闭箍或其他 U 形箍对钢筋混凝土梁进行抗剪加固时,其斜截面承载力应符合下列规定

$$V \leqslant V_{b0} + V_{B,sp} \tag{7.73}$$

$$V_{B,sp} = \psi_{vb} f_{sp} A_{sp} h_{sp}/s_{sp} \tag{7.74}$$

式中　V_{b0}——加固前梁的斜截面承载力,按现行国家标准《混凝土结构设计规范》计算;

　　　$V_{B,sp}$——粘贴钢板加固后,对斜截面承载力的提高值;

ψ_{vb}——与钢板的粘贴方式及受力条件有关的抗剪强度折减系数,按表 7-11 采用;

A_{sp}——配置在同一截面处箍板的全部截面面积:$A_{sp}=2b_{sp}t_{sp}$,此处 b_{sp} 和 t_{sp} 分别为箍板宽度和箍板厚度;

h_{sp}——梁侧面粘贴箍板的竖向高度;

s_{sp}——箍板的间距。

表 7-11 抗剪强度析减系数 ψ_{vb} 值

条带加锚方式		环形箍及加锚封闭箍	胶锚或钢板锚 U 形箍	加织物压条的一般 U 形箍
受力条件	均布荷载或剪跨比 $\lambda \geqslant 3$	1.0	0.92	0.85
	$\lambda \leqslant 1.5$	0.68	0.63	0.58

注:当 λ 为中间值时,按线性插法确定。

4. 大偏心受压构件正截面加固计算

① 采用粘贴钢板加固大偏心受压钢筋混凝土柱时,应将钢板粘贴于构件受拉区边缘混凝土表面,且钢板长向应与柱的纵轴线方向一致。

② 在矩形截面大偏心受压构件的受拉边混凝土表面上粘贴钢板加固时,其正截面承载力应按下列公式确定

$$N \leqslant \alpha_1 f_{c0} bx + f'_{y0} A'_{s0} + f'_{sp} A'_{sp} - f_{y0} A_{s0} - f_{sp} A_{sp} \tag{7.75}$$

$$Ne \leqslant \alpha_1 f_{c0} bx \left(h_0 - \frac{x}{2}\right) + f'_{y0} A'_{s0} (h_0 - a') + f'_{sp} A'_{sp} h_0 + f_{sp} A_{sp} (h - h_0) \tag{7.76}$$

$$e = \eta e_i + \frac{h}{2} - a \tag{7.77}$$

$$e_i = e_0 + e_a \tag{7.78}$$

式中 N——轴向拉力设计值;

e——轴向拉力作用点至纵向受拉钢筋合力点的距离;

η——偏心受压构件考虑二阶弯矩影响的轴向压力偏心距增大系数;

e_i——初始偏心距;

e_0——轴向压力对截面重心的偏心距:$e_0 = M/N$;

e_a——附加偏心距,按偏心方向截面最大尺寸 h 确定;当 $h \leqslant 600$ mm 时,$e_a = 20$ mm;当 $h > 600$ mm 时,$e_a = h/30$;

$a、a'$——纵向受拉钢筋合力点、纵向受压钢筋合力点至截面近边的距离;

$f_{sp}、f'_{sp}$——加固钢板的抗拉、抗压强度设计值。

7.3.8 工程实例

【工程实例 7-2】

某中心受压柱,高 $H = 4.5$ m,截面 450 mm×450 mm,原设计混凝土为 C30,对

称配筋,每边配 4φ18。承受轴向荷载标准值:恒载 $G_k=850$ kN,活载 $Q_k=225$ kN。施工时,因种种原因造成柱混凝土强度仅达 C20,要求对该柱进行加固。分别采用加大截面法、外黏型钢法、粘贴碳纤维布法三种方法进行加固计算。

【解】 (1) 原柱承载力验算

C20, $f_{c0}=9.6$ N/mm², Ⅱ级钢筋 $f'_{y0}=310$ N/mm²

$$L_0=4.5 \text{ m}, L_0/b=4500/450=10, \varphi=0.98$$

$$A_{c0}=450 \text{ mm} \times 500 \text{ mm}=225\,000 \text{ mm}^2, A'_{s0}=2032 \text{ mm}^2$$

轴向力设计值

$$N_1=1.2G_k+1.44Q_k=(1.2\times 850+1.4\times 2250) \text{ kN}=4170 \text{ kN}$$

承载力设计值

$$N_{u1}=\varphi(f_{c0}A_{c0}+f'_{y0}A'_{s0})=0.98\times(9.6\times 225\,000+310\times 2032) \text{ kN}$$
$$=2734 \text{ kN} < 4170 \text{ kN}$$

承载力不满足,其承载力可靠度鉴定系数

$$\gamma=N_{u1}/N_1=2734/4170=0.656$$

承载力 d_u 级,必须加固处理。

(2) 采用加大截面法加固

每边增厚 80 mm,混凝土强度为 C25,加配 8φ18,C25 $f_c=11.9$ N/mm²

Ⅰ级钢筋 $f'_y=210$ N/mm², $A'_s=2032$ mm²

$$A_c=610\times 660-A_{c0}=(402\,600-225\,000) \text{ mm}=177\,600 \text{ mm}^2$$

新增混凝土自重 $G_{2k}=177\,600\times 4500\times 25\times 10^{-9}$ kN=19.98 kN

加固后柱轴向压力设计值 $N=(4170+1.2\times 19.98)$ kN=4194 kN

$$L_0/b=4500/610=7.38, \varphi=1.0, \alpha_{cs}=0.8$$

加固后柱子承载力 $N_u=0.9\varphi[f_{c0}A_{c0}+f'_{y0}A'_{s0}+\alpha_{cs}(f_cA_c+f'_yA'_s)]$ kN
$$=4339 \text{ kN} > N=4194 \text{ kN},满足要求。$$

(3) 采用外黏型钢法加固

采用四角粘贴 Q235 普通角钢进行加固,$f'_a=210$ N/mm², $\alpha_a=0.9$

$$N=0.9\varphi(f_{c0}A_{c0}+f'_{y0}A'_{s0}+\alpha_a f'_a A'_a)$$

将以上数据代入上式可得 $A'_a=9751$ mm²

单个角钢面积 $A=2437$ mm²

选用∟120×10 热轧等边角钢,缀板选用—8×100@300 钢板。

(4) 粘贴碳纤维布法

柱角圆化半径 $r\geq 25$ mm,取 $r=30$ mm

$$A_{cor}=bh-(4-\pi)r^2=224\,227 \text{ mm}^2$$

未加固前配筋率 $\rho_s=\dfrac{A'_{s0}}{A_{c0}}=\dfrac{2032}{224\,227}=0.0091$

有效约束系数 $K_c = 1 - \dfrac{(b-2r)^2 + (h-2r)^2}{3A_{cor}(1-\rho_s)} = 0.482$

构件为重要构件,碳纤维布采用 300 g 高强度 1 型,$E_f = 2.3 \times 10^5$ MPa,$\varepsilon_{fe} = 0.0035N \leqslant 0.9[(f_{c0} + 4\sigma_1)A_{cor} + f'_{y0}A'_{s0}]$。

代入数据可得 $\sigma_1 = 2.063 \text{ N/mm}^2$

$$\begin{cases} \sigma_1 = 0.5\beta_c K_c \rho_f E_f \varepsilon_{fe} \\ \rho_f = 2n_f t_f F(b+h)/A_{cor} \end{cases}$$

代入数据可得: $n_f t_f = 1.255 \text{ mm}^2$

300 g 碳纤维布厚度 0.167 mm,可得 $n_f = 7.51$ 层,层数过多,很不经济。

由此例可看出,当轴心承载力相差较大时,宜用加大截面法和外黏型钢法进行加固,而粘贴碳纤维布法仅在承载力相差较小时方采用。

【工程实例 7-3】 某实验楼钢筋混凝土楼盖矩形截面梁,跨度 $L = 6$ m,简支于砖垛上,截面尺寸为,$b = 200$ mm,$h = 600$ mm,混凝土强度等级为 C25,主筋 4Φ22,箍筋 Φ6@250,该梁承受荷载为恒载 $g_k = 20$ kN/m,活载 $q_k = 16$ kN/m,由于改变用途,实际活荷载为 $q_k = 20$ kN/m,试验算该梁承载力,若不足就进行加固。要求采用加大截面法、粘贴碳纤维布法、黏钢法对受弯正截面和斜截面分别进行加固计算。

【解】 1. 原梁承载力验算

(1) 原梁改变用途后内力值

跨中弯矩: $M = \dfrac{1}{8}ql^2 = 234$ kN·m

支座剪力: $V = \dfrac{1}{2}ql = 156$ kN

(2) 正截面受弯极限承载力验算

$$\begin{cases} M \leqslant \alpha_1 f_c bx(h_0 - x) + f'_y A'_s(h_0 - a'_s) \\ \alpha_1 f_c bx = f_y A_s - f'_y A'_s \end{cases}$$

得 $x = 168.6$ mm $< \xi_b h_0 = 0.544 \times 565$ mm $= 326$ mm

得 $M_u = 219$ kN·m $< M = 234$ kN·m,正截面需加固。

(3) 斜截面极限承载力验算

$V = 0.7 f_t b h_0 + 1.25 f_{yv} \dfrac{A_{yv}}{s} h_0 = 133.58$ kN < 156 kN,斜截面需加固。

2. 采用增大截面法加固

(1) 抗弯正截面加固

在受拉区加厚 C30 混凝土 60 mm 厚,箍筋采用 Φ6@250,与原箍筋焊牢

新增部分自重 $g'_k = 0.2 \times 0.06 \times 25$ kN/m $= 0.3$ kN/m

$M = \dfrac{1}{8}ql^2 = 235.6$ kN·m, $V = \dfrac{1}{2}ql = 157$ kN

由
$$\begin{cases} M \leqslant \alpha_s f_y A_s (h_0 - \dfrac{x}{2}) + f_{y0} A_{s0}(h_{01} - \dfrac{x}{2}) \\ \alpha_1 f_{c0} bx = f_{y0} A_{s0} + \alpha_s f_y A_s \end{cases}$$

$$x = 87.6 \text{ mm}$$

$$\begin{cases} \xi_b = \dfrac{\beta_1}{1 + \dfrac{\alpha s f_y}{\varepsilon_{cu} E_s} + \dfrac{\varepsilon_{sl}}{\varepsilon_{cu}}} \\ \varepsilon_{sl} = 1.6(\dfrac{h_0}{h_{0l}} - 0.6)\varepsilon_{s0} \\ \varepsilon_{s0} = \dfrac{M_{0k}}{0.87 h_{0l} A_{s0} E_{s0}} \\ M_{0k} = \dfrac{1}{8} q_k l^2 \end{cases}$$

$$q_k = 1.2 \times 20 + 1.4 \times 16 = 46.4 \text{ kN,可得 } \xi_b = 0.437$$

$$\xi_b h_0 = 273 \text{ mm} > x = 87.6 \text{ mm}$$

得到 $A_s = 672 \text{ mm}^2$,实际选筋 $2\phi 22$ 钢筋,$A_s = 760 \text{ mm}^2$

(2)斜截面加固

$$\dfrac{h_w}{b} = \dfrac{660}{200} = 3.3 < 4, \quad \beta_c = 1$$

$0.25\beta_c f_c b h_0 = 0.25 \times 10 \times 11.9 \times 200 \times 565 \text{ kN} = 336.175 \text{ kN} > V = 157 \text{ kN}$,截面满足采用 U 形箍与原箍筋逐个焊接的方式。

$0.7 f_{t0} b h_{01} + 0.7 \alpha_c f_t b (h_0 - h_{0l}) + 1.25 f_{yv0} \dfrac{A_{yv0}}{s_0} = 154.5 \text{ kN} > N = 157.8 \text{ kN}$,基本满足。

3. 采用粘贴碳纤维布法加固

(1)抗弯正截面加固

采用高强度 I 型 200 g 碳纤维布: $\varepsilon_f = 0.01, E_f = 2.3 \times 10^5, f_f = 2300, t_f = 0.111$ mm

$$\rho_{te} = \dfrac{1520}{200 \times 300} = 0.025, 查表得 \alpha_f = 1.175, \varepsilon_{f0} = \dfrac{\alpha_f M_{0k}}{E_s A_s h_0} = 1.428 \times 10^{-3}$$

$$\psi_f = \dfrac{(0.8\varepsilon_{cu}\dfrac{h}{x}) - \varepsilon_{cu} - \varepsilon_{f0}}{\varepsilon_f} = \dfrac{158.4 - 0.4728x}{x}$$

由 $M \leqslant f_{c0} bx(h - \dfrac{x}{2}) - f_{y0} A_{s0}(h - h_0)$ 可得 $x = 182 \text{ mm} < \xi_{fb} h_0 = 0.85 \xi_{fb} h_0 = 261.2 \text{ mm}$

代入得
$$\psi_f = 0.398$$

则
$$A_{fe} = \dfrac{f_{c0} bx - f_{y0} A_{s0}}{\psi_f f_f} = 38.73 \text{ mm}^2$$

取 2 层 200 mm 宽纤维布，即 $t_f=0.111$ mm，$n_f=2$

$$k_m=1.16-\frac{2\times 2.3\times 10^5\times 0.111}{308\ 000}=0.994>0.9,\text{取 }0.9$$

$A_f=A_{fe}/k_m=38.73/0.9\ \text{mm}^2=43\ \text{mm}^2$，实际贴 $200\times 2\times 0.111$ mm $=44.4$ mm²。

(2) 斜截面加固

采用条带构成的 U 形箍条，宽度 50 mm，上加压条，$A_f=2\times 50\times 0.111$ mm $=11.1$ mm²。

由 $\begin{cases} V\leqslant V_{bo}+V_{bf} \\ V_{bf}=\psi_{vb}f_fA_fh_f/s_f \end{cases}$

$V_{b0}=133.58$ kN，$\psi_{vb}=0.85$，$f_f=0.56\times 2300=1288$，取 $h_f=500$ mm，即梁侧粘贴高度取 500 mm。将以上数据代入可得 $s_f=270$ mm，实际取 250 mm，即 50@250，上贴压条。

4. 采用粘钢法加固

(1) 抗弯正截面加固

选普通钢板：$f_{sp}=215$ N/mm²

由 $M\leqslant \alpha_1 f_{c0}bx(h-x/2)-f_{y0}A_{s0}(h-h_0)$

可得 $x=182$ mm $<\xi_{fb}h_0=0.544\times 565$ mm $=307$ mm

$\rho_{te}=0.025$，查表得 $\alpha_{sp}=1.175$，则 $\varepsilon_{sp,o}=\dfrac{\alpha_{sp}M_{ok}}{E_sA_sh_0}=0.001\ 428$

$$\psi_{sp}=\frac{(0.8\varepsilon_{cu}\dfrac{h}{x})-\varepsilon_{cu}-\varepsilon_{sp,o}}{f_{sp}/E_{sp}}=3.69>1\ \text{取 }1.0$$

将以上数据代入 $\alpha_1 f_{c0}bx=f_{y0}A_{sp}$，得 $A_{sp}=168$ mm。

实际采用 -3×100 mm 钢板于混凝土受拉区，实际面积 300 mm²。

(2) 斜截面加固

采用一般的普钢 U 形箍板，每条箍板均为 -3×50 mm，则 $\psi_{vb}=0.85$，$f_{sp}=215$ N/mm²，取 $h_{sp}=500$ mm，即梁侧粘贴高度取 500 mm，$A_{sp}=2\times 50\times 3$ mm $=300$ mm²。

将以上数据代入 $\psi_{vb}f_{sp}A_{sp}h_{sp}=V-V_b$ 中，可得 $s_{sp}=1222$ mm，实际上应按构造配置，即净间距不能大于原箍筋间距的 0.7 倍，且不应大于梁高的 1/4，所以取 $s_{sp}=200$ mm，即配 -3×50 mm@200 箍板。

【工程实例 7-4】 某框架柱，截面尺寸 $b\times h=400$ mm $\times 500$ mm，计算长度 $l_0=5400$ mm，对称配筋，每边 4 根 20 mm HRB400 钢筋。承受轴力 $N=1050$ kN，$e_0=334$ mm，原设计混凝土 C35，实际强度只达到 C20，试进行加固设计。要求分别采用加大截面法、外黏型钢法、粘贴钢板法进行加固计算。

【解】 (1) 计算参数

查《混凝土结构设计规范》(GB 50010—2002)可知，

C35 混凝土，$f_c=16.7$ N/mm²，$f_t=1.57$ N/mm²；

C20 混凝土，$f_c=9.6$ N/mm²，$f_t=1.10$ N/mm²；

取柱子保护层厚度 $c=30$ mm；$a_s=a'_s=40$ mm。受力纵筋均为 HRB400，$\alpha_1=1.0$；$\beta_1=0.8$；$\xi=0.518$。

(2) 原柱承载力验算

$e_0=334$ mm；求偏心距增大系数 η

$$e_a=\max(20, h/30)=20 \text{ mm}, e_i=e_0+e_a=(334+20)\text{mm}=354 \text{ mm}$$

$$\zeta_1=0.2+2.7\frac{e_i}{h_0}=0.2+2.7\times\frac{354}{465}=2.25>1.0, 取 \zeta_1=1.0$$

$$\zeta_2=1.15-0.01\frac{l_0}{h}=1.15-0.01\left(\frac{5400}{500}\right)=1.042>1.0, 取 \zeta_2=1.0$$

$$\eta=1+\frac{1}{1400e_i/h_0}\left(\frac{L_0}{h}\right)\zeta_1\zeta_2=1+\frac{1}{1400\times\frac{354}{465}}(10.8)^2\times1\times1=1.109$$

$\eta e_i=1.109\times354$ mm$=392.6$ mm，求受压区高度 x。

对偏心压力 N 的作用点取矩。

$$f_c bx\left(\eta e_i-\frac{h}{2}+\frac{x}{2}\right)+f'_y A'_s\left(\eta e_i-\frac{h}{2}+a'_s\right)=f_y A_s\left(\eta e_i-\frac{h}{2}-a_s\right)$$

即

$$9.6\times400x(392.6-250+x/2)+360\times1256\times(392.6-250+35)$$
$$=360\times1256(392.6+250-35)$$

得

$$x=213 \text{ mm}<\xi_b h_0=0.518\times465=240 \text{ mm}$$

表示该构件为大偏心受压。

由 C20，$f_c=9.6$ N/mm²，原柱能承担极限内力

$$N_u=f_c bx+A'_s f_y-A_s f_y=701.4 \text{ kN}<N=1050 \text{ kN}$$

柱子不安全，必须加固。

(3) 采用增大柱子截面法加固计算

两侧对称形式增加柱子截面高度，两侧各增加 75 mm。

新增混凝土采用原设计规定的 C35 级混凝土，这样加固后整个柱子截面尺寸为 $b\times h=400$ mm$\times650$ mm，新增受力钢筋也采用 HRB400 对称配筋形式。

① 增大截面高度后柱子截面参数。

$a_{s0}=a'_{s0}(75+40)$mm$=115$ mm；$h_{01}=h-a_s=500-40$ mm$=460$ mm；

$h_0=h-a_s=(650-40)$mm$=610$ mm；

② 初始偏心距 e_i。

$e_0=334$ mm；$e_a=h/30=650/30=21.67$ mm，>20 mm，取 $e_a=21.76$ mm；

$$e_i=e_0+e_a=(334+21.67)\text{mm}=355.67 \text{ mm}$$

③ 偏心距增大系数。

柱子截面回转半径 $i=\sqrt{I/A}=h/\sqrt{12}=650/\sqrt{12}$ mm$=187.64$ mm

$\dfrac{l_0}{i}=\dfrac{5400}{187.64}=28.8>17.5$，故应计算 η 系数。

$$\xi_1=\dfrac{0.5f_cA}{N}=\dfrac{0.5\times16.7\times400\times650}{1050\times1000}=2.07,\text{取 }\xi_1=1.0$$

又因 $l_0/h=5400/650=8.31<15$，取 $\xi_2=1.0$

$$\eta=1+\dfrac{1}{1400\times e_i/h_0}\times\left(\dfrac{l_0}{h}\right)^2\times\xi_1\times\xi_2$$

$$=1+\dfrac{1}{1400\times355.67/610}\times\left(\dfrac{5400}{650}\right)^2\times1\times1=1.085$$

由于对称加固，$e_0/h=334/650=0.52\geqslant 0.3$，取 $\psi_\eta=1.1$

$$\psi_\eta\eta e_i=1.1\times1.085\times335.67=424.5\text{ mm}$$

④ 确定受压区高度。

新旧混凝土组合截面的混凝土抗压强度设计值 f_{cc}

$$f_{cc}=0.5(f_{c0}+0.9f_c)=0.5\times(9.6+0.9\times16.7)\text{N/mm}^2=12.315\text{ N/mm}^2$$

先按大偏心受压计算

$$x=\dfrac{N}{\alpha_1 f_{cc}b}=\dfrac{1050\times1000}{1.0\times12.315\times400}=213.2\text{ mm}\begin{cases}<\xi_bh_0=0.518\times610=315.98\text{ mm}\\>2a'_s=2\times40=80\text{ mm}\end{cases}$$

$$\sigma_{s0}=\left[\dfrac{0.8h_{01}}{x}-1\right]E_{s0}\varepsilon_{cu}=\left[\dfrac{0.8\times460}{213.2}-1\right]\times2.0\times10^5\times0.0033$$

$$=0.726\times660=479.2\text{ N/mm}^2>f_{y0}=360\text{ N/mm}^2$$

取 $\sigma_{s0}=f_{y0}=360$ N/mm

同理可知，$\sigma'_s=f_y=360$ N/mm^2

可见，构件的确为大偏心受压。

⑤ 新增配筋计算。

$$e=\psi_\eta\eta e_i+0.5h-a_s=424.5+0.5\times650-40=709.5\text{ mm}$$

原配钢筋 $A_{s0}=A'_{s0}=1256$ mm^2

新增钢筋面积为

$$A_s=A'_s=\dfrac{Ne-\alpha_1 f_{cc}bx(h_0-0.5x)-f'_{y0}A'_{s0}(h_0-a'_{s0})-f_{y0}A_{s0}(a_{s0}-a_s)}{0.9f'_y(h_0-a'_s)}$$

$$=\dfrac{1050\times1000\times709.5-1.0\times12.315\times400\times213.2\times(610-0.5\times213.2)}{0.9\times360\times(610-40)}$$

$$\dfrac{360\times1256\times(610-115)+360\times1245\times(115-40)}{0.9\times360\times(610-40)}\text{mm}^2$$

$$=(1171.17-\dfrac{1256}{0.9})\text{mm}^2=-224\text{ mm}^2<0$$

可见，按照这种增大截面的方法，只需增大混凝土截面，新增钢筋按照构造要求配置即可满足受力要求。

(4) 外黏型钢法加固计算

采用外黏型钢法加固时,假定采用在柱子四角粘贴 Q345 级 ∟ 90×12 热轧等边角钢的方法进行加固,角钢肢厚度在 16 mm 以下,强度设计值为 $f=310$ N/mm²。

① 柱子截面参数。

$h_{01}=h-a_s=(500-40)$ mm$=460$ mm;

∟ 90×12 单个面积 2031 mm²,重心距 26.7 mm;

$$a'_a=a_a=(26.7-12)\text{mm}=14.7 \text{ mm}$$

$$h_0=h-a_a=(500-14.7)\text{mm}=485.3 \text{ mm}$$

② 初始偏心距 e_i。

$$e_0=334 \text{ mm}$$

$e_a=h/30=500/30=16.67$ mm<20 mm,取 $e_a=20$ mm;

$$e_i=e_0+e_a=(334+20)\text{mm}=354 \text{ mm}$$

③ 偏心距增大系数。

柱子截面回转半径 $i=\sqrt{I/A}=h/\sqrt{12}=500/\sqrt{12}$ mm$=144$ mm

$\dfrac{l_0}{i}=\dfrac{5400}{144}=37.5>17.5$,故应计算 η 系数。

$\xi_1=\dfrac{0.5f_c A}{N}=\dfrac{0.5\times16.7\times400\times500}{1050\times1000}=1.59$,取 $\xi_1=1.0$

又因 $l_0/h=5400/500=10.8<15$,取 $\xi_2=1.0$

$$\eta=1+\dfrac{1}{1400\times e_i/h_0}\times\left(\dfrac{l_0}{h}\right)^2\times\xi_1\times\xi_2$$

$$=1+\dfrac{1}{1400\times354/500}\times\left(\dfrac{5400}{500}\right)^2\times1\times1=1.118$$

由于对称加固,$e_0/h=334/500=0.668\geqslant0.3$,取 $\psi_\eta=1.1$

$$\psi_\eta \eta e_i=1.1\times1.118\times354 \text{ mm}=435.4 \text{ mm}$$

④ 确定受压区高度。

$$N=\alpha_1 f_{c0}bx+f'_{y0}A'_{s0}-\sigma_{s0}A_{s0}+\alpha_a f'_a A'_a-\alpha_a \sigma_a A_a$$

代入参数,可得

$$1050\times10^3=1.0\times9.6\times400x+360\times1256-\sigma_{s0}\times1256+0.9\times360$$
$$\times2\times2031-0.9\times\sigma_a\times2\times2031$$

$$\sigma_{s0}=\left[\dfrac{0.8h_{01}}{x}-1\right]E_{s0}\varepsilon_{cu}=\left[\dfrac{0.8\times460}{x}-1\right]\times2.0\times10^5\times0.0033$$

$$=\left[\dfrac{368}{x}-1\right]\times660$$

$$\sigma_a=\left[\dfrac{0.8h_{01}}{x}-1\right]E_{s0}\varepsilon_{cu}=\left[\dfrac{388}{x}-1\right]\times660$$

解得 $x=251.5$ mm $\begin{cases} <\xi_b h_0=0.518\times 4855.3=315.98 \text{ mm} \\ >2a'_s=2\times 40=80 \text{ mm} \end{cases}$

可见，构件为大偏心受压。

⑤ 验算加固后承载力。

$$e=\psi_\eta \eta e_i+0.5h-a_s=435.4+0.5\times 500-40=645.4 \text{ mm}$$

$$Ne=1050\times 1000\times 645.4=677.67 \text{ kN·m}$$

$$\sigma_{s0}=\left[\frac{0.8h_{01}}{x}-1\right]E_{s0}\varepsilon_{cu}=\left[\frac{0.8\times 460}{x}-1\right]\times 2.0\times 10^5\times 0.0033$$

$$=\left[\frac{368}{251.5}-1\right]\times 660=305.73 \text{ N/mm}^2<f_{y0}=360 \text{ N/mm}^2$$

$$\alpha_1 f_{c0}bx(h_0-0.5x)+f'_{y0}A'_{s0}(h_0-a'_s)+\sigma_{s0}A_{s0}(a_{s0}-a_a)+\alpha_a f'_a A'_a(h_0-a'_a)$$

$$=1.0\times 9.6\times 400\times 251.5\times (485.3-0.5\times 251.5)+360\times 1256\times (485.3-40)$$

$$+305.73\times 1256\times (40-14.7)+0.9\times 310\times 1256\times (485.3-14.7)$$

$$=723.2 \text{ kN·m}>Ne=667.67 \text{ kN·m}$$

满足要求。

可见，在柱子四角粘 Q345 ∟ 90×12 热轧等边角钢，缀板选用 100×8 mm 钢板，间距 300 mm，即可满足要求。

(5) 粘贴钢板法加固计算

基本计算参数同前，假定在受拉边一侧混凝土表面上粘贴钢板（Q345，强度抗拉设计值为 $f=310$ N/mm²），则

确定受压区高度。

$$N\leqslant \alpha_1 f_{c0}bx-f_{sp}A_{sp}$$

$$Ne\leqslant \alpha_1 f_{c0}bx(h_0-x/2)+f'_{y0}A'_{s0}(h_0-a')+f_{sp}A_{sp}(h-h_0)$$

$$e=\psi_\eta \eta e_i+0.5h-a_s=(435.4+0.5\times 500-40)\text{mm}=645.4 \text{ mm}$$

可得 $x=366$ mm，$A_{sp}=7926$ mm²，400 mm 宽的钢板需要粘 19.8 mm 厚，可见仅在偏心受压柱受拉区黏钢板加固是不合适的。

在受拉区和受压区同时对称粘钢板加固，则

$$x=\frac{N}{\alpha_1 f_{c0}b}=\frac{1050\times 1000}{1.0\times 9.6\times 400}=273.4 \text{ mm}$$

$$Ne\leqslant \alpha_1 f_{c0}bx(h_0-x/2)+f'_{y0}A'_{s0}(h_0-a')+f_{sp}A'_{sp}h_0+f_{sp}A_{sp}(h-h_0)$$

可得：$A_{sp}=A'_{sp}=975$ mm²，400 mm 宽的钢板需要粘 2.39 mm 厚，实际可选 −3×400 的钢板，也可选 −4×250 的钢板，可见在偏心受压柱受拉区和受压区同时黏钢板加固更合适。

7.4 钢结构事故处理

钢结构存在严重缺陷和损伤，或改变使用条件，经检查验算结构的强度、刚度或

稳定性不满足使用要求,应对钢结构进行加固;常见的钢结构需加固补强的主要原因有如下几点。

① 由于设计或施工中造成钢结构缺陷,如焊缝长度不足,杆件切口过长,使截面削弱过多等。

② 结构经长期使用,不同程度锈蚀、磨损等,造成结构缺陷等,使结构构件截面严重削弱。

③ 工艺生产条件变化,使结构上荷载增加,原有结构不能适应。

④ 使用的钢材质量不合要求。

⑤ 意外自然灾害对结构损伤严重。

⑥ 由于地基基础下沉,引起结构的变形和损伤。

7.4.1 钢结构加固原则

结构或构件加固是一项复杂的工作,考虑因素很多,加固方法应从施工方便,不影响生产,经济合理,效果好等方面来选择,一般原则如下。

① 加固尽可能做到不停产或少停产,因停产的损失往往是加固费用的几倍或几十倍;能否在负荷下不停产加固,取决于结构应力应变状态,一般构件内应力小于钢材设计强度的80%,且构件损坏变形等不是太严重时,可采用负荷不停产加固方法。

② 结构加固方案要便于制作、施工,便于检查。

③ 结构制造组装尽量在生产区外进行。

④ 连接加固尽可能采用高强螺栓或焊接。

采用高强螺栓加固时,应验算钻孔截面削弱后的承载能力;采用焊接加固时,实际荷载产生的原有杆件应力最好在钢材设计强度的60%以下,极限不得超过80%,否则需采取相应措施才能施焊。

7.4.2 钢结构加固方法

1. 加固方法概述

钢结构加固的主要方法有:减轻荷载、改变计算图形、加大原结构构件截面和连接强度、阻止裂纹扩展等。当有成熟经验时,也可采用其他的加固方法。

经鉴定需要加固的钢结构,根据损害范围一般分为局部加固和全面加固。局部加固是对某承载能力不足的杆件或连接节点处进行加固,有增加杆件截面法、减小杆件自由长度法和连接节点加固法三种方法。全面加固是对整体结构进行加固,有不改变结构静力计算图形加固法和改变结构静力计算图形加固法两类。增加或加强支承体系,也是对结构体系加固的有效方法。

增加原有构件截面的加固方法是最费料、费工的方法(但往往是可行的方法),改变计算简图的方法最有效且多种多样,费用也大大下降。

加固结构的施工方法有:负荷加固、卸荷加固和从原结构上拆下加固或更新部件进行加固。加固施工方法应根据用户要求、结构实际受力状态等情况,在确保质量和安全的前提下,由设计人员和施工单位协商确定。

(1) 带负荷加固

带负荷加固施工最方便,也较经济。适用于构件(或连接)的应力小于钢材设计强度的 80% 时,或构件无重大损坏(破损、变形、翘曲等)的情况下。此时为了使新加固杆件参与受力,有时需要对被加固杆件采取临时卸荷的措施。另外,在加固时应注意不影响其他构件的正常使用。

(2) 卸荷加固

卸荷加固适用于结构损坏较大或构件及连接及应力状态很高,需要暂时减轻其负荷时。对某些主要承受可动荷载的结构(如吊车梁等),可限制其可动荷载,即相当于大部分卸荷。

(3) 从结构上拆下应加固或更新的部分

从结构上拆下应加固或更新的部分当结构破坏严重或原截面承载力过小,必须在地面进行加固或更新时采用。此时必须设置临时支撑,使被换构件完全卸荷,同时,必须保证被换结构卸下后整个结构的安全。

确定加固方案前,应搜集下列资料。

① 原有结构的竣工图(包括更改图)及验收记录。

② 原有钢材材质报告复印件或现场材质检验报告。

③ 原有结构构件制作、安装验收记录。

④ 原有结构设计计算书。

⑤ 结构或构件破损情况检查报告。

⑥ 现有实际荷载和加固后新增加的荷载数据。

2. 改变结构计算图形加固法

改变结构计算图形加固法时是指采用改变荷载分布状况、传力途径、节点性质或边界条件,增设附加杆件和支撑、施加预应力、考虑空间协同工作等措施对结构进行加固的方法。改变结构计算图形的加固过程,除应对被加固结构承载能力和正常使用极限状态进行计算外,尚应注意对相关结构构件承载能力和使用功能的影响,考虑在结构、构件、节点以及支座中的内力重分布,对结构(包括基础)进行必要的补充验算,并采用切实可行的合理构造措施。采用改造结构计算图形的加固方法,设计与施工应紧密配合,未经设计允许,不得擅自修改设计规定的施工方法和程序。采用调整内力的方法加固结构时,应在加固设计中规定调整内力(应力)或规定位移(应变)的数值和允许偏差,及其检测位置和检验方法。

改变结构计算图形加固法通常采用的具体措施如下。

1) 增加结构或构件的刚度

① 增加支撑以加强结构空间刚度,采用按空间结构进行验算,挖掘结构潜力。

② 加设支撑以增加刚度,或调整结构的自振频率,以提高结构的抗震性能。

③ 增设支撑或辅助杆件,以减少构件的长细比,提高构件稳定性。
④ 重点加强某一构件的刚度,以承受更多的荷载,而减轻其他构件的内力。
⑤ 设置拉杆以加强结构的刚度,减少挠度。

2) 改变构件的截面内力

① 变更荷重的分布情况。如将一个集中荷重分为几个集中荷重。
② 变更端部的连接。如将铰接变为刚结。
③ 增加中间支座或将简支结构端部连接使之成为连续结构。
④ 调整连续结构的支座位置。
⑤ 将构件变为撑杆式构架。
⑥ 施加预应力。

3. 加大构件截面进行加固法

采用加大截面加固钢构件时,所选截面形式应有利于加固技术要求并考虑有缺陷和损伤的状况。加固的构件受力分析的计算简图,应反映结构的实际条件,考虑损伤及加固引起的不利变形,加固期间及前后作用在结构上的荷载及其不利组合,对于超静定结构尚应考虑因截面加大,构件刚度改变使体系内力重分布的可能,必要时应分阶段进行受力分析和计算。采用该方法应注意的事项如下。

① 注意加固时的净空限制,使新加固的构件不得与其他杆件相冲突。
② 加固设计应适应原有构件的几何状态,以利施工。
③ 应尽量减少施工工作量。当原有结构钢材的可焊性较好时,根据具体情况应尽量考虑用焊接加固,但应尽量减少焊接工作量,以减少焊接应力的影响,避免焊接变形。应避免仰焊。
④ 加固应尽量使被加固构件截面的形心轴位置不变,以减少偏心所产生的弯矩。当偏心值超过规定时,在复核加固截面时,应考虑偏心的影响。
⑤ 加固后的截面在构造上要考虑防腐的要求,避免形成易于积灰的坑槽而引起锈蚀。

7.4.3 钢构件的具体加固技术

1. 钢柱的加固

钢柱通常为轴压构件或压弯构件,结合其受力特点,特采用以下加固方法。

1) 柱子卸荷方法

必须在卸荷状态下加固或更新柱时,采取"托梁换柱"方法。

当仅需加固上部柱时,可以利用吊车梁桥架支拖起屋盖屋架,使柱子卸荷。

当下部柱需要加固或工艺需要截去下柱时,可在吊车梁下面设一永久性托梁,将上部柱荷载(包括吊车梁荷载)分担于邻柱(必须验算邻柱并加固之,也要验算基础)。采用此法应考虑到用托梁代替下柱后,托梁将产生一定挠度,迫使原屋架下沉,从而可能损伤与此屋架相连构件的连接节点。为此可预先在托梁上加临时荷载 P,使托梁具有预先挠度；采用此法的顺序是先加固邻柱、焊接托梁与邻柱、加临时荷载 P、再焊接托梁与中柱、卸下临时荷载 P、加固或截去下部柱。

2）钢柱加固法

① 补强柱的截面：一般补强柱截面用钢板或型钢，采用焊接或高强螺栓与原柱连接成一个整体。

② 增设支撑：减小柱自由长度，提高承载能力。在截面尺寸不变的情况下提高了柱的稳定性。

③ 改变计算简图，减小柱外荷载或内力。

④ 在钢柱四周外包钢筋混凝土进行加固，可明显提高承载能力。

3）柱脚加固方法

（1）柱脚底板厚度不足加固方法

① 增设柱脚加劲肋，达到减小底板计算弯矩的目的。

② 在柱脚型钢间浇筑混凝土，使柱脚底板成为刚性块体。为增加黏结力，柱脚表面油漆和锈蚀要清除干净。

（2）柱脚锚固不足加固方法

① 增设附加锚栓：当混凝土基础较宽大时采用。在混凝土基础上钻出孔洞，插入附加锚栓，浇注环氧砂浆或硫黄砂浆固住(孔洞直径为锚栓直径 $d+20$ mm，深度大于 $30d$)。

② 将整个柱脚包以钢筋混凝土：新配钢筋要伸入基础内，与基础内原钢筋焊住。

4）柱加固承载力验算方法

负荷状态下加固计算，重要的问题是加固后应力能否重分配，即加固后原有截面能否将原有应力分配到新补强的构件截面上去，如能重分配新老荷载之和，即可以平均分配到新老截面上，否则原有荷载仍由原截面承担，新增加荷载由新老截面(即加固后总截面)平均分担；到目前为止，加固后应力重分配尚未为实验完全证实(至少在弹性阶段)，可是对静载结构来说，当截面一部分进入塑性状态，应力终会重分配，所以计算中静载结构以新老截面共同工作为原则计算，当在动载结构情况下，塑性区很难形成，不考虑应力重分配，计算时将加固前和加固后的情况分别计算，然后求其总和。在卸荷情况下加固，就不存在上述问题。

卸荷状态下，截面验算按加固后总截面，考虑加固折减系数，按现行规范计算，即按负荷状态下加固截面作用静力荷载的验算公式计算，桁架杆件、梁也是如此。

负荷状态下，加固截面可按如下公式验算。

（1）轴心受压柱强度验算

① 静力荷载。
$$\frac{N+N'}{k(A_n+A'_n)} \leqslant f \tag{7.79}$$

② 动力荷载。
$$\frac{N}{A_n}+\frac{N'}{A_n+A'_n} \leqslant f \tag{7.80}$$

式中　N——加固前构件中的轴心压力；

N'——加固后构件中附加的轴心压力；

A_n——原有构件的净截面面积；

A'_n——增加的净截面面积；

k——加固的折减系数，取 0.9；

f——钢材的抗压、抗拉、抗弯设计强度。

(2) 轴心受压柱整体稳定验算

实腹式柱。

① 静力荷载。
$$\frac{N+N'}{k\varphi^z(A+A')} \leqslant f \tag{7.81}$$

② 动力荷载。
$$\frac{N}{\varphi^z A} + \frac{N'}{\varphi^z(A+A')} \leqslant f \tag{7.82}$$

式中 A——原有构件毛截面面积；

A'——增加的毛截面面积；

φ^z——加固后整个截面的轴心受压稳定系数，按现行规范确定。

格构式柱。

仍按式(7.81)、式(7.82)计算，但对虚轴长细比 λ 应取换算长细比。

(3) 偏心受压(受弯)柱强度验算

计算时不考虑加固柱受弯塑性变形发展。

① 静力荷载。
$$\frac{N+N'}{k(A_n+A'_n)} + \frac{M_x^z}{kW_{nx}^z} \leqslant f \tag{7.83}$$

② 动力荷载。
$$\frac{N}{A_n} + \frac{M_x}{W_{nx}} + \frac{N'}{A_n+A'_n} + \frac{M'_x}{W_{nx}^z} \leqslant f \tag{7.84}$$

式中 M_x^z——加固后构件中全部内力对 X 轴的弯矩；

M_x——加固前原构件中内力对 X 轴的弯矩；

M'_x——加固后构件中附加内力引起的对整个截面 X 轴的弯矩；

W_{nx}——加固前原构件对 X 轴的净截面抵抗矩；

W_{nx}^z——加固后整个截面对 X 轴的净截面抵抗矩。

(4) 偏心受压(压弯)实腹柱整体稳定验算

① 静力荷载。

弯矩作用平面内整体稳定验算。
$$\frac{N+N'}{k\Phi_x^z(A+A')} + \frac{\beta_{nx}M_x^z}{k\gamma_x W_{1x}^z\left(1-0.8\dfrac{N+N'}{N_{Ex}^z}\right)} \leqslant f \tag{7.85}$$

弯矩作用平面外整体稳定验算
$$\frac{N+N'}{k\Phi_x^z(A+A')} + \frac{\beta_{nx}M_x^z}{k\Phi_b^z W_{1x}^z} \leqslant f \tag{7.86}$$

② 动力荷载。

弯矩作用平面内整体稳定验算

$$\frac{N}{\varphi_x^z A}+\frac{\beta_{mx}M_x}{\gamma_x W_{1x}\left(1-0.8\dfrac{N}{N_{Ex}^z}\right)}+\frac{N'}{\varphi_s^z(A+A')}+\frac{\beta_{mx}M'_x}{\gamma_x W_{1x}^z\left(1-0.8\dfrac{N'}{N_{Ex}^z}\right)}\leqslant f \quad (7.87)$$

弯矩作用平面外整体稳定验算

$$\frac{N}{\varphi_y^z A}+\frac{\beta_{tx}M_x}{\varphi_b^z W_{1x}}+\frac{N'}{\varphi_s^z(A+A')}+\frac{\beta_{tx}M'_x}{\varphi_b^z W_{1x}^z}\leqslant f \quad (7.88)$$

式中 φ_x^z、φ_y^z——分别为加固后整个截面弯矩作用平面内和平面外轴心受压整体稳定系数,按现行规范确定;

φ_b^z——加固后整个截面受弯整体稳定系数;

W_{1x}^z——加固后整个截面弯矩作用平面内最大受压纤维毛截面抵抗矩;

W_{1x}——加固前原有截面弯矩作用平面内最大受压纤维毛截面抵抗矩;

γ_x——截面塑性发展系数;

β_{mx}、β_{tx}——等效弯矩系数;

N_{Ex}^z——加固后整个截面欧拉临界力。

(5) 偏心受压(压弯)格构柱整体稳定验算

弯矩绕虚轴(X轴)作用时弯矩作用平面内整体稳定验算。

① 静力荷载。

$$\frac{N+N'}{k\varphi_x^z(A+A')}+\frac{\beta_{mx}M_x^z}{kW_{z1x}\left(1-\varphi_x^z\dfrac{N+N'}{N_{Ex}^z}\right)}\leqslant f \quad (7.89)$$

② 动力荷载。

$$\frac{N}{\varphi_x^z A}+\frac{\beta_{mx}M_x}{W_{1x}\left(1-\varphi_x^z\dfrac{N}{N_{Ex}^z}\right)}+\frac{N'}{\varphi_x^z(A+A')}+\frac{\beta_{mx}M'_x}{\gamma_x W_{1x}^z\left(1-\varphi_x^z\dfrac{N'}{N_{Ex}^z}\right)}\leqslant f \quad (7.90)$$

式中 φ_x^z、N_{Ex}^z——由换算长细比确定。

弯矩作用平面外整体稳定由单肢稳定验算。

弯矩绕实轴(Y轴)作用时弯矩作用平面和平面外的整体稳定验算均同实腹柱,但计算平面外稳定的长细比应取换算长细比。

(6) 轴心受压格构柱单肢稳定验算

缀条柱

$$\lambda_1 \leqslant 0.7\lambda_{max} \quad (7.91)$$

缀板柱

$$\lambda_1 \leqslant 0.5\lambda_{max} \text{ 且 } \lambda_1 \leqslant 40 \quad (7.92)$$

式中 λ_1——单肢长细比;

λ_{max}——构件两个方向长细比的较大值。

(7) 偏心受压格构柱单肢稳定验算

仅当弯矩绕虚轴作用时需要进行单肢稳定验算。

缀条柱:按轴心受压式(7.81)、式(7.82)验算单肢稳定性。

缀板柱:单肢弯矩作用平面内稳定按偏心受压式(7.85)、式(7.87)验算;单肢弯矩作用平面外稳定按偏心受压式(7.86)、式(7.88)验算。单肢内力及长细比计算参考现行钢结构有关书籍。

(8) 轴心受压实腹式柱局部稳定验算

I 字型截面翼缘板 $\qquad \dfrac{b}{t} \leqslant (10+0.1\lambda)\sqrt{\dfrac{235}{f_y}}$ (7.93)

腹板 $\qquad \dfrac{h_0}{t_w}(25+0.5\lambda)\sqrt{\dfrac{235}{f_y}}$ (7.94)

式中 b——翼缘板自由外伸宽度;

t——翼缘板厚度;

h_0——腹板计算高度;

t_w——腹板厚度;

f_y——钢材屈服强度;

λ——构件两主轴方向长细比的较大值,当 $\lambda \leqslant 30$ 取 30;当 $\lambda > 100$ 取 100。

(9) 偏心受压实腹柱(压弯构件)局部稳定计算

翼缘板 $\qquad \dfrac{b}{t} \leqslant 15\sqrt{\dfrac{235}{f_y}}$ (7.95)

腹板(工字型截面压弯构件)

当 $0 < \alpha_0 \leqslant 1.6$ 时,

$$\dfrac{h_0}{t_w} \leqslant (16\alpha_0 + 0.5\lambda' + 25)\sqrt{\dfrac{235}{f_y}} \qquad (7.96)$$

当 $1.6 < \alpha_0 \leqslant 2.0$ 时,

$$\dfrac{h_0}{t_w} \leqslant (48\alpha_0 + 0.5\lambda' - 26.2)\sqrt{\dfrac{235}{f_y}} \qquad (7.97)$$

式中 $\alpha_0 = \dfrac{\sigma_{max} - \sigma_{min}}{\sigma_{max}}$;

σ_{max}——腹板计算高度边缘的最大压应力;

σ_{min}——腹板计算高度另一边缘相应的应力,以压为正,拉为负;

λ'——构件在弯矩作用平面内的长细比,当 $\lambda' < 30$ 时取 30,当 $\lambda' > 100$ 时取 100。

加固后的实腹式轴心受压柱(轴心受压构件)承载能力验算应包括:强度验算往往不起控制作用,截面不严重削弱时可不验算;实腹式偏心受压柱(压弯构件)验算应包括:强度验算、弯矩作用平面内整体稳定、弯矩作用平面外整体稳定和局部稳定验算。

加固后的格构式轴压柱(轴心受压构件)验算包括:强度验算(截面无严重削弱时可不验算)、整体稳定验算、单肢稳定验算和缀材稳定验算;格构式偏心受压柱(压弯构件)验算包括:强度验算(往往不验算)、弯矩作用平面内整体稳定验算、单肢稳定验算和缀材验算。

2. 钢梁加固

1) 梁卸荷方法

钢梁及吊车梁加固应尽量在负荷状态下进行,不得已要在需卸荷或部分卸荷状态下加固时,可以采用屋架类似方法卸荷,即用临时支柱卸荷;对于实腹式梁设置临时支柱时,应注意临时支柱处实腹梁腹板的强度和稳定,以及翼缘焊缝(或钉栓)强度;对于吊车梁来说,限制桥式吊车运行,即相当于大部分已卸荷,因吊车梁自重产生的应力与桥式吊车运行时产生应力相比是极小的。

2) 梁加固方法

(1) 钢加固方法

钢梁的加固方法,基本上与桁架加固方法相类似。改变梁支座部分连续方法进行加固。在支座部分的梁上下翼缘焊上钢板,使其变成连续体系,该钢板所传递的力应恰好与支座弯距相平衡,连续后可使跨中弯距降低15%~20%,采用这种加固方法会导致柱子荷载的增加,应验算柱子。

(2) 支撑加固梁方法

支撑加固主要是斜撑加固,分长斜撑和短斜撑两种。长斜撑支在柱基础上,虽用钢量多一点,又较笨重,但能减小柱子内力。短斜撑通常支在柱子上,将给柱子传来较大水平力,虽用钢量少一点,但只有在柱子承载能力储备足够时才能采用。一般采用焊接方法连接斜撑和梁,验算时要考虑梁中间部分(斜撑支点之间)会产生压力,用斜撑加固梁时也必须加固梁截面。

当梁的荷载增加时,除加固梁还要加固柱子和柱基。

(3) 吊杆加固梁方法

在层高较高的房屋内,用固定于上部柱的吊杆加固梁;由于吊杆不沿腹板轴线与梁相连,故梁又受扭;吊杆应是预应力的,吊杆按预应力和计算荷载引起的应力总和确定。

(4) 下支撑构件加固梁方法

当允许梁卸荷加固时,可采用下支撑构件加固下撑杆使梁变成有刚性上弦梁桁架。下撑杆一般是非预应力的各种型钢(角钢、槽钢、圆钢等),也可用预应力高强钢丝束加固吊车梁。

(5) 补增梁截面加固法

梁可通过增补截面面积来提高承载能力,焊接组合梁和型钢梁都可用焊在翼缘板上水平板垂直板和斜板加固,也可用型钢加焊在翼缘上;当梁腹板抗剪强度不足,可在腹板两边加焊钢板补强,当梁腹板稳定性不保证时,往往不采用上述方法,用圆钢和圆钢管补增梁截面是考虑施工工艺方便。

3) 梁(受弯构件)截面加固承载力验算

不考虑截面开展,负荷状态下截面加固后可按下列公式验算。

(1) 强度验算

抗弯强度验算。

① 静力荷载。
$$\sigma = \frac{M_x + M'_x}{kW_{nx}^z} \leqslant f \tag{7.98}$$

② 动力荷载。
$$\sigma = \frac{M_x}{W_{nx}} + \frac{M'_x}{W_{nx}^z} \leqslant f \tag{7.99}$$

式中 σ——截面中应力；

M_x——加固前原有构件计算截面处弯距；

M'_x——加固后构件计算截面处的附加弯距；

W_{nx}——加固前原有构件净截面抵抗矩；

W_{nx}^z——加固后整个截面净截面抵抗矩。

抗剪强度验算。

① 静力荷载。
$$\tau = \frac{(V+V')S^z}{kI^z t_w^z} \leqslant f_v \tag{7.100}$$

② 动力荷载。
$$\tau = \frac{VS}{It_w} + \frac{V'S^z}{It_w^z} \leqslant f_v \tag{7.101}$$

式中 τ——截面中剪应力；

V——加固前原有构件计算截面作用的剪力；

V'——加固后构件计算截面作用的附加剪力；

$S、S^z$——加固前、后截面计算剪应力处以外较小截面对中和轴的面积矩；

$I、I^z$——分别为加固前、后截面的惯性矩；

t^w——加固前原有截面腹板厚度；

t_w^z——加固后整个截面腹板总厚度；

f_v——钢材抗剪设计强度。

局部承压强度验算。

对上翼缘沿腹板平面作用有集中荷载，且该处又未设支撑加劲肋的梁或吊车梁，需要验算腹板计算高度上边缘处的局部承压强度。

① 静力荷载。
$$\sigma_c = \frac{\psi(F+F')}{kt_w^z l_z} \leqslant f \tag{7.102}$$

② 动力荷载。
$$\sigma_c = \frac{\psi F}{t_w l_z} + \frac{\psi F'}{t_w^z l_z} \leqslant f \tag{7.103}$$

式中 σ_c——截面中承压应力；

F——加固前构件上作用的集中荷载；

F'——加固后构件上作用的附加集中荷载（对动荷载考虑动力系数）；

ψ——集中荷载增大系数，重级工作制吊车梁取1.35，其他梁及支座处取1.0；

l_z——集中荷载在腹板计算高度边缘的假定分布长度，按现行规范取。

梁整体稳定验算。

① 静力荷载。

$$\frac{M_x+M'_x}{k\varphi_b^z W_x^z}\leqslant f \tag{7.104}$$

② 动力荷载。

$$\frac{M_x}{\varphi_b^z w_x}+\frac{M'_x}{\varphi_b^z W_x^z}\leqslant f \tag{7.105}$$

式中 W_x、W_x^z——加固前、后构件毛截面抵抗矩；

φ_b^z——加固后整个截面受弯整体稳定系数，按规范计算。

(2) 组合截面梁局部稳定验算

① 翼缘。

$$\frac{b}{t}\leqslant 15\sqrt{\frac{235}{f_y}} \tag{7.106}$$

式中 b——受压翼缘自由外伸宽度；

t——受压翼缘厚度。

② 腹板。

当梁腹板不设横向加劲肋时

$$\frac{h_0}{t_w}\leqslant 80\sqrt{\frac{235}{f_y}} \tag{7.107}$$

式中 h_0——加固后整个截面腹板计算高度。

当梁腹板仅设横向加劲肋时

$$\frac{h_0}{t_w}\leqslant 170\sqrt{\frac{235}{f_y}} \tag{7.108}$$

且横向加劲肋间距和加劲肋尺寸应符合规范规定要求。

当梁腹板设有纵向加劲肋和横向加劲肋时，加劲肋间距和尺寸应符合规范规定设置要求。

(3) 挠度验算

计算方法及挠度限值与新结构同样考虑。

卸荷下加固的截面不需要区分静力荷载和动力荷载两种不同情况，都按负荷下加固截面静力荷载计算公式验算。

3. 钢屋架、托架加固

1) 屋架、托架卸荷方法

屋架或托架加固也尽量在负荷状态下进行，不得已必须在卸荷或部分卸荷状态下进行加固或者更换。另外，也可利用吊车梁使托架卸荷，即当制动结构中辅助横架的强度较大时，可在其上设临时支柱托架进行卸荷。

2) 屋架(托架)加固方法

钢屋架(托架)加固方法类型较多，应根据原屋架存在的问题、原因、施工条件和经济条件选择。

(1) 屋架体系加固法

体系加固法是设法将屋架与其他构件联系起来,或增设支点和支撑,以形成空间的或连续的承重结构体系,改变屋架承载能力。

① 增设支撑或支点:这可增加屋架空间刚度,将部分水平力传给山墙,提高抗震性能,故在屋架刚度不足或支撑体系不完善时采用。

② 改变支座连接加固屋架:支座连接变化能降低大部分杆件内力,但也可能使个别杆件内力特征改变或增加应力,所以改变支座连接后的屋架,应重新进行内力计算。

(2) 整体加固法

整体加固法是增强屋架总承载能力,改变桁架内杆件内力。

① 预应力筋加固法。

图 7-20 所示是利用预应力筋(高强度钢材或高强钢丝束效果好)降低许多杆件内力;图 7-20(a)是增设元宝式预应力筋,图 7-20(b)、(c)是用直线形预应力筋,图 7-20(c)应在 A、B 两节点处焊上刚性臂才能施加预拉力。

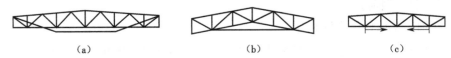

图 7-20 预应力筋加固屋架

② 撑杆构架加固法。

图 7-21 是桁架下增加撑杆构架加固。增加的构架拉杆可以锚固在屋架上,也可锚固在柱子上。增加的构架撑杆通过 A 点上顶力对屋架起卸荷载作用。为使 A 点有上顶力,先用千斤顶使拉杆和屋架距离拉大,然后安装撑杆。利用撑杆构架加固屋架影响吊车行走,故适宜于无吊车厂房或用于托架等桁架。

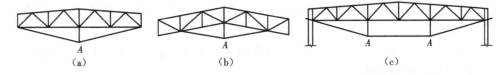

图 7-21 撑杆构架加固屋架
(a)拉杆锚固屋架支座处;(b)拉杆锚固中间节点处;(c)拉杆锚固柱上

③ 减小杆件长细比加固法——杆件再分式加固法

利用再分式杆件减小压杆长细比,增加原有杆件截面的承载能力(见图 7-22)。

④ 补强杆件截面加固法。

屋架(桁架)中某些杆件承载能力不足,可以采用补增杆件截面方法加固,一般桁架杆件补增截面都采用加焊角钢或钢板或钢管加固。

(3) 屋架(桁架)杆件截面加固承载力验算方法

屋架(桁架)按受力状态可分为轴心受拉杆件、轴心受压杆件、拉弯杆件和压弯杆

图 7-22 再分式加固屋架
(a)加固上弦和部分腹杆；(b)加固斜腹杆

件四类，后二类杆件一般都是由节间荷载产生弯矩所致。负荷状态下截面加固按下列公式验算。

① 轴心受拉杆件强度验算。

a. 静力荷载。
$$\frac{N+N'}{k(A_N+A'_n)} \leqslant f \tag{7.109}$$

b. 动力荷载。
$$\frac{N}{A_n} + \frac{N'}{A_n+A'_n} \leqslant f \tag{7.110}$$

式中 N——加固前杆件内力；

N'——加固后杆件中附加内力。

其余符号同前。

② 轴心受压杆件强度验算

按式(7.79)、式(7.80)验算强度，按式(7.81)、式(7.82)验算整体稳定,局部稳定不必验算，因杆件都用型钢组成。

③ 拉弯杆件强度验算。

a. 静力荷载。
$$\frac{N+N'}{K(A_n+A'_n)} \pm \frac{M_X^z}{kW_{NX}^z} \leqslant f \tag{7.111}$$

b. 动力荷载。
$$\frac{N}{A_n} \pm \frac{M_X}{W_{NX}} + \frac{N}{A_N+A'_N} \pm \frac{M'_X}{W_{NX}^z} \leqslant f \tag{7.112}$$

④ 压弯构件验算。

按式(7.83)、式(7.84)验算强度，按式(7.85)～式(7.88)验算整体稳定，局部稳定不必验算。

卸荷状态下加固截面，其承载力都按负荷状态下作用静力荷载的计算公式验算。

4. 连接和节点加固

构件截面的补增或局部构件的替换，都需要适当的连接，补强的杆件必须通过节点加固才能参与原结构工作，破坏了的节点需要加固。因此钢结构加固工作中连接和节点加固占有重要位置。

1) 钢结构加固的连接方式

与钢结构建造一样，加固连接有铆接、螺栓连接和焊接方式，加固连接方式选用必须满足既不破坏原结构功能，又能参与工作的要求；铆接连接的刚度最小（普通螺栓连接除外），焊接连接刚度最大，整体性好，高强螺栓连接介于两者之间。由于加固结构的各种制约因素，采用何种连接方式存在可能性问题；由于施工繁杂，目前铆接已渐淘汰，加固现场施工焊接最方便，但焊接对钢材材性要求最高，在原结构资料不全、材性不明的情况下,用焊接加固必须取材样复验,以保证可焊性。

(1) 原铆接连接的加固

铆接连接节点不宜采用焊接加固,因焊接的热过程,将使附近铆钉松动,工作性能恶化,又由于焊接连接比铆接刚度大,二者受力不协调,而且往往被铆接钢材可焊性较差,易产生微裂缝。

铆接连接仍可用铆钉连接加固或更换铆钉,但铆接施工繁杂,且会导致相邻完好铆钉受力性能变弱(因新加铆钉紧压程度太强,影响到邻近完好铆钉),削弱的结果,可能不得不将原有铆钉全部换掉。

铆接连接加固的最好方式是采用高强螺栓,它不仅简化施工,且高强螺栓工作性能比铆钉可靠的多,还能提高连接刚度和疲劳强度。

(2) 原高强螺栓连接的加固

原高强螺栓连接节点,仍用高强螺栓加固;个别情况可同时使用高强螺栓和焊缝来加固,但要注意螺栓的布置位置,使二者变形协同。

(3) 原焊接连接的加固

焊接连接的加固,仍可用焊接。焊接加固方式有二种:一是加大焊缝高度(堆焊),为了确保安全,焊条直径不宜大于 4 mm,电流不宜过大,每道焊缝的堆高不宜超过 2 mm,如需加高量大,每次以 2 mm 为限,后一道堆焊应待前一道堆焊冷却到 100 ℃ 以下才能施焊,这是为了使施焊过程尽量不影响原有焊缝强度;二是加长焊缝长度,在原有节点能允许增加焊缝长度时,应首先采用加长焊缝的加固连接方式,尤其在负荷条件下加固时。负荷状态下施焊加固时,焊条直径宜在 4 mm 以下,电流 220A 以下,每一道焊缝高度不超过 8 mm,宜逐次分层施焊,后道施焊应在前道焊缝冷却到 100 ℃ 以下后再进行。

(4) 钢结构节点连接损伤的加固

焊接加固法是节点加固的主要方法,具体可分为下列几种。

① 补焊短斜板法。

当原腹杆的连接强度不足时,可用补焊短斜板进行加固(见图 7-23(a))。一般要求短斜板与节点板间的焊缝强度是该短斜板与腹杆连接焊缝强度的 1.5 倍。

② 加长焊缝法。

当原节点没有满焊时,可以直接对原焊缝进行加长(见图 7-23(b))。

③ 增大节点板法。

图 7-23(c)所示为增大节点板加固的两种情况。新增的节点板应牢靠地焊接在原节点板上。这种方法不仅可用于原杆件节点焊缝的补强,而且还可用于新补加杆件的锚固,便于新补加的杆件与节点板的焊接。

(5) 加厚原有焊缝法

当原焊缝较薄且质量较好时,焊缝长度大于或等于 100 mm(焊缝总长度在 400 mm 以上)时,可采用对原焊缝加厚的办法加固。但施焊次序必须从原焊缝受力较低的部位开始(如图 7-23(d))。

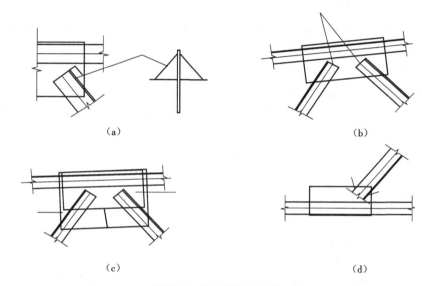

图 7-23 节点焊接加固法
(a)补焊短斜板;(b)加长焊缝;(c)增大节点板;(d)焊链加高的施焊方向

2) 连接加固计算

(1) 采用铆钉加固验算

$$[N^r]=[N^r]_0+[N^r]_n \times 0.9a \tag{7.113}$$

式中 $[N^r]$——铆钉连接总承载能力;

$[N^r]_0$——连接中原有铆钉的承载能力,按规范抗剪、抗拉、抗承压计算;

$[N^r]_n$——新增铆钉的承载能力,按规范计算;

0.9——工地施工条件的折减系数;

a——考虑新旧铆钉变形不协调的加固有效系数,在 0.6~0.9 范围内变化,一般取平均值 0.75。

若式(7.113)求得的$[N^r]$小于 0.9 $[N^r]_n$。则取$[N^r]=0.9 [N^r]_n$。

(2) 采用高强螺栓加固验算

$$[N^b]=[N^b]_0+[N^b]_n \tag{7.114}$$

式中 $[N^b]$——高强螺栓连接的总承载能力;

$[N^b]_0$——连接原有高强螺栓的承载能力,按规范抗剪、抗拉、抗承压计算;

$[N^b]_n$——新增高强螺栓的承载能力,按规范计算。

经过补强的高强螺栓连接的承载能力计算,与未经补强的连接计算完全一致。

(3) 采用焊缝加固验算

增加焊缝长度加固验算。

$$[N^w]=[N^w]_0+0.9\beta\left(1-0.5\frac{\tau}{f_t^w}\right)[N^w]_n \tag{7.115}$$

式中 $[N^w]$——焊缝连接的总承载能力;

$[N^w]_0$——连接中原有焊缝的承载能力,按规范计算;

$[N^w]_n$——补增焊缝的承载能力,按规范计算;

0.9——折减系数;

τ——原有焊缝加固前计算剪应力;

f_f^w——角焊缝设计强度;

β——应力分布系数,当原焊缝为侧焊缝时,$\beta=1$;当原焊缝既有侧焊缝又有端焊缝时,$\beta=0.7$

式(7.115)是在试验基础上提出的经验公式,试验表明在负荷状态下。加固前原有焊缝所受实际内力,几乎不重分配给新增加的焊缝,只有加固后新增加的荷载才能分配到新焊缝上。为了使新焊缝往后能多承担荷载,采取加大焊缝长度(即刚度)的方法,式(7.115)形式上是降低新焊缝设计强度,实际是增加焊缝长度。

5. 火灾后的钢结构加固

1) 火灾对钢结构的损伤

火灾后钢结构的损伤主要反映在钢结构的变形及材料强度的降低两个方面。

(1) 火灾后钢结构的变形

火灾造成钢结构房屋及构件的变形是相当严重的。

① 钢屋架及钢梁的高温变形。

在火灾温度作用下,钢屋架及钢梁等水平构件将会因材料强度降低、高温软化、承受不了原有荷载而产生过大的挠度,该挠度并不会因火灾后冷却而减小。同时,由于钢结构的变形也会导致部分钢结构节点的连接损坏。

② 钢柱及房屋的变形。

由于火灾作用的不均匀性,钢结构房屋的各个柱的受火温度有差别。柱的温度变形常常各不相同,这就造成了钢结构房屋的倾斜。并且钢柱的变形形成的房屋倾斜也不会因火灾后冷却而自动恢复。

(2) 火灾后钢结构承载力的降低

试验表明:火灾后钢材的强度将有不同强度的降低。

由于钢材强度的降低、结构的变形及节点连接的损伤,将导致钢结构承载力的降低。

2) 火灾损伤钢结构的加固

火灾损伤钢结构的修复加固工作首先是进行结构变形的复原,然后是进行承载力不足的加固。

钢结构火灾变形的复原方法一般为千斤顶复原法。具体步骤为以下几点。

① 首先测定钢结构的变形量,确定复原程度。

② 确定千斤顶作用位置及千斤顶数量。

③ 安装千斤顶。

④ 操作千斤顶,将钢结构变形顶升复位。
⑤ 进行承载力加固,加固结束后再拆除千斤顶。

6. 钢结构事故处理注意事项

钢结构事故处理除遵循有关规定外,重点应注意以下事项。

① 选择合理的联结方式:钢结构加固应优先采用电焊连接。在焊接法确有困难时,可用高墙螺栓或铆钉,不得已的条件下可用精致螺栓。不准使用粗制螺栓作加固连接件。轻钢结构在负荷条件下,不准采用电焊加固。

② 正确选择焊接工艺,力求减少焊接变形和降低焊接应力。

③ 注意环境温度影响:加固焊接应在0℃以上环境进行。

④ 注意高温对结构安全的印象:负荷条件下,作电焊加固或加热校正变形,应注意被加固构件过热而降低承载能力。

7.4.4 钢结构具体加固实例

【工程实例7-5】 某通廊钢桁架腐蚀损坏及修复

1. 工程及事故概况

该通廊建于1958年,内设2条皮带运输线,日夜不停地将转运站转运来的一次混合料输送到烧结主厂房进行二次混合烧结,是烧结厂的一条运输大动脉。

通廊全长80.485 m,宽7.5 m,高架设在厂房群的上空。上下两端分别距地面高9.29 m和36.33 m,呈高架倾斜式。通廊中部设有二组钢柱支架,将通廊结构分为三段。通廊为半封闭式,有顶无墙。主要承重结构为钢桁架,上下为钢桁条,屋面板和底板为钢筋混凝土小槽板。

经现场检查发现,通廊两侧钢桁架已严重锈蚀损坏,主要表现在以下方面。

① 桁架下弦节点普遍锈蚀严重。原设计采用的厚度为12 mm节点板,锈蚀损失后大都为6~8 mm,特别是桁架下支座节点板已严重锈蚀腐烂,大部分断裂,多数腹杆自下弦节点板600~800 mm范围内有局部腐烂、缀板焊缝锈蚀胀裂、角钢沿缀板胀开等现象;桁架下弦角钢(2∟150×16)的下表面在节点附近锈蚀也较严重,锈蚀后角钢实有厚度12~14 mm。

② 通廊下段桁架有几处上弦节点锈蚀很严重,12 mm厚节点板锈蚀后仅为7~8 mm,上弦角钢节点附近也有较重的锈蚀。

由此可见,钢桁架的锈蚀损坏是相当严重的,而且这种损坏现象东侧桁架重于西侧,下段桁架重于中段和上段。造成了桁架(尤其是下段桁架)承载能力严重不足,以致有随时发生事故的危险。

2. 事故原因分析

根据调查分析,通廊钢桁架严重损坏主要有以下几个原因。

① 通廊屋面挑檐较小而且又未设置围护墙,桁架下弦节点暴露在外,经常受到雨水侵蚀,皮带输送的一次混合料为散料,时常有粉料散出,所有桁架下弦节点都积

满了很厚的粉料,这些积料经常受到雨水和水蒸汽的浸蚀,时常处于潮湿或半潮湿状态,加速了下弦节点范围内的腐蚀,因而造成桁架下弦节点及其附近杆件普遍锈蚀腐烂。

② 从转运站转运来的混合料处于湿热状态,在通廊下段经常散发出大量的水蒸汽,而水蒸汽中又含有一定数量的 H_2S 气体,并且随着蒸汽的散发而散布在空气中,实测水蒸汽的 pH 值为 5～6,呈弱酸性。由于通廊下段桁架经常被含有腐蚀性介质的水蒸汽所笼罩,因此造成下段桁架腐蚀损坏格外严重。

③ 该地区的主导风向为东北和正北,座落在通廊东侧的焦化厂周围空气中腐蚀性介质的含量大大高于正常水平。30多年来,长期在这种主导风向的影响下,通廊东侧桁架不仅受雨水侵蚀的影响比西侧重,而且受焦化厂过来的空气腐蚀的影响也比西侧重。

3. 事故处理

通廊经可靠性鉴定表明,钢桁架承载能力不足和严重不足(下段桁架),必须对其进行加固处理(见图 7-24)。

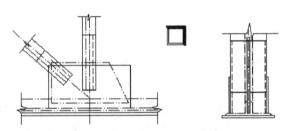

图 7-24 桁架杆件和节点加固示意

如前所述,该通廊是烧结厂的运输大动脉,若钢柱支架以上部分(即桁架和屋面部分)采取全面拆除方案,整个烧结厂生产将在一段时间停顿,影响太大。根据通廊可靠性鉴定结果和桁架的实际受力状况,考虑厂方尽量少停产或不停产的实际要求,以及工程加固处理的理论和经验,对钢桁架杆件及节点详细进行了荷载条件下的实际应力分析验算,结果表明在考虑最大限度卸荷的情况下,在焊接工艺和安全防护上采取一些必要的措施,可以对桁架杆件及节点在负荷下进行焊接加固。因此,最后采取不停产情况下不作全面拆除,而采取部分卸荷加固补强、部分更换的处理方案。即先将损坏较重的屋面小槽板全部拆除卸荷,接着对钢桁架节点和杆件进行加固补强,桁架加固完后再进行屋面更换施工。这种加固修复程序,既可方便施工,又可保证桁架的加固效果。

【工程实例 7-6】 30 m 跨钢屋架扭曲事故

1. 工程事故概况

第一汽车制造厂第二铸造分厂造型车间,长 54 mm,宽 84 mm,宽度方向为一个 30 mm 跨,2 个 27 mm 跨。30 mm 跨钢屋架下弦节点悬挂吊车,屋架上弦杆选用⌐

200×125×14，后代换为∟200×110×14，下弦杆选用∟180×110×14。屋架及屋面板施工完毕后，现场发现有个别屋架的竖腹杆有明显的倾斜现象，随即进行调查和测量。在所测的210个上弦节点中，上弦节点相对下弦节点有不同程度的偏移，其中大于100 mm的点有3个，60～100 mm的点有4个，40～60 mm的点有25个，20～40 mm的点有48个，5～20 mm的点有90个，不符合规范要求的点占所测点的80%。最大偏移125 mm，在屋架端部上弦节点，相应的该屋架另一端向

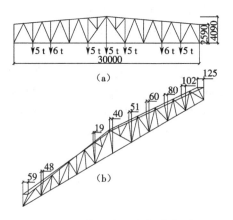

图7-25 钢屋架及其扭曲变形

另一侧偏移59 mm（见图7-25），整榀屋架呈扭曲状，其他屋架亦规律性地呈扭曲状。经观察，偏移没有发展。

2. 事故原因

对设计计算书复核表明，计算正确，且事故发生时屋架荷载仅达设计荷载的40%，排除了屋架因强度不足而发生扭曲，同时，经调查，屋架吊装时使用T形扁担梁，满足了吊装要求，加工、制作钢屋架的平台及胎具均合格，不会引起屋架扭曲。事故的主要原因是屋架堆放方式不标准造成的。按规范要求，钢屋架堆放时应直立，两个端头须用固定支架固定，相邻两个钢屋架应隔以木块，相互绑牢。据调查，钢屋架堆放时确实采用了直立方式，但没能严格按规定执行，而是将钢屋架一端靠在一堆屋面板上，另一端没有侧向支撑，钢屋架间没有拉紧捆绑，结果使钢屋架逐个挤压，造成了屋架的扭曲变形，这种变形没有因为卸载而消失，表明钢屋架已经发生塑性变形。如果在施工安装过程中能按有关施工规定施工，问题仍能得到及时解决。在支撑系统安装时，由于各钢屋架扭曲程度不同，屋架间距亦各不相同，纵向系杆、水平支撑、垂直支撑非长即短，无法安装。本应对屋架及时矫正，但施工人员为完成工期，没有执行有关规定，将纵向的杆件"多截少补"焊在屋架上，错过了避免事故的机会。同时经检查发现有80%的屋面板未按规定施行点焊。

3. 事故处理

根据钢屋架实际情况，如不处理而继续使用，可能会发生更大的事故，这是因为：①屋盖系统在屋架平面外是一个可变体系，屋架的倾斜使屋盖系统整体性更差，屋盖有可能发生整体失稳；②屋架扭曲、屋面板安装不对中，使得上弦杆变成受压受扭，节点平面外受力使得轴心压杆变成压弯杆件，有可能造成杆件失稳破坏。由于事故发现时屋面板已施工完毕，而工期要求很紧，无法将屋面板拆下对钢屋架一一矫正，为此在原有屋架上采取加固措施。

(1) 增加纵向杆件

为使屋盖系统接近空间结构,提高屋盖系统的承载力,加强屋盖系统的纵向刚度,防止屋盖整体失稳,在屋架的端部和屋脊处,沿厂房纵向增设垂直支撑,垂直支撑与每榀屋架相应位置的纵向系杆的节点板连接,采用现场放样下料,螺栓连接的办法既保证了加固安装,又不须在屋架受力杆上施焊,施工难度也不大。

(2) 对屋面板采取补焊措施

由于原来的施工没有保证屋面板的三点焊,对此要求对屋面板补焊,做到四点焊,以增加上弦平面外的刚度,将偏心产生的弯矩分配给屋面板,因当时没有下弦悬挂荷载,构件应力仅达到设计值的40%,在上弦杆件上施焊是可以的。焊接方法采用沿上弦杆纵向施焊,使上弦杆截面的削弱减至最小。

(3) 加强悬挂吊车的辅助梁,使得下弦刚度有所提高

利用辅助梁,将水平荷载传至横向水平支撑,进而传至柱顶。

加固于1990年底实施完成,屋架的扭曲及偏移在加固前后均无变化,在厂房生产运行时,采用了逐级加载进行观测,无偏移发展,经半年的运行观测,亦未发现偏移的增加。厂房使用至今,荷载已达到设计荷载,未发生异常情况,证明加固是成功的。

【工程实例 7-7】 钢屋架端头超长质量事故

1. 工程及事故概况

上例工程中,钢屋架与钢柱的连接采用刚接,即上、下弦支承处设连接板,用螺栓与钢柱翼缘连接,这就要求施工长度准确(允许长度偏差为±10 mm)。在安装屋架中曾有5榀屋架过长,安装不上(柱子已最后固定),一般长20~40 mm,最长的达70~80 mm。

2. 事故原因

造成屋架超长安装不上的原因有:上、下弦端头连接板与节点板未顶紧,存在5~10 mm间隙;两半榀屋架拼接时,长度控制不严,存在较大正偏差;钢柱安装存在向跨内的竖向偏差(允许偏差为 $H/1\ 000 = 18\ 300/1000 = 18.3$ mm),有的达30 mm,与屋架长度正偏差累加。

3. 处理方法

屋架超长在30 mm以内的,将一端切除20~25mm,重新焊端头支承连接板,并将焊缝加厚2 mm;超长大于30mm的,两端切去重焊连接板。由于连接板内移,将造成下弦及腹杆轴线偏出支承连接板外,使屋架端头杆件内力增大。因此,对端节间斜腹杆亦进行处理,在一侧焊楔形角钢或钢板,使轴线交点在屋架端头支承连接板处(见图7-36)。

【工程实例 7-8】 电厂钢框架火灾事故

1. 工程概况

某电厂2#锅炉钢结构于2005年前后建成投产,至今已使用近2年,其主要用途为火力发电。2#锅炉钢结构结构型式为九层铰接钢框架—中心支撑结构,该钢结

构东西方向(轴线尺寸)为 40 m,南北方向(轴线尺寸)为 48.3 m,屋顶距室外地面高度为 91.0 m(实测),总建筑面积约 17 388.0 m²。

2. 事故经过

某电厂提供的《关于 2♯炉燃油管道泄漏着火停机事故的通报》可知,火灾事故经过为:2007 年 3 月 8 日凌晨 6 时 37 分 55 秒,2♯炉供油快关阀出口法兰密封垫腐烂,燃油喷到锅炉后墙,经加热、挥发形成易燃蒸汽,某回油管道烧爆,燃油大量喷出,火势增大;灭火工作于 8 时 30 分结束。

3. 理论计算及分析结果

经过室内试验及理论分析可知,钢结构构件均存在不同程度的承载力降低,经统计且考虑到各种情况的影响,其承载力降低系数为 0.9;节点区域的高强螺栓试验结果证明,高强螺栓的强度值均存在严重降低的现象,其降低的程度经统计分析为 0.30,即考虑受火灾影响区域构件的节点承载力为原设计的 70%。

经对受火灾后的构件和节点的剩余承载能力进行理论计算分析后可知,现结构的部分构件已不能满足安全使用要求。

4. 事故处理(见图 7-26)

① 本次火灾对钢柱的影响较轻,可忽略。
② 受火区段的钢梁存在不同程度的安全隐患,部分梁体承载能力严重降低。
③ 受火区段的支撑存在不同程度的安全隐患,部分支撑承载能力严重降低。
④ 螺栓是结构和构件连接的重要组成部分,从检测结果来看,螺栓受火灾影响较为重,承载能力显著降低。
⑤ 从倾斜的方向和程度来看,火灾对结构整体的侧移有一定影响,但仍不足以导致结构的整体倾斜或倾覆。
⑥ 对受火灾影响严重且承载力严重降低的构件进行更换,并对相应的节点板和高强螺栓同步进行更换。

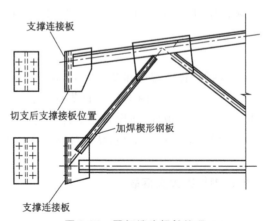

图 7-26 屋架端头超长处理

【思考与练习】

7-1　砌体结构、混凝土结构、钢结构的事故处理各自的特点是什么？

7-2　裂缝对上述三种结构的影响各有什么不同？

7-3　混凝土构件对加固方法各有什么要求？

7-4　不同的钢结构体系对加固方法的具体要求。

参 考 文 献

[1] 中华人民共和国住房和城乡建设部.GB 50010－2002 混凝土结构设计规范[S].北京:中国建筑工业出版社,2002.

[2] 中华人民共和国住房和城乡建设部.GB 50017－2003 钢结构设计规范[S].北京:中国计划出版社,2003.

[3] 中华人民共和国住房和城乡建设部.GB 50011－2001 建筑抗震设计规范[S].北京:中国建筑工业出版社,2001.

[4] 中华人民共和国国家质量监督检验检疫总局.GB 50204－2002 混凝土结构工程施工质量验收规范[S].北京:中国计划出版社,2002.

[5] 中国建筑科学研究院.GB 50205－2001 钢结构工程施工质量及验收规范[S].北京:中国计划出版社,2001.

[6] 中国建筑科学研究院.GB 50023－95 建筑抗震鉴定标准[S].北京:中国建筑工业出版社,1995.

[7] 重庆土地房屋管理局.JGJ 125－99 危险房屋鉴定标准[S].北京:中国建筑工业出版社,2000.

[8] 中华人民共和国冶金部.GBJ144－90 工业厂房可靠性鉴定标准[S].北京:中国建筑工业出版社,1991.

[9] 四川省建设委员会.GB50292－1999 民用建筑可靠性鉴定标准[S].北京:中国建筑工业出版社,1999.

[10] 中国建筑科学研究院.JGJ 116－98 建筑抗震加固技术规程[S].北京:中国建筑工业出版社,1998.

[11] 清华大学土木工程系.CECS77:96 钢结构加固技术规范[S].北京:中国计划出版社,2005.

[12] 四川省建设厅.GB 50367－2006 混凝土结构加固设计规范[S].北京:中国建筑工业出版社,2006.

[13] 建筑事故防范与处理课题组.建筑事故防范与处理实用全书(上)[M].北京:中国建材工业出版社,1998.

[14] 建筑事故防范与处理课题组.建筑事故防范与处理实用全书(下)[M].北京:中国建材工业出版社,1998.

[15] 尹德钰.网架质量事故实例及原因分析.建筑结构学报[J],1998,19(1):15-23.

[16] 江见鲸.建筑工程事故分析与处理[M](3 版).北京:中国建筑工业出版社,

2006.
- [17] 王赫.建筑工程事故处理手册[M](2版).北京:中国建筑工业出版社,1999.
- [18] 雷宏刚.钢结构事故分析与处理[M].北京:中国建材工业出版社,2003.
- [19] 谢征勋.工程事故与安全·典型事故实例[M].北京:中国水利水电出版社,2007.
- [20] 卓尚木等.钢筋混凝土结构事故分析与加固[M].北京:中国建筑工业出版社,1997.
- [21] 胡新六.建筑工程倒塌案例分析与对策[M].北京:机械工业出版社,2004.
- [22] 张富春等.建筑物的鉴定加固与改造[M].北京:机械工业出版社,1992.
- [23] 周泽宽.建筑工程病害处治及案例[M].北京:人民交通出版社,1993.
- [24] 王济川等.建筑物的损伤诊断与对策[M].长沙:中南工业大学出版社,1993.
- [25] 王立久等.建筑病理学[M].北京:中国电力出版社,2002.
- [26] 胡新六.建筑工程倒塌案例分析与对策[M].北京:机械工业出版社,2004.
- [27] 王光煜.钢结构缺陷及其处理[M].上海:同济大学出版社,1998.
- [28] 罗福午.建筑工程质量缺陷事故分析与处理[M].武汉:武汉工业大学出版社,1999.
- [29] 唐业清.建筑物改造与病害处理[M].北京:中国建筑工业出版社,2000.
- [30] 张熙光等.建筑物抗震鉴定加固手册[M].北京:中国建筑工业出版社,2001.
- [31] 吕西林.建筑结构加固设计[M].北京:科学出版社,2001.
- [32] 王恒华等.钢屋架结构加固与改造[C].第五届全国建筑物鉴定与加固改造学术讨论会论文集.汕头:汕头大学,2000.
- [33] 雷宏刚等.京城大厦钢结构制作中的焊接问题[J].施工技术,1989(6):35-36.
- [34] 雷宏刚.网架焊接空心球节点静力及疲劳性能研究[J].建筑结构学报,1993(1):2-7.
- [35] 雷宏刚.高层建筑幕墙节点焊接脆断事故分析[J].建筑技术,1995(8):499-500.
- [36] 雷宏刚.某化工厂硫酸稀释泵房的腐蚀机理及加固方法[J].太原工业大学学报,1997年增刊:25-28.
- [37] 雷宏刚等.玻利维亚高原中体积混凝土筏片基础施工中的裂缝控制[J].太原理工大学学报,1998(4):363-369.
- [38] 雷宏刚.21世纪钢结构失败学[C].第六届全国建筑物鉴定与加固学术会议论文集.长沙:湖南大学出版社,2002:69.